건축시공

철골조 건축물공사 편

정 상 진 외

技文堂

머리말

국내의 경우 철골로 시공되는 건축물로는 초고층건축물, 대공간건축물, 입체골조구조, 소규모 라멘구조, 트러스 등이 있다. 연간 많은 양의 강재가 사용되고, 대부분은 고층 · 중층 · 저층 건축물로서 다양하게 시공되고 있는 실정이다. 건축물의 연간 착공 바닥면적도 많은 양을 점하고 있는 상태이다. 즉 철골조 건축물 없이는 건축문화가 성립되지 않는 실정에 있다고 할 수 있다. 이런 배경에는 구조해석, 설계법, 재료 · 시공법, 가공 · 제작, 검사, 감리 등 각각의 이론이나 기술, 수법의 진보 · 발전과 동시에 통합적 사회체제의 정비를 들 수 있다.

건축철골은 공업화용으로, 안정화된 품질의 강재절단과 접합의 연속이고 기둥과 보는 철구제작공장에서 부품으로 제작된 것을 공사현장에서 건립하는 것으로 되어 있다.

그러나 이러한 철골은 어떤 경우에서든 각각의 엄격한 성능이 요구되고, 정밀도 역시 확실히 한 일품생산으로 여기에는 고도의 기술이나 기능으로서 담당자의 열의에 의해 결정된다고 할 수 있다.

철골건축물의 건전성은 전국 각지에 산재한 다수의 중 · 소규모 설계업자, 시공업자, 그리고 철골제작업자의 기술력에 의존하고 있다.

철골구조물의 품질을 대별하면 설계품질, 재료품질, 가공제작품질, 현장시공품질로 되어 있으며, 각종 부재 제작은 완전히 분업화 · 전문화되어 있다. 본서는 양호한 철골구조물 건설에는 설계자가 작성한 설계도서를 바탕으로 설계품질의 철골을 건설하는 종합건설업자와 건설업계에서 철골공사의 관련자를 비롯하여 철골공사 각 분야에서 활약하는 자를 대상으로 시공기술의 순서, 관리항목 등의 요점을 그림이나 사진을 통하여 알기 쉽게 집필하였다. 집필은 대학에서 건축시공을 강의하는 교수와 건설회사에서 철골공사를 담당하거나 기술연구 등을 하는 집필진이 원고를 작성하였고, 집필내용에는 풍부한 경험과 식견을 살리고 불합리한 시공기술이 방지되도록 고려하였으나 부족한 부분에 대해 독자 여러분의 넓은 아량이 있으시길 바랍니다.

집필에 있어서는

* 철골공사의 사전검토에서 시공·준공에 이르는 전체의 흐름을 파악할 수 있도록 하였다.
* 철골공사, 시공관리의 각 공정에서 실무적인 업무와 작업요령을 알기 쉽게 하였다.
* 해설은 그림이나 사진을 사용하여 이해하기 쉽게 하였다.
* 관련법령을 준수하도록 하였다.

본서의 활용은 필요에 따라 각자 담당하는 업무 부분만을 참고함으로써 충분하고 철골시공 전체의 공정, 작업, 현장상황을 알 수 있게 한 것은 철골공사의 안전과 품질관리를 하는데 있어서 매우 중요하므로 철골시공관리자뿐만 아니라 설계나 철골 관련 업무에 종사하는 자 외에도 앞으로 이 분야에 진학하는 학생들에게도 도움이 될 수 있도록 하였다.

본서가 철골공사 전반에 관한 정확한 지식과 이해를 구하고, 넓게 활용됨에 따라 건전한 철골 건축물 건설에 이바지하기를 희망한다.

끝으로 이 책을 집필함에 있어 도표 및 그림, 사진 작업에 함께 해준 단국대학교 시공재료연구실 김성덕, 김학영, 하정수, 여상길, 이혜진, 김지훈 군을 비롯한 여러분과 출판을 위해 성원과 지원을 아끼지 않은 기문당 강해작 사장님께 감사드립니다.

2013년 8월

대표저자 정상진

차례

제 1 장 | 철골공사의 기본

1. 설계도서 확인 · 질의 ········ 11
2. 현장상황 확인 ········ 12
3. 공사 기본계획 ········ 14
4. 철골재료 발주와 품질 확인 ········ 17

제 2 장 | 구조용 강재의 종류 및 접합

1. SI단위 환산 ········ 23
2. 강재의 역학적 성질 ········ 25
3. 구조용 강재 ········ 26
4. 판요소 폭 두께비 검토 ········ 32
5. 인장재 ········ 34
6. 압축재 ········ 35
7. 접합 ········ 36
8. 용접설계 ········ 38
9. 접합의 조합으로 인한 응력분담 ········ 43

제 3 장 | 철골제작 공장 및 업체 선정

1. 철골제작 공장 선정 ········ 47
2. 초음파탐상 검사 회사 선정 ········ 51
3. 철골 관련 시공 회사 선정 ········ 51

제 4 장 | 사전검토 사항

1. 공작도(SHOP DRAWING) 정의 ········ 55
2. 철골재의 유통경로 ········ 67
3. 철골재 발주 ········ 69
4. 철골공사 건립계획 수립 시 검토사항 및 대책(안전) ········ 71

Contents

제 5 장 | 용접 및 검사

1. 용접공 ······ 79
2. 용접기 ······ 79
3. 용접재료 관리 ······ 80
4. 용접시공 ······ 80
5. 마무리 ······ 83
6. 교정 ······ 84
7. 불량용접의 보수 ······ 84
8. STUD용접 ······ 85
9. 검사 ······ 85

제 6 장 | 공장제작 및 검사

1. 공작도(Shop drawing) 작성 및 승인 ······ 99
2. 원자재 입고 및 검사 ······ 100
3. 절단계획 수립 ······ 102
4. 1차 가공 ······ 103
5. 조립 ······ 106
6. 용접 ······ 108
7. 비파괴검사 ······ 111
8. 완성검사 ······ 113
9. 도장작업 및 검사 ······ 114
10. 포장 및 출하 ······ 118

제 7 장 | 현장시공

1. 현장 철골공사 계획 ······ 123
2. 양중기, 비계 등의 설치와 안전 확인 ······ 128
3. 앵커볼트, 베이스 플레이트 모르타르의 위치, 형상, 치수 ······ 129
4. 철골세우기, 건립 수정 ······ 130
5. 고력볼트 반입, 현장시공과 검사 ······ 130

Contents

제 8 장 | 철골바닥공사

1. 데크플레이트(Deck Plate) 공사 ······ 157
2. 스터드(Stud) 시공과 검사 ······ 166

제 9 장 | 방청도장 및 내화피복

1. 방청도장 ······ 171
2. 내화피복 ······ 176

제 10 장 | 신기술 및 복합화공법

1. N공법 ······ 189
2. HI-빔 ······ 195
3. PEB 시스템 ······ 202
4. CFT(Concrete Filled Steel Tube) ······ 205

제 11 장 | 철골시공 사례(1. 금융센터)

1. 공사개요 ······ 221
2. 철골공사 ······ 223

제 12 장 | 철골시공 사례(2. 오피스빌딩)

1. 공사개요 ······ 263
2. 흙막이 토공사 ······ 264
3. 양중 ······ 265
4. 철골공사 ······ 267
5. 커튼월공사 ······ 271

Contents

제 13 장 | 철골시공 사례(3. 실내체육관)

1. 공사개요 ······ 277
2. 철골공사 ······ 278
3. 개선사항 ······ 287

부록 |

1. 공장인증 심사기준 ······ 291
2. 형강의 종류 및 용도 ······ 302
3. 형강의 형상 및 치수표시법 ······ 303

제 1 장

철골공사의 기본

01 철골공사의 기본

1 설계도서 확인·질의

각종 설계도서에서는 많은 정보를 독해하고, 불명확한 점이 남지 않도록 해야 한다.

1.1 현장설명서 및 질의 응답

현장설명, 탁상설명 등의 구두설명도 포함하여 이해하는 것이 중요하다.

1.2 시방서의 요점 확인

시방서에서 확인해야 하는 포인트는 다음과 같다.

① 어떤 시방서를 적용하고 있는가? 또한, 우선순서는 어느 것인가?
예 : 설계사무소, 건축공사표준시방서

② 공사감리자의 확인이 필요한 항목은 무엇인가?
예 : 제작공장, 제작요령서, 규격품 설명서 및 시험성적서, 공작도, 시공설명서, 주요 자재의 제조, 발주서 일람표, KS규격 외의 처리, 사내검사표 등

③ 공사감리자의 확인 및 입회조사 항목은 무엇인가? 보고의 필요가 있는가?
예 : 현척검사, 개선검사, 가조립 검사, 재료검사, 조립검사, 제품검사, 고력볼트 미끄럼 검사, 도장검사, 용접검사, 기량검사, 휨검사 등

④ 접합부의 용접은 무엇으로 처리하는가?
예 : 대한건축학회 「건축공사표준시방서」, 한국강구조협회 「철골품질기준서」

⑤ 접합부의 검사개소, 방법, 발췌검사 횟수는?
예 : 완전용입 용접부, 부분용입 용접부, 둘레용접부, 플레어용접, 초음파탐상

시험, 외관(육안)검사, 마이크로시험, X선 시험, 사내 검사의 횟수, 반입검사 횟수, 수입검사회사 지정 등

⑥ 공사현장용접 검사방법은 무엇인가?

예 : 고력볼트공법, 용접공법, 기타

⑦ 공사기록사진을 제출할 필요가 있는가?

예 : 컬러 또는 흑백, 크기, 부수, negative color 요구 등

⑧ 철골제작공장 지정이 있는가?

예 : 공장인증의 유무, 지정 성능평가 기관의 인증 등급, 지정제작공장 등

⑨ 방청도장 등이 필요한가?

예 : 적용 범위, 방청페인트의 종류, 종별과 도장횟수, 용융아연도금 범위, 용융아연도금 부착량 등

2 현장상황 확인

공사는 계획을 통하여 진행되기 때문에 계획단계에서 공사 중에 어떤 일이 발생될지 예측하는 것이 중요하다. 그 중 현장 주변의 현황을 확인하고 분석하는 것이 가장 중요하다.

2.1 체크포인트

현장 주변 상태를 그림 1.1과 같이 현장 체크포인트를 그림에 표시한다.

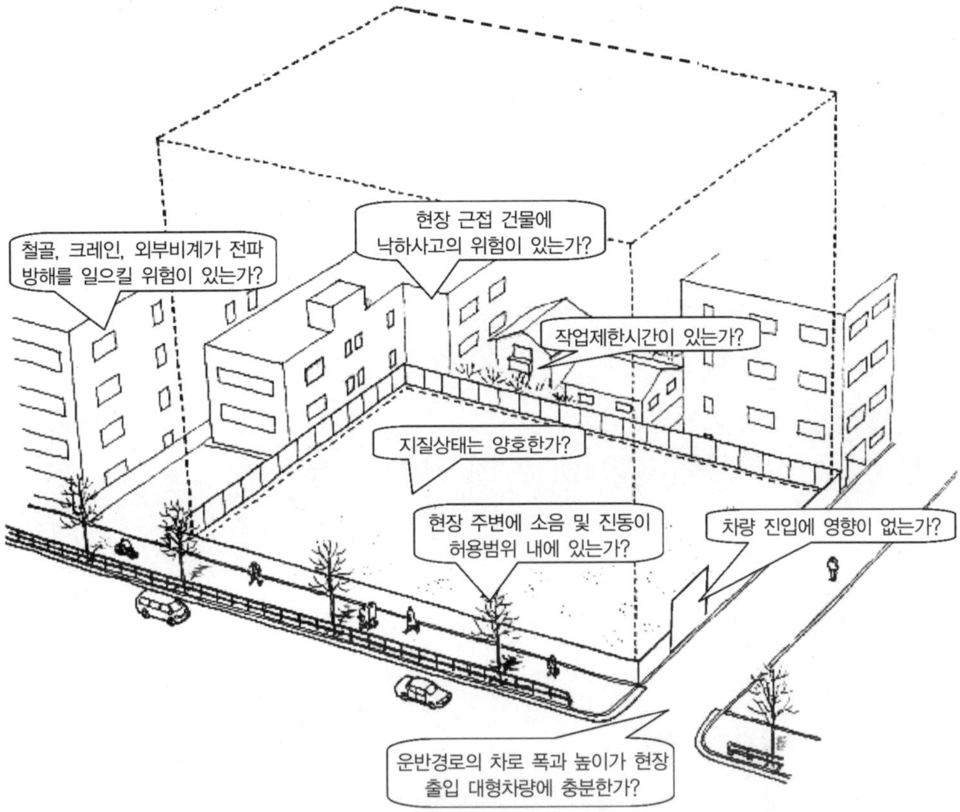

그림 1.1 현장 주변의 체크포인트 예

2.2 현장상황 조사항목

각 사항은 공사계획자가 직접 현지에서 확인하고 결정하여야 한다.

1) 주변상황 조사

① 주변도로 체크포인트

: 보도, 전신주, 표식, 도로폭 및 높이제한

② 주변 교통상황 체크포인트

: 사람, 차, 교통규제, 버스정거장, 간선도로 등

③ 주변 시설물의 체크포인트

: 가스, 상수도, 하수도, 맨홀, 전기, 전화, 소화전 등

④ 주변 환경 체크포인트
: 학교, 병원, 철도, 작업시간 제한, 전파방해, 주변건물 등

2) 부지내 상황조사

① 부지의 평면상 체크포인트
: 건물 위치, 가설건물, 차량 출입구

② 상공 장애물의 체크포인트
: 전선, 항공장애, 주변건물 높이 등

③ 지반의 체크포인트
: 중기설치 지반내력, 고저차, 지중 장애 등

3 공사 기본계획

3.1 협력업체 결정

① 철골제작업자, 제작공장 조사 및 선정
: 철골의 품질 확보와 제조능력을 확인한다.

② 철골시공업체 선정
: 자격보유 작업자 확보 여부를 확인한다.

③ 수입검사회사 조사 및 선정
: 실적과 신뢰를 확인한다.

④ 데크플레이트 작업자 선정
: 시방서 숙지 여부를 확인한다.

3.2 세우기 확인

① 조립방법을 결정하고 철골작업공정을 정리한다.
예) 지하 부분과 지상 부분의 조립 및 반입 시기
대규모 건물의 공구 분할과 조립순서

고층건물의 수평 공구 분할과 조립순서
공구별, 절별 부재수 파악

② 철골공사 소요공기를 산출한다.
예) 실제 작업일수 산출
작업시간 설정과 일일 사용 부재수 설정

③ 철골 현장 반입에 계획을 수립한다.

3.3 현장시공 계획

① 부지 조건, 현장공사의 제약조건을 확인한다.
② 중장비의 종류 및 대수를 결정한다.(철골 운반과 조립용 크레인)
③ 비계 및 야적장(Stockyard)을 계획한다.(야적장의 위치)
④ 조립순서를 계획한다.
⑤ 안전시설을 계획한다.
⑥ 앵커볼트의 정착을 계획한다.(정밀도 확보, 베이스 모르타르)
⑦ 현장 접합공사를 계획한다.
⑧ 사용할 공구를 계획한다.
⑨ 필요한 인력을 산출하여 수배한다.

3.4 자재발주, 제작, 반입계획

① 강재회사의 롤 계획(생산공정)과 입하 시기 조정
② 공작도의 작성 · 승인 일정 조정
③ 제작공정과 검사 일정 조정
④ 반입순서와 시기의 계획
⑤ 현장까지의 운반경로 확인
⑥ 데크플레이트 납입시기

3.5 시공계획서 작성 및 계획내용 전달

시공계획서는 시공사가 작성하고 협력업체에 이를 전달한다. 협력업체는 설계도서와 시공계획도를 기초로 하여 각종 시방서를 작성한다.

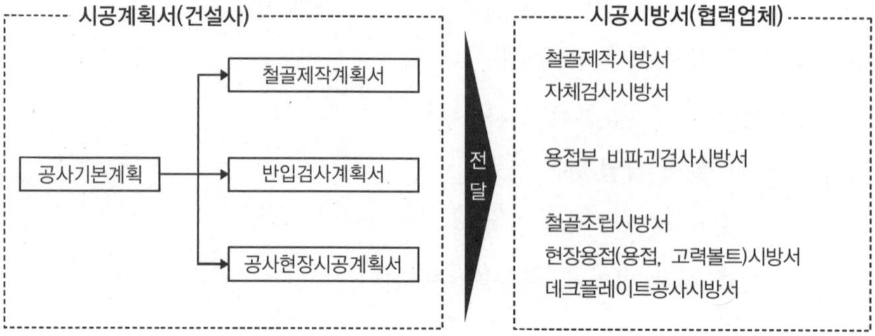

그림 1.2 시공계획서와 시방서의 관계

3.6 계획작업 스케줄 관리

표 1.1 ○○빌딩 신축공사 철골공사계획 작업 공정표

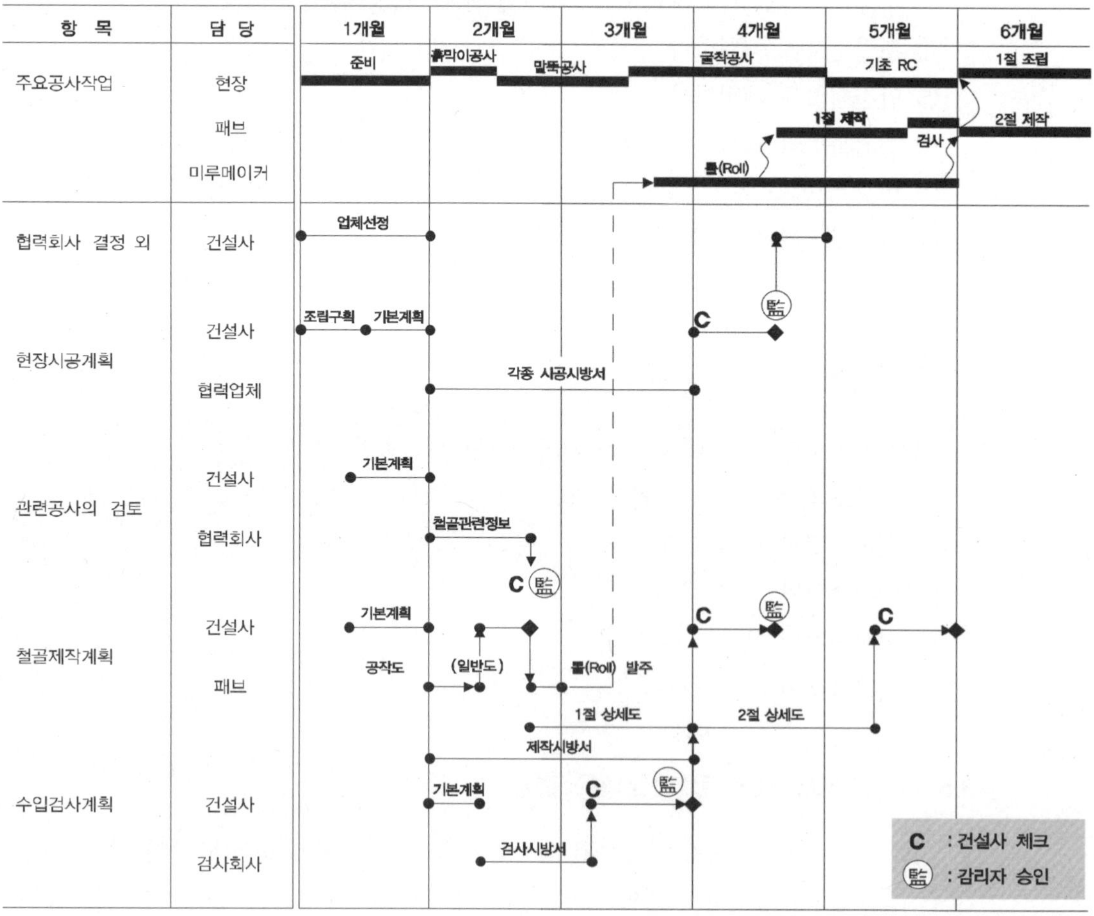

4 철골재료 발주와 품질 확인

4.1 재료의 품질 확인

Mill sheet란 철강 제품의 품질을 보증하기 위해 재료 성분 및 제원을 기록하여, 제조업체가 규격품에 대하여 발행하는 증명서이다. 제조업체의 품질보증서로 성분 및 특성을 나타내는 시험성적서는 공인된 시험기관의 것이어야 하며, Mill sheet는 차후 품질관리 및 정도관리의 중요한 자료가 될 수 있다.

1) 용도

① 철강제품의 품질보증
② 제품 반입처에서의 실험 여부 결정
③ 정도관리의 자료로 활용
④ 성분 및 제원의 표시로 사용처 결정
⑤ 반입 강재의 특성 파악

2) 기록내용

(1) 제품의 역학적 시험내용

① 강구조물 설계 시 필요한 강재의 기계적 성질 결정에 필요한 시험
② 내용 : 압축강도, 인장강도, 휨(bending)강도, 전단강도 등

(2) 화학성분 시험내용

① 강재는 대부분(98% 이상) 철로 구성되며, 철 이외의 성분은 극소량이다. 그러나 이러한 극소량의 성분이 강재의 재료적 성질을 좌우한다.
② 내용 : Fe(철), S(황), Si(규소), Pb(납), C(탄소), Mn(망간) 등의 구성비

표 1.2 주요 화학성분 및 특성

화학성분	특 성
탄소(C)	탄소량이 증가하면 항복점, 인장강도, 경도는 증가되지만 신율, 수축률, 연성은 감소한다.
규소(Si)	규소량이 증가하면 인장강도, 항복점이 상승하고 0.2~0.4% 정도에서 신율 및 수축률도 급격히 상승한다.
망간(Mn)	강의 강도를 개선하고 충격특성에 영향을 미친다. 또한 압연성을 좋게 하고 취성을 감소시킨다.
인(P)	P는 강재의 내후성을 향상시키는 효과가 기대되는 반면 용접성, 냉간가공성, 충격특성을 저하시킨다.
황(S)	1,300℃ 이상의 고온에서 용해되고 온도취성, 연신율, 강도, 충격치 저하 등의 영향을 미치므로 0.05% 이하로 규제한다.

3) 규격표시

① 길이, 두께, 직경, 단위중량, 크기 및 형상, 제품번호 등

4) 시험규준 명시

① 하중을 가하는 속도, 시험체 크기, 시험장소의 환경 등 강재의 재료시험 시 객관적 기준이 되는 시험규준

② 시방서(specification)

③ KS(한국산업규격, Korea Standards)

④ DIN(독일공업규격, Deutsche Industrienormen)

⑤ AS(미국공업규격, America Standards)

⑥ BS(영국공업규격, British Standards)

⑦ JIS(일본공업규격, Japanese Industrial Standards) 등

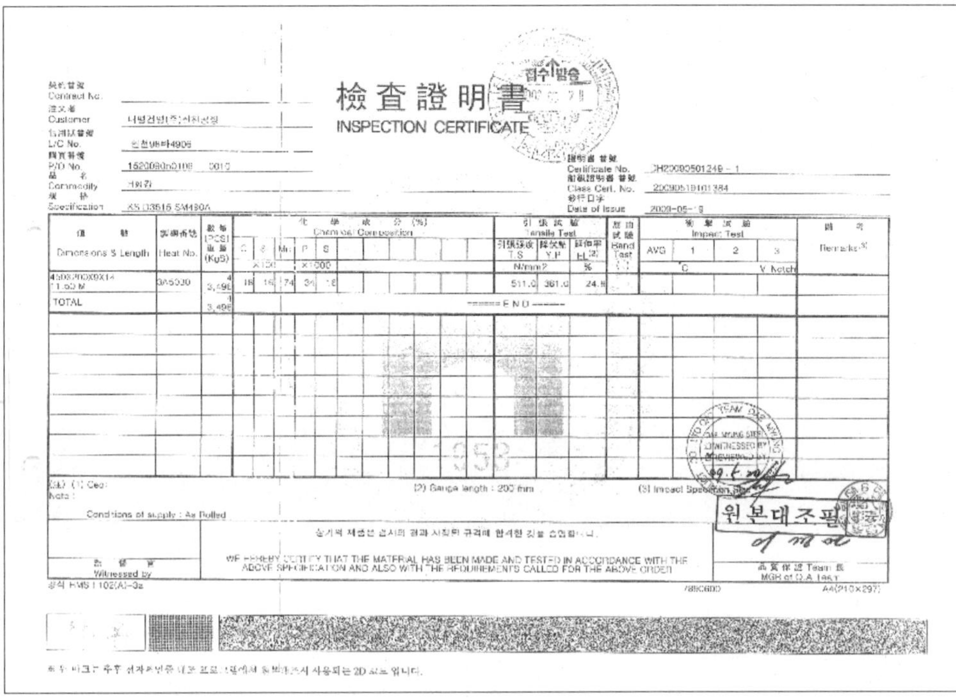
檢 査 證 明 書

INSPECTION CERTIFICATE

Specification KS D3515 SM490A

Date of Issue 2009-05-19

Dimensions & Length	Heat No.	T.S	Y.P	EL
4500X00X9X14 11.00 M	0A5030	511.0	381.0	24.5
TOTAL				

=====E N D=====

(2) Gauge length : 200 mm

Conditions of supply : As Rolled

WE HEREBY CERTIFY THAT THE MATERIAL HAS BEEN MADE AND TESTED IN ACCORDANCE WITH THE ABOVE SPECIFICATION AND ALSO WITH THE REQUIREMENTS CALLED FOR THE ABOVE ORDER

Witnessed by

원본대조필

品質保證 Team 長 MGR of Q.A

A4(210×297)

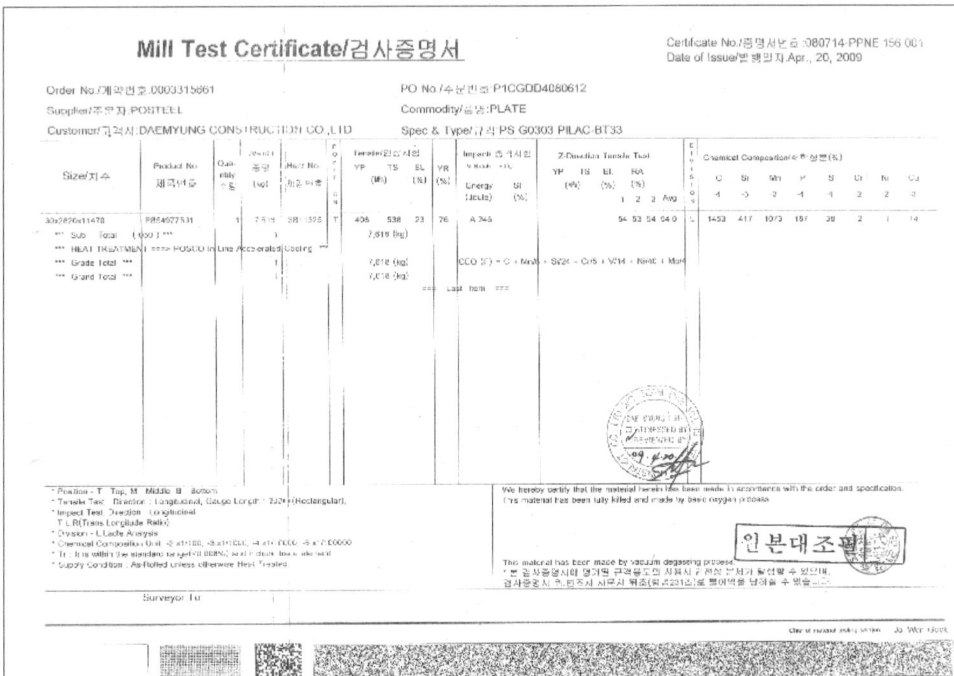
Mill Test Certificate/검사증명서

Date of Issue/발행일자 Apr., 20, 2009

Order No./계약번호 0003315661

PO No./수분번호 P1CGDD4080612

Supplier/주문자 POSTEEL

Commodity/품명 PLATE

Customer/고객사 DAEMYUNG CONSTRUCTION CO.,LTD

Spec & Type/규격 PS G0303 PILAC-BT33

Size/치수	YP	TS	EL	YR	Impact	C	Si	Mn	P	S	Cr	Ni	Cu
30x2820x11470	408	538	23	76	A 245	1453	417	1073	157	38	2	1	14

*** HEAT TREATMENT ===> POSCO In Line Accelerated Cooling ***

*** Grade Total *** 7,618 (kg)

*** Grand Total *** 7,618 (kg)

=== Last Item ===

원본대조필

Surveyor To

그림 1.3 강재검사 증명서

제2장

구조용 강재의 종류 및 접합

02 구조용 강재의 종류 및 접합

1 SI단위 환산

1.1 힘의 단위

구조용 강재에 대하여 언급하기에 앞서 SI단위 체제의 변경부터 설명이 필요하다. 현재 질량(mass)과 무게(weight)는 숫자상 같은 의미로 혼용되고 있다. 예를 들어 저울에 올라갔을 때 저울의 바늘이 75kg을 가리키고 있다면 이것은 질량을 의미하고 몸무게는 75kgf가 된다. 지구표면에서 중력가속도가 9.807m/sec^{2}이므로 저울이 가리킨 75kg에 중력가속도 9.807m/sec^{2}를 곱하면 735.5N이 된다.

따라서 SI단위 체제로 변경되었을 경우 보편적으로 사용하고 있는 kg이나 ton 대신에 뉴턴(N)이 힘의 단위로 이용되며, 1kgf는 9.8N이며, 1N은 0.102kgf가 된다. 지구표면의 중력가속도는 해발에서 9.807m/sec^{2}이므로 10m/sec^{2}을 기준으로 2%의 차이가 발생한다.

한국콘크리트학회에서는 2%의 차이를 무시하고 10m/sec^{2}으로 사용하고 있으나 한국강구조학회에서는 2% 차이를 무시하지 않고 중력가속도를 9.807m/sec^{2}로 적용하고 있다.

예를 들어 콘크리트 설계강도 f_{ck}가 240kg/cm^{2}의 경우 SI단위 체제에서는 f_{ck}가 24N/mm^2(24MPa)로 환산되나, SS400의 강재의 F_y(설계기준강도)가 2.4t/cm^{2}인 경우에는 중력가속도를 9.807m/sec^{2}를 적용하여 F_y값을 235N/mm^{2}를 사용하는 것이다.

1.2 압력, 응력의 단위

힘의 단위가 뉴턴(N)을 사용하기 때문에 압력이나 응력의 단위는 N/mm^2가 되며, $1N/mm^2$가 1MPa이 된다. 미터법에 의하면 압력이나 응력의 단위는 N/m^2가 되며, 이 단위를 파스칼(Pa)이라고 한다. 그러나 이 단위는 실제로 적용하기에는 단위가 너무 커져서 m^2를 mm^2로 환산하면 $1m^2$가 $1{,}000{,}000mm^2$가 된다.

$$1MPa = 1{,}000kPa = 1{,}000{,}000Pa$$

$$1MPa = 1M \cdot N/m^2 = 1{,}000{,}000N/1{,}000{,}000mm^2 = 1N/mm^2$$

예를 들어 SS400의 F_y값이 종전의 $2.4t/cm^2$라면 SI단위로 환산할 경우 $(2400\times9.807)N/100mm^2$이면 $235.36N/mm^2(MPa)$가 된다.

표 2.1 SI 접두어

계수	기호
$10^3 = 1{,}000$	K(Kiga)
$10^6 = 1{,}000{,}000$	M(mega)
$10^9 = 1{,}000{,}000{,}000$	G(giga)
$10^{-3} = 0.001$	m(mili)
$10^{-6} = 0.000001$	μ(micro)
$10^{-9} = 0.000000001$	n(nano)

1.3 강구조의 다양한 규정

강구조는 미국의 경우 다음과 같이 다양한 규정이 적용된다.

① AISC : American Institute for Steel Construction.

② AISI : American Iron and Steel Institute.

③ AWS : American Welding Society.

④ ASTM : American Society for Testing and Materials.

⑤ SAE : Society of Automotive Engineers.

⑥ NBS : National Bureau of Standards.

⑦ ANSI : American National Standards Institute.

⑧ UBC : Uniform Building Code.

2 강재의 역학적 성질

2.1 응력변형도 관계

① 응력도와 변형도는 탄성한계 내에서 비례하는 훅크의 법칙이 성립되며

$$E_s(\text{탄성계수}) = \frac{\sigma(\text{수직응력도})}{\varepsilon(\text{변형률})}$$

여기서 $\sigma(\text{수직응력도}) = \dfrac{N(\text{압축, 인장응력도})}{A(\text{단면적})}$

$$\varepsilon(\text{변형률}) = \frac{\Delta\ell(\text{변화된 길이})}{\ell(\text{원래길이})}$$

② F_y : 항복강도(응력과 변형도의 비례변형 한계는 벗어날 때의 응력)

③ F_u : 인장강도(시편이 받을 수 있는 최대응력값)

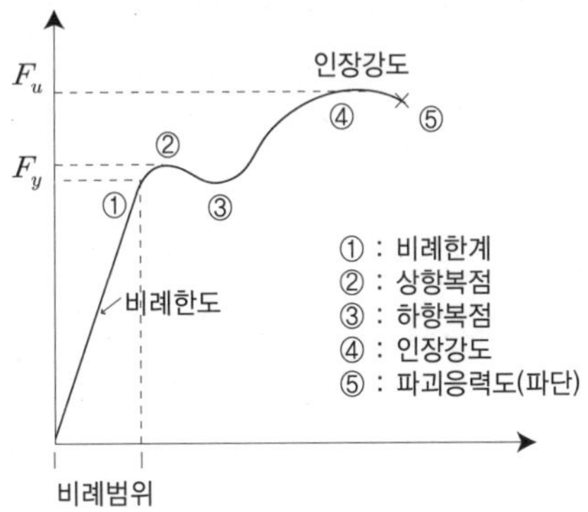

그림 2.1 응력변형도 곡선

2.2 항복강도

그림 2.2와 같이 항복강도는 제하 시 영구변형도가 0.002일 때를 항복강도로 정의하거나 총 변형도가 0.005일 때의 응력값을 항복강도로 정의한다.

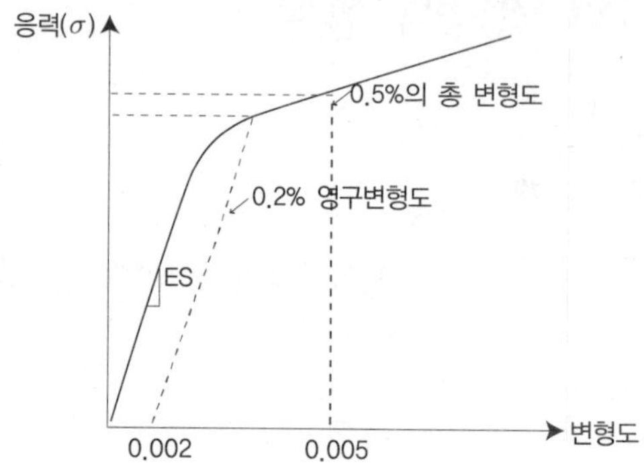

그림 2.2 항복강도에서의 응력변형도 곡선

3 구조용 강재

3.1 구조용 강재의 재료 정수

국내에서 생산되는 구조용 강재는 모두 KS규격에서 정한 재료의 화학성분, 단면성능 및 크기에 따라 분류하고 있다. 공장에서 제작하는 경우는 건설기술관리법 제24조 3항에 따른 품질관리가 이루어지도록 한다. 구조용 강재의 탄성계수, 전단탄성계수, 푸아송비 및 선팽창계수는 표 2.2와 같이 사용한다.

표 2.2 구조용 강재의 재료 정수

정 수 / 재 료	탄성계수 E(N/mm^2)	전단탄성계수 G(N/mm^2)	푸아송비 ν	선팽창계수 a (1/°C)
강 재	205,000	79,000	0.3	0.000012

* 탄성계수(E)는 수직응력도를 변형률로 나눈 값.

* 전단탄성계수 $G=\dfrac{E}{2(1+\nu)}$

* 푸아송비는 가로변형률을 세로변형률로 나눈 값.

3.2 구조용 강재의 명칭 및 종류

강구조물에 사용되는 강재의 종류는 표 2.3과 같으며, SS400에서 SS는 Steel Structure로서 일반 구조용 압연강재를 의미하며, 뒤의 숫자는 강재의 인장강도를 N/mm^2로 나타낸 것이다.

SM은 기존의 SWS강(Steel Welding Structure)이고, 숫자 뒤의 A · B · C는 A에서 C로 갈수록 충격흡수 능력이 향상된 강재를 의미하며, A는 특별히 충격치를 요구하지 않는 것, B는 일정 수준의 충격치를 요구하는 것, C는 매우 우수한 충격치를 요구하는 강재이다.

3.3 구조용 강재의 항복강도 및 인장강도

SS는 일반압연강재를 의미하며, SM은 용접구조용 압연강재를 의미한다. 일반적으로 가장 많이 사용되고 있는 강재는 SS400과 SM400 등이며, 용접 부위에 특별한 강도를 요하는 경우 SM490의 강재가 많이 사용된다.

TMCP강(thermo mechanical control process steel)은 고강도 · 고성능 강재로서 두께 40mm 이상 80mm 이하 후판에서도 항복강도가 저하되지 않는 특징이 있다. SM490TMC, SM520TMC강재는 저온에서의 용접균열 방지 등, 엄격한 품질관리를 통하여 생산되고 있기 때문에 건물이 대형화, 고층화되는 추세에 적합한 강재이다. 고강도가 요구되는 경우에는 SM570, SM570TMC강재를 사용하도록 한다.

표 2.3 구조용 강재의 명칭 및 종류

번 호	명 칭	종 류
KS D 3503	일반구조용 압연강재	SS 400
KS D 3515	용접구조용 압연강재	SM400A, SM400B, SM400C, SM490A, SM490B, SM490C, SM490TMC, SM520B, SM520C, SM520TMC, SM570, SM570TMC
KS D 3529	용접구조용 내후성 열간 압연강재	SMA400AW, SMA400BW, SMA400CW, SMA400AP, SMA400BP, SMA400CP, SMA490AW, SMA490BW, SMA490CW, SMA490AP, SMA490BP, SMA490CP
KS D 3530	일반구조용 경량철강	SSC400
KS D 3566	일반구조용 탄소강관	STK400, STX490
KS D 3558	일반구조용 용접경량 H형강	SWH400, SWH400L
KS D 3568	일반구조용 각형강관	SPSR400, SPSR490
KS D 3632	건축구조용 탄소강관	STKN400W, STKN400B, STKN 490B
KS D 3861	건축구조용 압연강재	SN400A, SN400B, SN400C, SN490B, SN490C
KS D 3866	건축구조용 열간압연 H형강	SHN490
KS D 3632	건축구조용 탄소강관	STKN400W, STKN400B, STKN 490B
KS D 3864	내진 건축구조용 냉간성형 각형강관	SPAR295, SPAP235, SPAP325
KS B 1010	마찰접합용 고장력 6각 볼트 6각 너트 평와셔 세트	F8T, F10(F8), F35 F10T, F10, F35 F13T, F10, F35

표 2.4 구조용 강재의 재료강도 (N/mm²)

강도	강재종별 / 판두께	SS 400 SM 400 SN 400 SMA 400	SM 490 SM 490 B,C SHN 490 SMA 490 SCW 490-CF[2)]	SM 490 TMC	SM 520	SM 520TMC	SM 570	SM 570 TMC
F_y[1)]	두께 40mm 이하 두께 40mm 초과 100mm 이하	235 215	325 295	325 325[3)]	355 325	355 355[3)]	420 420	440 440[3)]
F_u[2)]	두께 100mm 이하	400	490	490[3)]	520	520[3)]	570	570[3)]

주) 1) F_y는 항복강도, F_u는 인장강도를 표시함.
2)은 SCW 490-CF의 판두께 구분은 8mm 이상 60mm 이하.
3)는 두께 80mm 이하에만 적용됨.

표 2.5 냉간가공성이 고려된 강재의 재료강도 (N/mm²)

강재 종별		SSC 400 SWH 400	STK 400 SPSR 400 SPAP 235 STKN 400B	SPAR 295	STK 490 SPSR 490 SPAP 325 STKN 490B	SDP1	SDP 2 SDP 3	SCW 410 SCW 480
판두께 (mm)		2.3~6.0[1)]	2.3~22.0[1)]			1.2~6.0		8.0~60.0
강도	F_y	235	235	295	325	205	235	235
	F_u	400	400	400	490	265	400	400

주) 1) SWH 400, SPSR 400 및 SPSR 490의 판두께는 12mm 이하.
SPAP 235, SPAP 325, STKN 400B, STKN 490B의 판두께는 40mm 이하.

3.4 강재의 종류

강재는 단면 형태에 따라 H형강, I형강, L형강(Angle), ㄷ형강(channel) 등으로 구분되며, 열간압연한 강재 rolled Type과 강판을 전단하여 용접한 built-up Type의 강으로 구분된다. 미국의 경우 H형강은 W형강(Wide Flange)으로 I형강은 S형강(Standard)으로 표기하고 있다. 특히 I형강의 경우는 플랜지가 경사져 있는 특징이 있다.

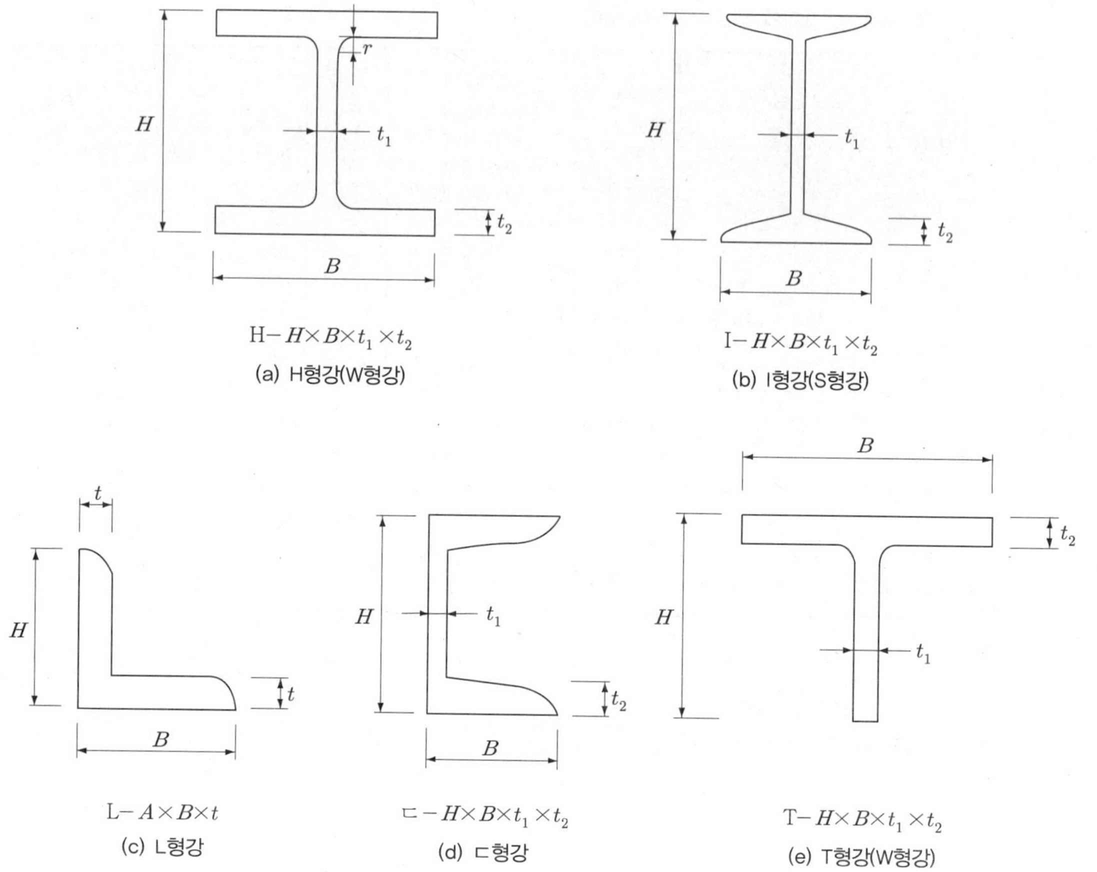

그림 2.3 강재 단면의 형태

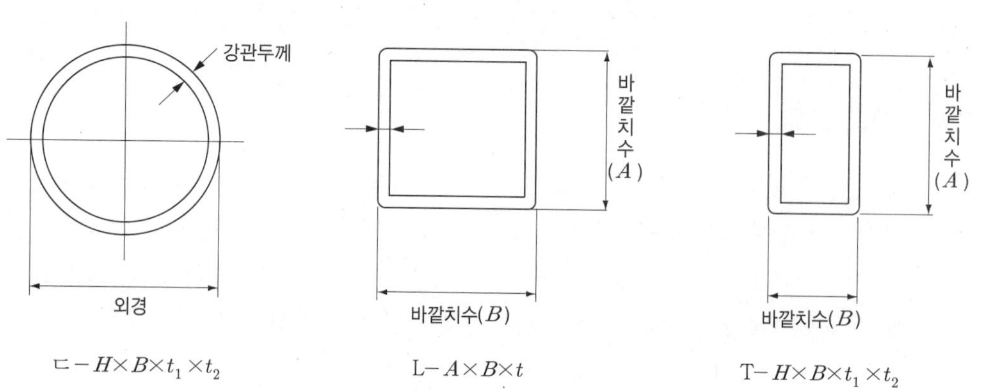

그림 2.4 강관 및 각관의 형태

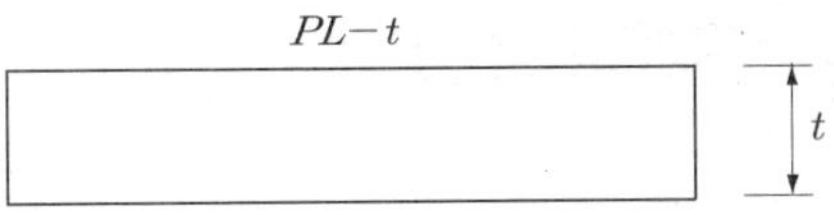

(a) 강판

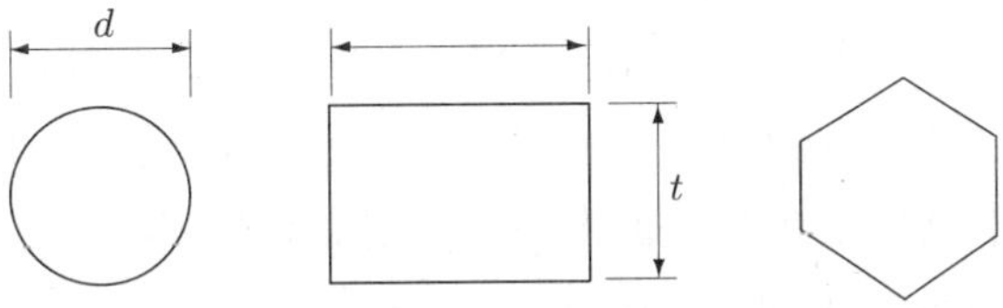

(b) 강봉

그림 2.5 강판 및 강봉의 형태

예제 1

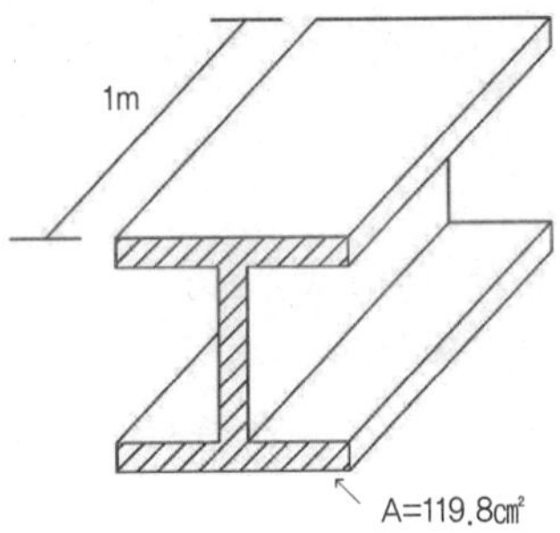

H−300×300×10×15형강의 단위 m당 중량은?

강재의 중량은 7,850kg/㎤이므로 76,960N/㎤

A = 119.8㎠ = 0.01198㎡

V = 0.01198㎡ × 1m = 0.01198㎥

따라서 단위 1m 중량 = 0.01198㎥ × 76,960N/㎤

≒ 922N

4 판요소 폭 두께비 검토

골조를 구성하는 모든 부재는 플랜지(Flange) 또는 웨브(web)로 구성되어 있으며, 이 판요소의 높이나 폭이 두께에 비하여 작을 경우 설계응력이 작용하기 전에 국부좌굴의 가능성이 있으므로 보, 기둥 및 일부 압축재의 경우에는 설계시 판요소 폭 두께비 검토를 하여 안전성을 확인하여야 한다. rolled type의 400×200사이즈 등은 기둥이나 압축재로 부적합할 수 있으므로 기둥이나 압축재로 사용시 반드시 판요소 폭 두께비 검토를 하여 국부좌굴의 가능성을 검토하여야 한다.

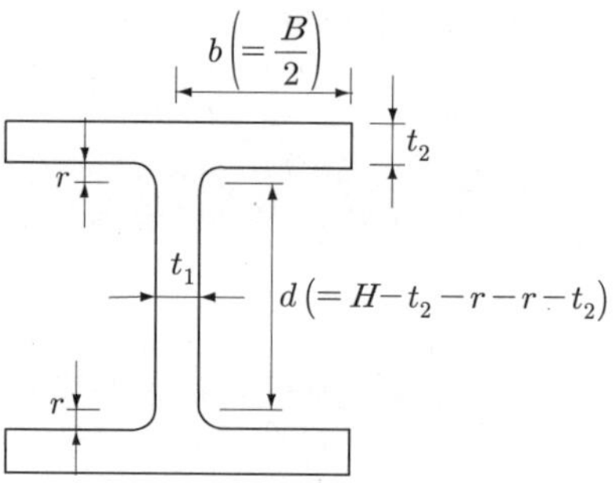

그림 2.6 rolled Type

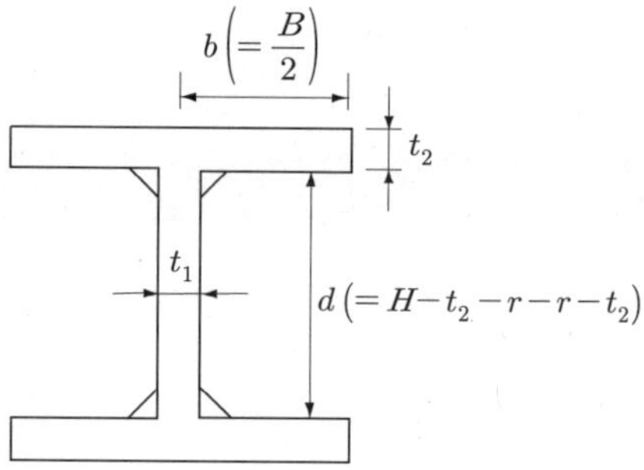

그림 2.7 built-up Type

구조용 강재의 단면은 콤팩트 단면, 비콤팩트 단면 및 세장판 요소 단면으로 구분되며, 강재 단면의 분류는 표 2.6에 따른다.

표 2.6 강재 단면의 분류

강재 단면의 분류	해 설
콤팩트 단면	플랜지가 웨브에 연속적으로 접합되어 있고, 모든 압축판요소 폭 두께비가 λ_p보다 작거나 같은 경우
비콤팩트 단면	모든 압축판요소 폭 두께비가 λ_r보다 작거나 같고 적어도 한 요소의 판요소 폭 두께비가 λ_p보다 큰 경우
세장판 요소 단면	한 개의 판요소 폭 두께비가 λ_r보다 큰 경우

표 2.7 판요소 폭 두께비

구 분	판요소에 대한 설명	판폭 두께비	판요소 폭 두께비	
			λ_p(콤팩트)	λ_r(비콤팩트)
비 구속판 요소	용접형강 압축재의 플랜지	b/t	–	$0.64\sqrt{K_c E/F_y}$ [1)]
	– 압연 H형강과 ㄷ형강 압축재의 플랜지 – 서로 접한 쌍ㄱ형강 압축재의 돌출된 다리 – 휨재나 압축재에서 돌출된 ㄱ형강 및 판재	b/t	–	$0.56\sqrt{E/F_y}$
	– ㄱ형강 압축재의 다리 – 낄판을 이용한 쌍ㄱ형강 다리	b/t	–	$0.45\sqrt{E/F_y}$
	T형강의 스템	d/t	–	$0.75\sqrt{E/F_y}$
구속판 요소	– 각형강판 압축재의 플랜지 – 플랜지 커버 플레이트 – 파스너선 또는 용접선 사이의 다이어프램 플레이트	b/t	$1.12\sqrt{E/F_y}$	$1.40\sqrt{E/F_y}$
	등분포 균일 압축을 받는 요소	b/t h/t_w	–	$1.49\sqrt{E/F_y}$
	원형강관 – 압축을 받는 원형강관 – 휨을 받는 원형강관	D/t	$0.07\sqrt{E/F_y}$	$0.11\sqrt{E/F_y}$ $0.31\sqrt{E/F_y}$

주) 1) $K_c = \dfrac{4}{\sqrt{h/t_w}}$, $0.35 \leq K_c \leq 0.76$

예제 2

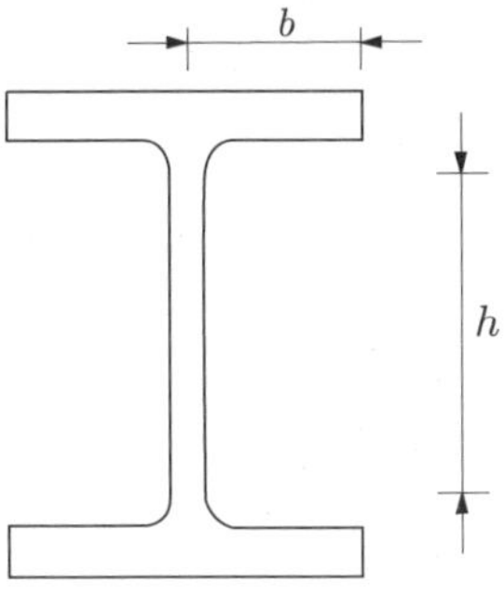

그림과 같은 압연 H형강 H–200×200×8×12의 판요소 폭 두께비를 검토하시오.(단, 강재의 종류는 SS400이고, r = 13mm, F_y = 235MPa, E = 205,000MPa이다.)

1) 플랜지 $b/t_f = (200/2) \div 12 = 8.3$

$r = 0.56\sqrt{E/F_y} = 0.56\sqrt{205000/235} = 16.53$

$b/t_f = 8.3 \leq \lambda_r = 16.53$

2) 웨브 $h/t\omega = (200 - 12 - 13 - 13 - 12) \div 8 = 18.8$

$r = 1.49\sqrt{E/F_y} = 1.49\sqrt{205000 \div 235} = 44$

$h/t = 18.8 \leq \lambda_r = 44$

따라서 비콤팩트 단면이다.

예제 3

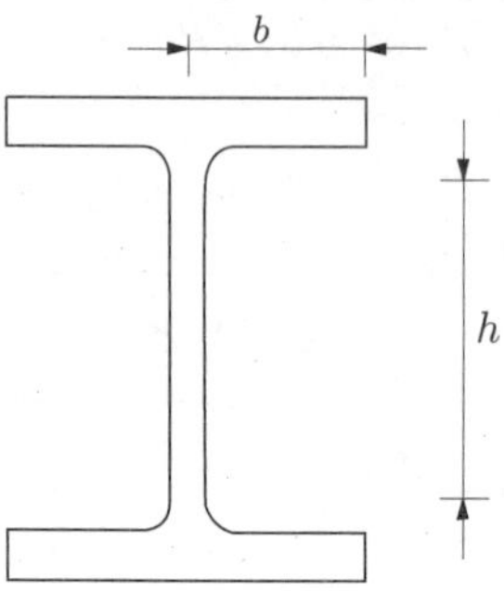

그림과 같은 용접 H형강 400×400×10×15의 판요소 폭 두께비를 검토하시오. (단, 강재의 종류는 SS400이고, F_y = 235MPa, E = 205,000N 이다.)

1) 플랜지 $b/t_f = (400/2) \div 15 = 13.33$

$$\lambda_r = 0.64\sqrt{E/(F_y/k_c)} = 0.64\sqrt{205000/(235/0.658)} = 15.33$$

$$k_c = \frac{4}{\sqrt{h/t_w}} = \frac{4}{\sqrt{(400-2\times15)/10}} = 0.658$$

$$b/t_f = 13.33 \leq \lambda_r = 15.33$$

2) 웨브 $h/t = (400-15-15) \div 10 = 37$

$$\lambda_r = 1.49\sqrt{E/F_y} = 1.49\sqrt{205000/235} = 44$$

$$h/t_\omega = 37 \leq \lambda_r = 44$$

따라서 비콤팩트 단면이다.

5 인장재

5.1 인장재의 단면적

인장재의 단면적은 총 단면적에서 접합부의 단면결손을 뺀 순단면적으로 한다. 인장재의 순단면적 계산시 고력볼트 구멍의 크기는 고력볼트 지름이 27mm 이하인 경우에 2mm 더한 값으로 하고, 고력볼트 지름이 27mm를 초과시에는 3mm를 더한 값으로 한다.

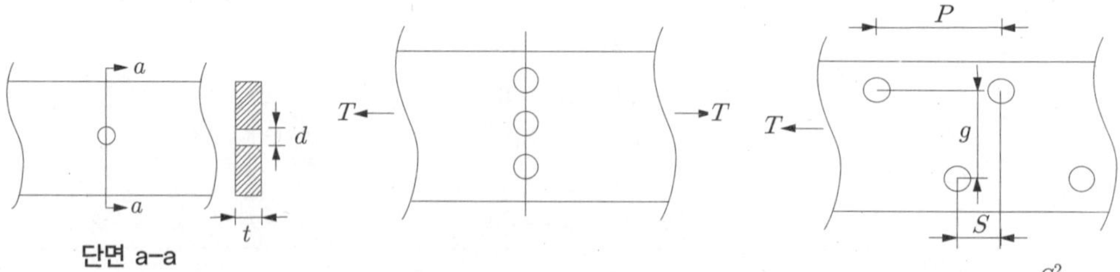

$A_n = A_g - nd \cdot t$

(a) 정렬배치인 경우

$A_n = A_g - nd \cdot t + \sum \frac{S^2}{4g} t$

(b) 엇모배치인 경우

그림 2.8 인장재의 순단면적

6 압축재

6.1 세장비

세장비(slenderness Ratio)는 압축재의 좌굴길이와 단면 2차반경의 비로서 단일 압축부재의 세장비는 KL/r이다. 장주의 좌굴은 세장비가 큰 축으로 단면2차반경값이 최소인 축으로 좌굴한다.

여기서 K : 좌굴계수

L : 압축재의 길이

r : 단면2차반경은 단면2차모멘트를 단면적으로 나눈 값의 제곱근이다.

표 2.8 좌굴길이계수

재단조건 (전선은 선 좌굴모드)	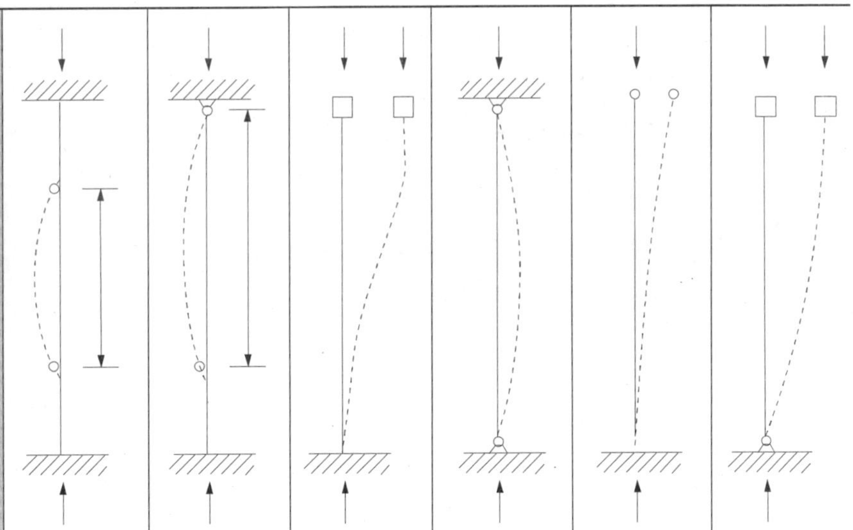					
K의 이론값	0.5	0.7	1.0	1.0	2.0	2.0
K의 설계값	0.65	0.8	1.2	1.0	2.1	2.0

기호설명	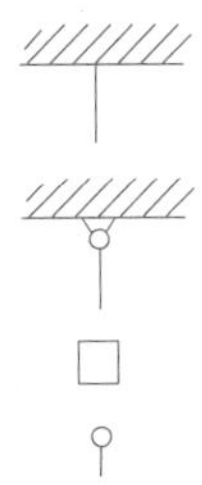	회전구속, 이동구속 회전자유, 이동구속 회전구속, 이동자유 회전자유, 이동자유

6.2 오일러 좌굴하중

$$P_{cr} = \frac{\pi^2 EI}{K\ell^2}$$

여기서 K : 좌굴계수
E : 탄성계수(205,000N/mm²)

오일러 좌굴하중은 주요 압축재의 응력도가 탄성한계 범위 내에서 가정하여 유도한 식이나 부재 상단과 하단의 지지상태에 따라 K(좌굴계수) 값이 변하기 때문에 1단핀, 타단이 고정일 때 오일러 좌굴하중은 $P_{cr} = \dfrac{\pi^2 EI}{0.7\ell^2}$ 이 된다.

7 접합

7.1 리벳, 볼트 접합

전단력으로 파괴되는 형식은 크게 전단파괴, 지압파괴, 연단부 파괴의 3가지 형식으로 나타낼 수 있으며, 파괴형태는 그림 2.9와 같다. 리벳이나 볼트의 접합에서는 볼트의 전단강도와 지압강도를 작은 값의 설계강도로 정한다.

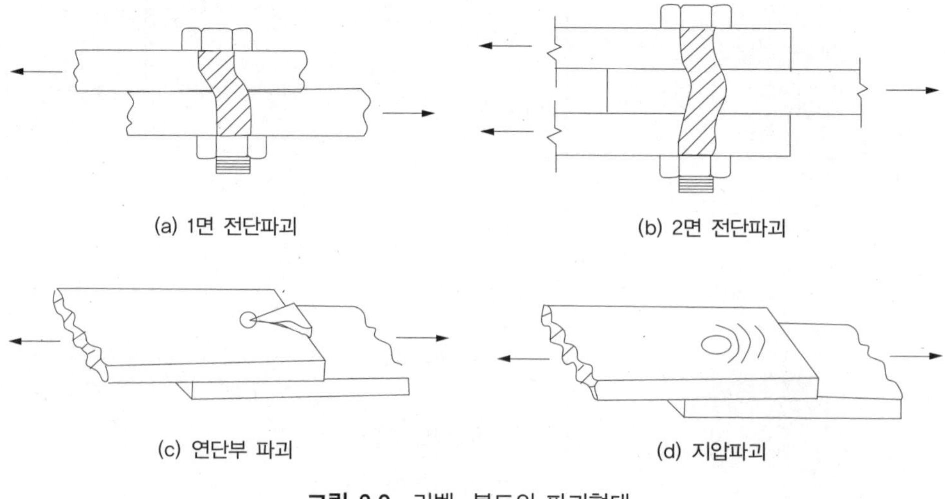

(a) 1면 전단파괴　(b) 2면 전단파괴

(c) 연단부 파괴　(d) 지압파괴

그림 2.9 리벳, 볼트의 파괴형태

7.2 고력볼트의 전단강도

$$\phi R_n = \phi \cdot F_{nv} \cdot A_b$$

여기서 $\phi = 0.75$

n_b : 볼트개수

F_{nv} : 공칭 전단강도

A_b : 볼트 단면적

7.3 고력볼트의 지압강도

① 사용하중 상태에서 볼트구멍의 변형이 설계에 반영된 경우

$$\phi R_n = \phi 1.2 \cdot L_c \cdot t \cdot F_v \leqq \phi 2.4 d \cdot t \cdot F_v$$

여기서 L_c : 하중방향 순간격

t : 접합재의 두께

F_v : 공칭인장강도

d : 볼트 공칭 직경

② 사용하중 상태에서 볼트구멍의 변형이 설계에 반영되지 않았을 경우

$$\phi R_n = \phi 1.5 \cdot L_c \cdot t \cdot F_v \leqq \phi 3.0 d \cdot t \cdot F_v$$

표 2.9 고력볼트의 기계적 성질

기계적 성질에 의한 고력볼트의 등급	인 장 시 험			
	항복강도(N/mm^2)	인장강도(N/mm^2)	연신율 (%)	수축률 (%)
F8T	640 이상	800 ~ 1000	16 이상	45 이상
F10T	900 이상	1000 ~ 1200	14 이상	40 이상
F13T	1170 이상	1300 ~ 1500	12 이상	35 이상

표 2.10 고력볼트의 구멍지름 (mm)

고력볼트 지름(d)	고력볼트 구멍지름
$d < 27$	$d + 2.0$
$d \geqq 27$	$d + 3.0$

표 2.12 고력볼트의 재료강도

강도 \ 강종	F8T	F10T	F13T
F_y	640	900	1170
F_u	800	1000	1300

표 2.11 고력볼트의 구멍직경(mm)

고력볼트의 직경	표준구멍의 직경	대형 구멍의 직경
M16	18	20
M20	22	24
M22	24	28
M24	27	30
M27	30	35
M30	33	38

8 용접설계

8.1 맞댐용접 (Butt welding)

맞댐용접을 그림 2.10과 같이 완전용입된 맞댐용접과 부분용입된 맞댐용접으로 구분할 수 있다. 또한, 맞댐용접은 그림 2.11과 같이 부재의 한쪽 또는 양쪽 끝은 비스듬히 절단하여 용접하며, 이를 개선이라 한다.

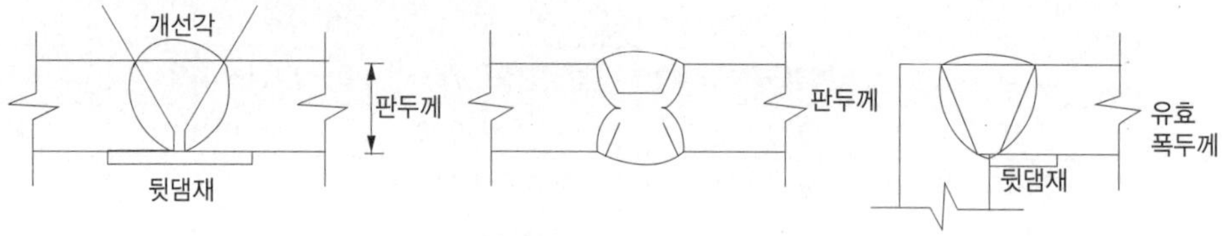

(a) 완전용입 용접

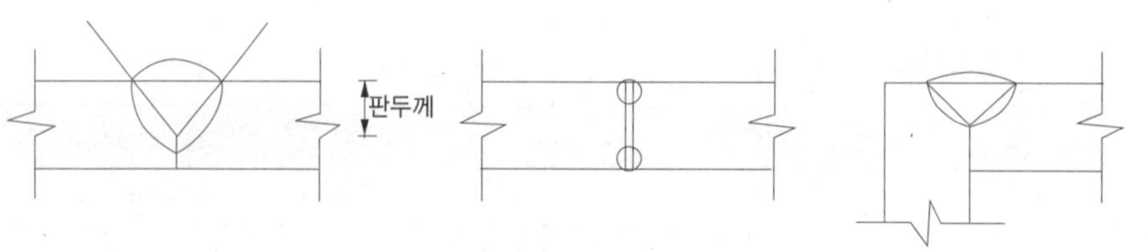

(b) 부분용입 용접

그림 2.10 맞댐용접

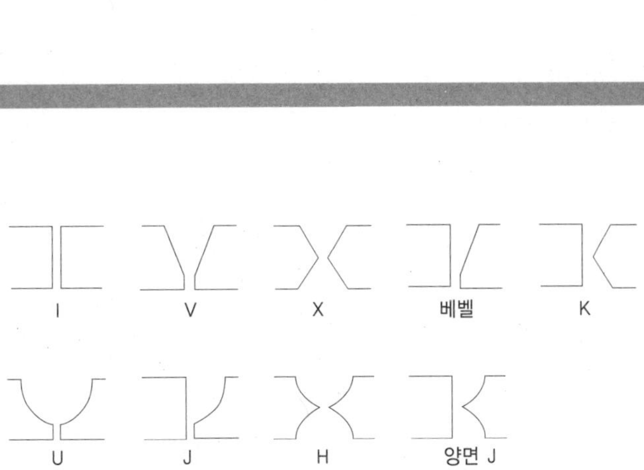

그림 2.11 홈 형상의 종류

맞댐용접의 유효면적은 유효목두께에 용접유효길이를 곱한 것으로 하되 유효목두께는 접합판의 판두께 중 얇은 값으로 한다.

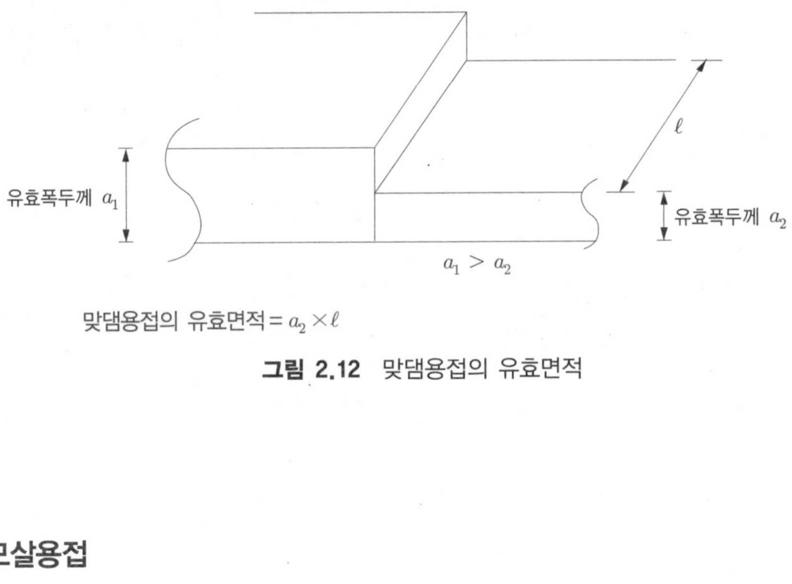

그림 2.12 맞댐용접의 유효면적

8.2 모살용접

모살용접은 그림 2.13과 같이 접합판이 겹치는 모살용접과 T자로 겹치는 모살용접이 있다.

모살용접의 유효목두께 모살치수의 0.707배로 하고, 유효길이는 모살용접의 길이에서 모살치수의 2배를 공제한 값으로 한다.

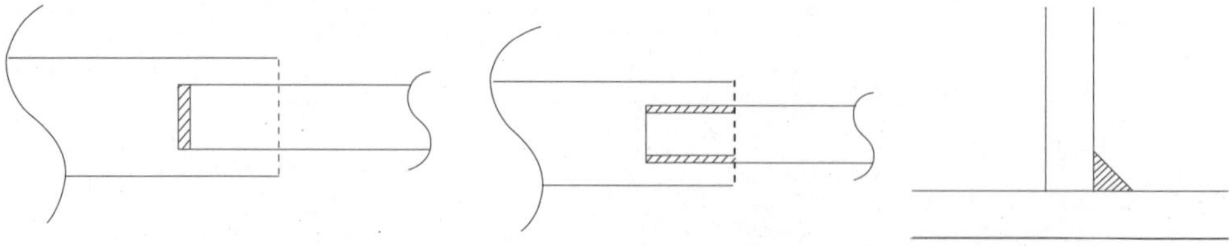

(a) 전면모살 용접　　(b) 측면 모살용접　　(c) T자형 모살용접

그림 2.13 모살용접의 종류

8.3 용접기호 표시방법

1) 용접기호

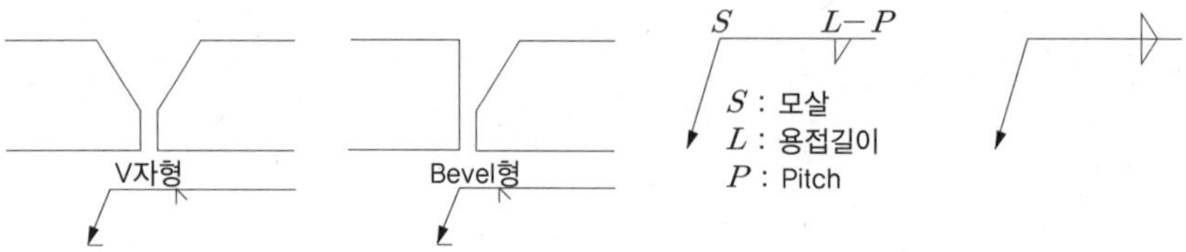

(a) 일반용접

(b) 기타 용접

그림 2.14 용접기호의 종류

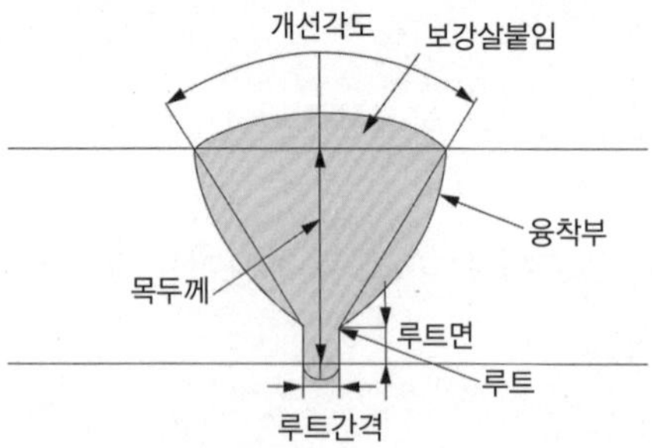

개선 : 한쪽 또는 양쪽 부재의 끝을 용접이 용이하도록 끝 단면을 비스듬히 절단하여 맞댐용접을 한다.

그림 2.15 개선각도

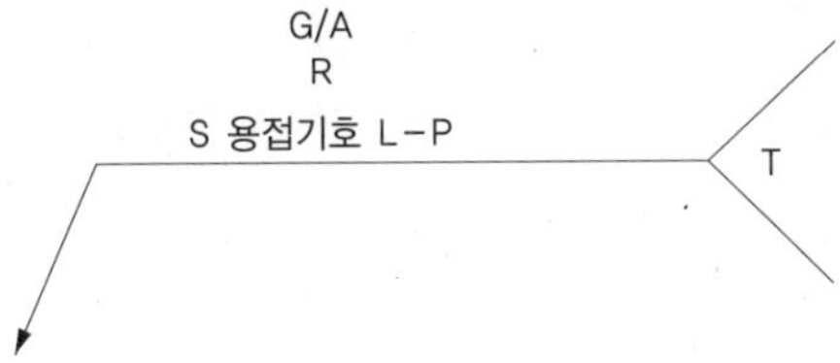

G : 용접부 처리 방법
A : 개선각도
R : 루트 간격
S : 용접 사이즈
L : 용접 길이
P : 용접 간격
T : 특기사항 기록

그림 2.16 용접기호

예제 4

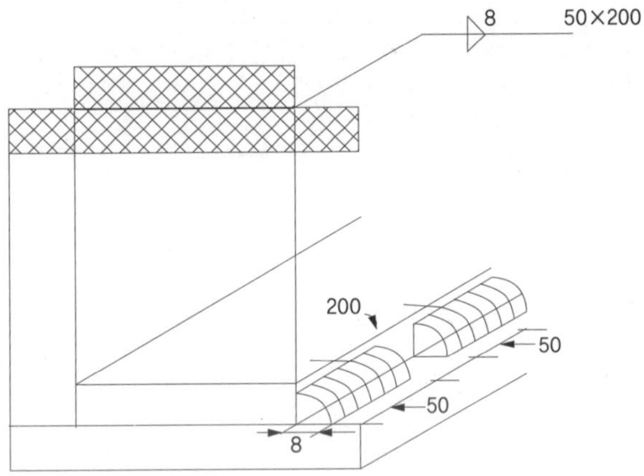

S : 모살치수 – 8mm
L : 용접길이 – 50mm
P : Pitch – 200mm

예제 5

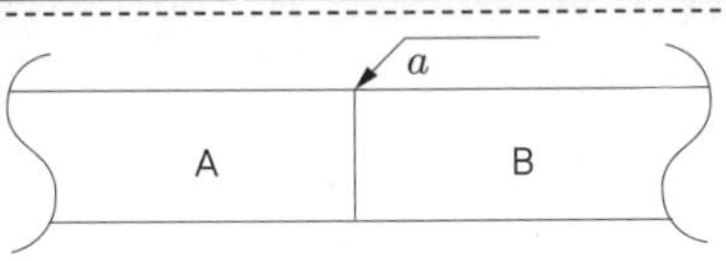

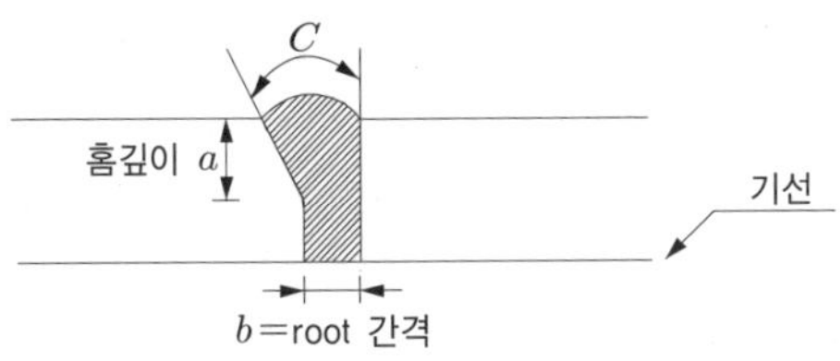

베벨형 맞댐용접이며, 루트간격은 b이고, 개선각도는 $C°$, A재에서 홈깊이를 a값으로 따내기한다.

기선을 중심으로 하측에 표시선 용접기호는 화살표 방향으로 상측에 표시된 용접기호는 화살표 반대편에 용접을 시행한다.

기선을 중심으로 상단에 용접기호가 있는 경우는 용접할 곳이 화살표의 반대방향 또는 건너방향인 경우이고, 하단에 용접기호가 있을 경우는 용접할 곳이 화살방향 또는 앞쪽인 경우이다.

8.4 용접 결함

균열(crack)	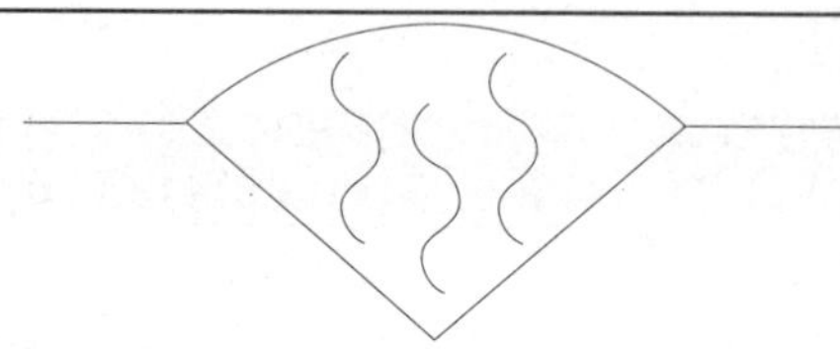
슬래그(slag) 함입	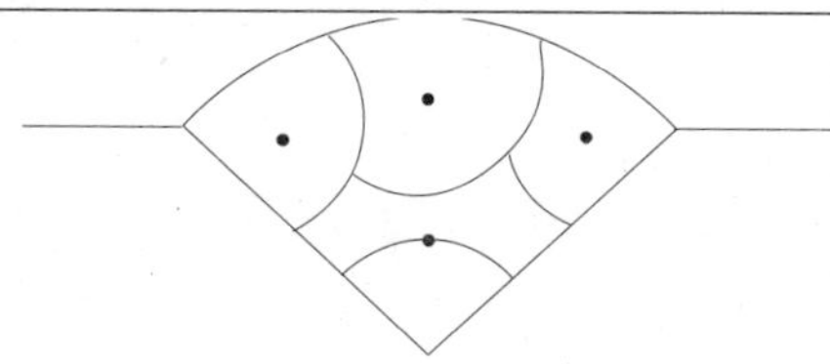
용입 부족	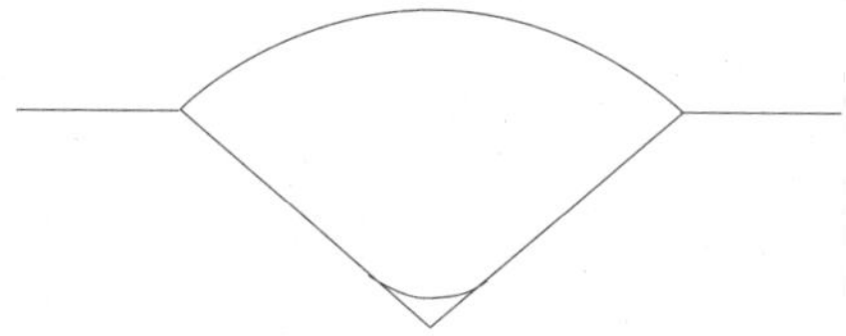
언더컷(under-cut)	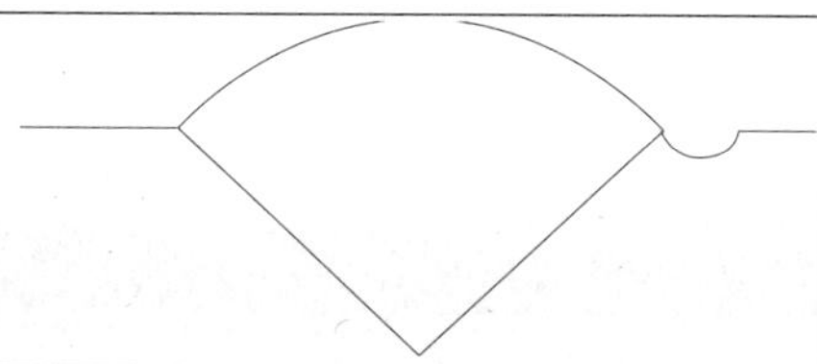
오버 랩(over lap)	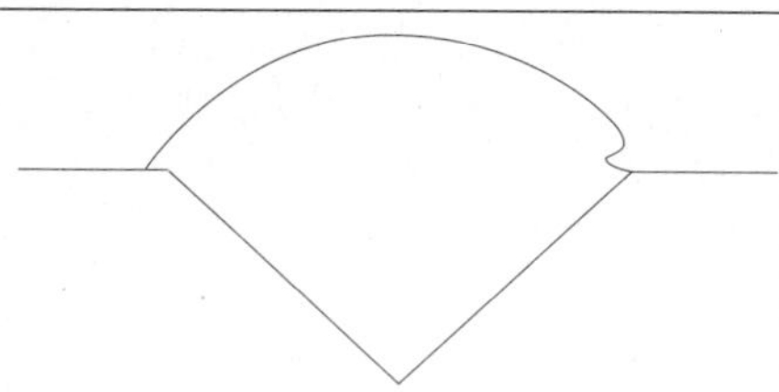
블로-홀(blow-hole)	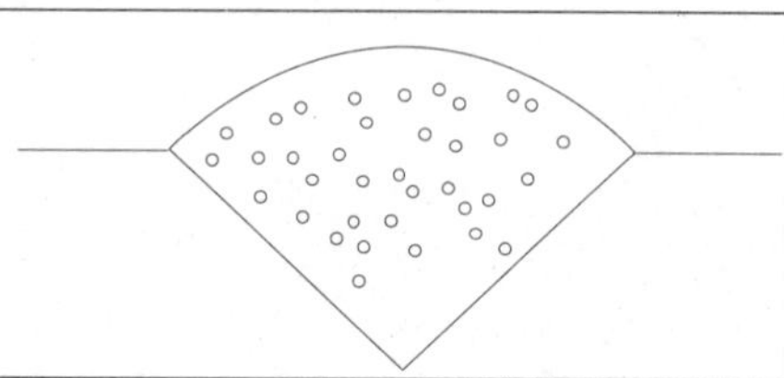

그림 2.17 용접결함의 종류

9 접합의 조합으로 인한 응력분담

접합의 조합은 표 2.12와 같이 한다.

표 2.12 접합 조합의 경우 응력분담

접합 조합	응력분담
(리벳, 볼트, 고력볼트와 용접의 조합)	전응력을 용접이 분담 단, 1) 선 고력볼트+후 용접인 경우 응력을 합산 2) 선 용접+후 고력볼트의 경우 용접이 전응력을 분담
볼트+(리벳, 고력볼트)	전응력을 리벳, 고력볼트가 분담
리벳+고력볼트	응력분담

제3장

철골제작 공장 및 업체 선정

03 철골제작 공장 및 업체 선정

1 철골제작 공장 선정

철골공사의 품질 확보는 건물의 구조안전성을 좌우하는 중요한 사항이다. 이 품질의 대부분은 현장에서 떨어져 있는 공장에 조립되어 반입되는데 있다고 해도 과언은 아니다. 이로 인하여 철골제작 공장 선정은 철골공사의 성패를 결정하게 된다. 생산설비, 용접기능자, 품질관리체제가 정비되고, 실적도 있는 곳을 선정해야 좋다. 실적은 원가와 납기 등을 상담하면서 정보를 수집하고 설계자와 발주처의 의견을 반영하여 적절한 공장을 선정해야 한다. 특히 공장을 평가할 때 가장 중요시되는 것은 용접시공 능력이다.

1.1 공장 선정 자료

철골제작 공장 선정 전에 시공담당자는 해당 철골공장의 규모, 생산능력(제품의 가공능력, 가공실적), 공정관리, 요구품질, 품질능력, 특수공사실적 유무 등을 파악해야 한다.

1.2 서류검사

서류검사 단계에서는 회사지명원, 공사실적을 조사하고, 최근에는 인터넷 홈페이지에서 회사의 정보(부지면적, 계약전력, 용접기대수, 크레인대수, 종업원 등)를 수집할 수 있으므로 철골제작 공장의 가공, 생산능력을 추정할 수 있다.

또한 공장경력서, 최근의 공사실적으로 해당 철골공장의 철골제작 건수와 종류를 확인하여 비교해 보는 것이 가능하다.

표 3.1 철골제작 공장의 가공, 생산능력 추정

1) 월간 가공 t수=(A+B)/25	: 공장부지면적(Am^2) / 제품적치면적(Bm^2)
2) 월간 가공 t수=C×1.65	: 계약전력(CKW)
3) 월간 가공 t수=35×N	: 용접기대수(CO_2 아크 반자동용접기 N대)
4) 월간 가공 t수=α×80	: 천장 크레인대수(5t α대)
5) 월간 가공 t수=M×10	: 공장 전체 종업원수(사무직 포함 M인)

또한 용접기능자의 자격증 소유 여부, 자격별 인원수, 관리기술자수를 파악해야 한다.

제작실적 조사는 공장생산능력이 초과할 경우에 제작 외주의 가능성이 있는지 확인할 필요가 있다. 현재의 수주현황에 대하여 예정납기와 공기를 지킬 수 있는지 확인해야 한다.

1.3 공장조사

서류검사에서 해당 공사의 적절한 공장을 여러 개 선정하고, 실제 공장조사를 하고 나서 결정한다. 공장조사는 경영자, 공장장, 관리기술자의 경영자세와 품질관리방침을 들어보고 실제 공장과 종업원을 보고 실제현황을 확인한다. 특히 작업 중의 철골 제품, 규모, 품질 등을 참고한다.

① 관리체제(용접기능공의 자격관리, 과거의 제작요령서, 검사기록 관리 등)
② 작업환경(생산설비기계 배치, 안전관리 현황, 청소상태, 재료 및 부자재 관리상태)
③ 제작상황(철골 가공상황, 회전기계, 용접관리 등)
④ 제품적치장(넓이, 철골제품 적치방법, 양생방법 등)

1.4 공장인증제도

1) 개요

철강구조물 제작 공장 인증은 철강구조물공사의 품질 향상으로 철강구조물 면허업체의 제작 능력을 확보하고, 제작공장에 대한 등급화의 차등성을 공시하여 활용성을 제고토록 함으로써 교량 및 건축물의 부실시공에 의한 사회적 재난을 미연에 방지하고 시공 안정성을 확보하기 위해 제정 · 도입되었다.

제작대상 규모와 생산설비 및 용접기술자의 자격자수, 제조가공 가능한 후판, 제작부위의 적정범위 조건, 연간가공실적, 제작 및 설비기기 현황 등으로 철골제작 공장의 등급을 나누고 국토교통부의 인증을 받은 공장을 선정하는 것이 안전하다.

공장인증제도는 건설관련 철강구조물공사의 품질 향상으로 철강구조물 면허업체의 제작능력을 확보토록 하고, 제작공장에 대한 등급화 및 능력의 차등성을 공시하여 교량 및 건축물의 부실시공에 의한 사회적 재난을 미연에 방지하고 시공의 안전성을 확보하기 위한 것으로 교량 및 건축물에 사용되는 철강구조물을 제작하는 공장의 시설, 인력, 품질관리실태 등이 법정 기준(1급, 2급, 3급, 4급으로 구분됨)에 적합한지 여부를 심사하는 제도이다.

제2009-9호
(Cer. No)

제교부 '09.05.01

공 장 인 증 서
(FACTORY CERTIFICATE)

1. 회 사 명 : 현대스틸산업주식회사
(Name of Company)
2. 대 표 자 : 이 정 주
(President's Name)
3. 법인등록번호 : 161411-0009437
(Company Reg. No)
4. 공장소재지 : 충청남도 서산시 대산읍 독곶리 634-15
(Factory Address)
5. 분 야 : 교 량
(Specialty)
6. 등 급 : 1 급
(Class)
7. 유효기간 : 공고일부터 3년(2009. 3. 25~2012. 3. 24)
(Validity Period)

건설기술관리법 제24조의3의 규정에 의하여 위의 철강구조물제작공장의 등급을 인증합니다.

(Ministry of Land, Transportation and Maritime Affairs certifies that the above named factory has been approved to manufacture steel structures in accordance with provision 3 of Article 24 of the Construction Technology Management Act.)

2009년 3월 25일
(Date of Issue)

Minister
Ministry of Land, Transportation and Maritime Affairs
Republic of Korea

국토해양부장관

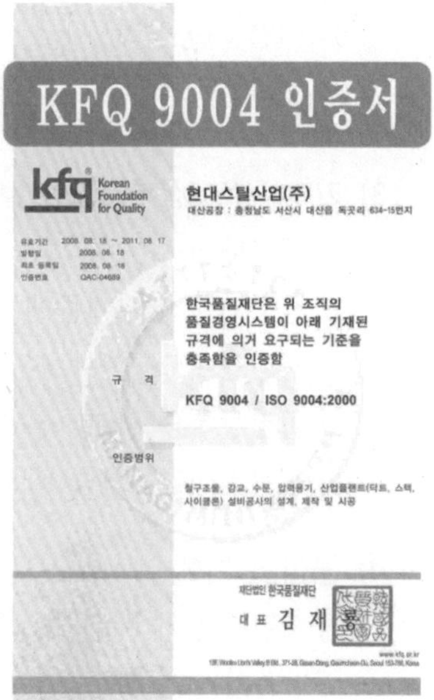

KFQ 9004 인증서

kfq Korean Foundation for Quality

현대스틸산업(주)

한국품질재단은 위 조직의 품질경영시스템이 아래 기재된 규격에 의거 요구되는 기준을 충족함을 인증함

규 격

KFQ 9004 / ISO 9004:2000

인증범위

철구조물, 강교, 수문, 압력용기, 산업플랜트(닥트, 스택, 사이클론) 설비공사의 설계, 제작 및 시공

재단법인 한국품질재단
대 표 김 재

그림 3.1 철강구조물 제작 공장 인증서/ISO

설계자의 특기시방서에 지정되어 있는 경우가 많지만 현재에는 공장조사의 핵심으로 공장규모, 생산능력 등의 분야에서 중요한 품질관리체제 등의 분야로 바뀌어가고 있으므로 등급이 공장규모, 생산능력, 기술력을 필히 반영하여야 한다.

철강구조물 제작 공장 인증업체 전국(2011.1월 현재) 모두 43개로, 세부 분야별로는 교량 분야 24개, 건축 분야 27개 업체이다. 철강구조물 제작 공장 인증제도는 철강구조물 제작 공장의 제작능력에 따른 등급화를 통해 철강구조물의 품질을 확보하기 위해 실시하고 있다. 유효기간은 3년이며, 사후관리는 1년 6개월마다 이루어진다. 국토교통부는 건설현장에 철강구조물을 제작·납품하는 공장을 대상으로 교량과 건축 분야별로 4개 등급의 인증을 부여하고 있다.

1.5 철강구조물 공장인증 신청 내용

1) 공장 기술인력 현황을 기재한 서류

① 조직도 및 종업원수
② 관리기술자 명부
③ 기능자 명부

2) 공장 규모 및 설비 현황을 기재한 서류

① 연간 가공실적
② 제작 및 설비기기 현황

3) 기타 국토교통부장관이 필요하다고 인정하는 다음 각목의 서류

① 공장배치도
② 공장인증 심사기준에 의한 자체심사표
③ 공장안내도
④ 공장등록증 사본
⑤ 전문건설업등록증 사본

4) 공장의 개요

공장부지면적, 제품가공작업장면적, 가조립장면적, 현도장의 작업장면적, 계약전력, 공장종업원수, 상근하는 사내 외주기능공수, 연간가공실적, 부자재 전용 보관창고면적, 조업년수

5) 기술인력 : 관리기술자, 기능자

6) 제작 및 시험설비 : 공작용, 용접용, 크레인, 시험검사 설비기기

7) 품질관리실태

종합관리, 제작기술, 제작상황 및 품질관리, 작업환경, 품질 확보의 간접요인

8) 처리기간 : 150일

9) 유효기간 : 3년

10) 사후관리 : 1년 6개월마다

11) 인증기관 : 국토교통부

12) **평가기관 :** 한국건설기술연구원

1.6 공장인증 심사기준

공장인증과 관련된 심사기준은 부록을 참조한다.

2 초음파탐상 검사 회사 선정

철골공사에서 필요한 검사는 제작공장에서의 현지검사, 중간검사, 제품검사가 있고 공사현장에서는 설계에서 요구하는 품질, 정밀도를 확보할 수 있는지 확인하는 검사가 있다.

그러나 철골의 품질을 좌우하는 눈으로 보이지 않는 용접부의 내부결함은 초음파를 이용하는 전문적 기술을 이용하여 합격 여부를 판정하기 위해 시공관리자가 직접 검사하지 않고 초음파탐상 전문회사에 검사대행을 의뢰하여 요구품질을 확인한다.

초음파탐상 검사 회사를 선정하는 데 필요한 검사기술자의 파견이 가능한지, 대형공사와 돌관공사와 같이 복잡한 공사의 검사 경험, 지방에도 원가상승 없이 검사가 가능한지 여부, 검사기술자수, 보유검사기계수, 수주실적 등 여러 가지 요소를 평가해야 한다.

중요한 사항은 검사기술자의 자격증 소유 여부와 검사능력으로 검사경력을 필히 확인할 필요가 있으며, 회사의 연구개발 능력과 기술개발 실적도 세밀히 평가해야 한다.

3 철골 관련 시공 회사 선정

철골공사계획에서 철골제작, 철골설치공사를 하는 직접적인 관련 업체와 철골제작설치의 각 프로세스마다 관계되는 각종 관련회사를 적정하게 선정하는 것도 공정관리와 품질관리체제를 조기에 확립하는 중요한 요소이다.

철골공사 담당자는 철골제작과 설치에 관련된 각 공종에 대하여 계획단계의 전문업자를 선정하고, 미리 공정계획과 시공방법 등을 전문업자와 조정하는데 철골제작에 있어서는 외장재파스너, 설비슬래브, 가설장치, 각종 고정장치 등이 공장제작시 고려되어야 하는 사항이 있으므로 관련 업체를 조속히 선정해야 한다.

철골설치에는 다른 공종과의 작업과 품질관리를 위한 각종 검사가 공동작업으로 이루어지므로 적절한 시간에 전문업자를 선정하고, 계획에 참여할 수 있도록 한다.

제4장

사전검토 사항

04 사전검토 사항

1 공작도(SHOP DRAWING) 정의

1.1 공작도란?

설계도에 의거하여 작성되며 철골을 가공하는데 편리하고 정확하게 제작되도록 각 부분을 상세히 변경시킨 도면을 말하는 것으로, 도면의 축척은 1/10, 1/20, 1/30, 1/100 등으로 작성된다. 따라서 공작도는 설계에서 부족하거나 누락된 부분에 대한 보완대책과 정밀시공 확보, 정확한 작업내용 전달, 도면상 잘못 이해되기 쉬운 부분에 대하여 제작 잘못이 발생하지 않도록 사전에 접합부마다 상세한 형상과 치수를 표시함으로써 시공관리체계를 확립하기 위해 작성한다.

특히, 시방서에서 요구하는 사항을 그대로 작성하여 작업이 가능하도록 한 것으로 공작도의 내용이 충실한가에 따라 공사의 성패가 좌우된다.

※ 제작 도면은 설계도서를 근거로 하여 생산부서 혹은 생산 담당자에게 필요한 모든 정보를 각종 약어와 도형으로 표기한 제품 제작용 도면으로 생산 담당자는 도면에 표시된 모든 약어와 정보를 정확히 판독하여 이 도면에 따라 제품을 생산하여야 한다.

1.2 공작도 내용

공작도는 일반도, 기준도, 상세도로 나누어지며, 그 내용은 다음과 같다.

1) 일반도

① 앵커 플랜 1/100, 1/50, 1/10

② 각층 보 평면상세도 1/200, 1/100, 1/50

③ 부재리스트 1/50, 1/30

④ 열별 골구도 1/200, 1/100, 1/50

2) 기준도

① 이음기준도, 주심도, 용접기준도, 타 관련공사 연관기준도

3) 상세도

① 기둥, 큰보, 작은보 상세도 1/30, 1/20

② 중도리, 띠장 등 상세도, 부속철물 설치도 1/20, 1/10

③ 브레이스 상세도, 특수부분 마무리도 1/20

④ 데크플레이트 상세도(나누기) 1/50, 1/20

⑤ 덕트관통도

1.3 도면별 체크포인트

1) 앵커 플랜

(1) 앵커볼트의 위치 확인

전체 수량을 명기하고 조임작업에 지장이 없는지? 특히 외주에 관한 검토가 필요하다.

(2) 앵커볼트의 재질, 형상, 길이 확인

① 재질 : 재료강도

② 형상 : 앵커 프레임 필요 여부

③ 길이 : 정착길이가 충분한가, 말뚝이나 지중보의 철근과 마무리 관계

(3) 베이스플레이트의 크기 확인

① 주근과의 간격은 충분한가?

② 지중보 및 기초베이스 철근과의 레벨상 지장이 없는지 확인이 필요하다.

(4) 앵커볼트 구멍의 크기(W×H) 치수 확인

(5) 기준선과 주심 체크

2) 각층 보 평면상세도

(1) 열 부호와 스팬거리 확인

(2) 기둥, 큰보, 작은보 부호 확인

① 위치 : 열심과 주심의 거리 / 열심과 샛기둥 중심과의 거리
주심과 큰보 중심과의 거리 / 열심과 작은보 중심과의 거리

② 형상 : 기둥, 샛기둥의 강축방향 / 큰보, 작은보의 강축방향

③ 재질 : 기둥의 재질 / 보의 재질

(3) 큰보의 이음 위치

① 위치 : 작은보나 마감재와의 마무리 확인

② 운반 : 길이 및 높이 검토

③ 시공 : 세우기 지장 유무 확인

(4) 엘리베이터샤프트 내에서 보플랜지폭의 영향 확인

3) 열별 골구도

(1) 건물의 층고 치수 확인

각층의 기준레벨과 철골의 위치 확인, 특히 주각 베이스플레이트 하단 위치와 고름모르타르 두께에 주의하고, 모르타르 강도를 반드시 체크한다.

(2) 기둥 이음 위치

① 운반 : 각 마디의 길이, 폭, 무게 등이 도로상황, 도로교통법 등에서 문제가 없는지 확인한다.

② 위치 : 기둥이음에는 고력볼트접합이나 현장용접접합이 있으므로 작업성, 안전성을 확인한다.

(3) 2차부재의 관련성 확인

샛기둥, 띠장 등이 있는 경우는 골구도에 배치하고, 이음 위치와 중복되지 않도록 확인한다.

4) 용접기준도

(1) 완전용입용접, 모살용접, 부분용입용접의 위치와 용접 구분, 각 장의 확인

(2) 용접공법(손용접, CO_2 반자동용접 등)의 구별

(3) 개선형상 및 치수 확인

(4) 용접자세에 의한 구별

(5) 엔드탭의 종류, 형상, 재질 확인

5) 주심도

(1) 기둥보의 재질, 형상 및 길이 확인

① 재질 : 이질재료의 사용범위 명확성

② 형상 : 패널존의 조립방법상 지장 여부

(2) 조립의 작업성

용접시 바른 자세 여부, 볼트 배열상 무리 여부, 볼트 조임상 지장 여부

(3) 공경의 기호 정확도 확인

(4) 주각의 마무리 : 스터드볼트와 기둥철근, 지중보 철근의 마무리상 지장 여부

(5) 스터드볼트의 타설 위치와 타설 방법에 대해 주각 스터드볼트의 본수와 높이 확인, 주각부분 밑돌림 범위 확인

(6) 도장범위 확인

6) 이음기준도

(1) 보 이음부의 재질, 형상, 볼트 본수, 직경의 확인

① 재질 : 이질재료의 사용범위

② 형상 : 스플라이스 플레이트의 크기

③ 볼트 본수 : 볼트의 배열

(2) 볼트 작업성 확인

① 플랜지 볼트와 웨브 볼트의 배열상 무리 여부

② 볼트 피치와 에지 치수 확보 여부

(3) 보 이음부와 바닥 데크플레이트 취부방법 확인

데크플레이트 절단에 따른 데크받침 플레이트 표시 여부

(4) 기둥이음부 이렉션피스의 용접기호 확인

돌림용접으로 되어 있는지와 맞춤볼트 구멍의 정밀도 확인

(5) 공경 기호 확인

7) 타 관련공사 연관기준도

(1) 보의 재질 및 형상 확인

① 재질 : 이질재료의 사용범위

② 형상 : H형강, BH강의 구별

③ 이음 : 위치와 치수

(2) 판두께 조정에 대해

1mm를 넘는 두께 차이에서는 필러플레이트 필요

(3) 보 관통 위치, 형식 확인

위치 명시 여부, 보의 크기와 구멍 크기의 적정성, 보강이 필요한 경우 그 적정성

(4) 작은보 브래킷의 위치, 형식 확인

재질, 위치, 거싯플레이트와의 연결성, 연속 작은보와의 관계

(5) 공경의 기호 확인

1.4 공작도에 포함되어야 할 점검목록

1) 앵커도면

앵커볼트의 형상, 재질, 길이, 앵커볼트 위치와 세팅 레벨, 베이스플레이트의 형상, 두께, 재질, 베이스플레이트 중심선 및 앵커구멍의 직경

2) 복도

통용부호 및 스팬, 부재의 배치 및 부호와 중심선, 기둥과 보의 이음 위치, 취부 방향 등

3) 구조도

통용부호 및 스팬, 층고, 부재 배치 및 부호별 중심선, 기둥과 보의 이음 위치, 보의 레벨 및 구배, 베이스 플레이트의 레벨 표시

4) 기둥 및 보 부재 리스트, 이음기준도

부호, 단면재질, 이음부의 재질과 형상, 치수, 판두께, 볼트의 피치와 게이지 가장자리

의 거리, 볼트 직경 및 본수, 스플라이스 플레이트의 형상, 치수, 판두께

5) 용접기준도

맞댄용접, 모살용접 등의 적용 부위, 용접공법, 개선형상 및 모서리 각장, 뒷댐재의 유무, 재질, 형상치수, 엔드탭의 종류, 형상, 취부방법, 스캘럽의 위치 및 형상

6) 기둥상세도

부호, 부재의 위치, 전체길이 및 층고, 기둥 및 보의 이음 부호와 길이, 기둥 및 보의 재질 및 단면치수, 보의 레벨, 베이스플레이트의 형상, 두께, 재질, 앵커볼트, STUD, 다이어프램, 스티프너, 스캘럽, 파스너철물, 세우기용 피스(Piece)

7) 보 상세도

부호, 부재의 위치, 전체길이, 재질 및 단면치수, 보의 이음 위치, 거실의 재질과 위치, 형상, 치수, 취부용 부재(작은보 등), 보 관통구멍, 파스너철물, 세우기용 피스

8) 계단도

계단의 형상, 단높이, 계단부재의 재질 및 단면, 치수, 두께, 계단받이 재료의 재질, 위치, 형상과 치수, 취부용 볼트, 용접 위치 및 치수

1.5 공작도의 검사, 승인

실제로 철골을 제작할 때에는 승인된 공작도의 사용을 원칙으로 하고, 그 외의 도면은 일절 사용해서는 안 된다. 따라서 공작도를 검사 및 승인하는 공작도 작성 책임자는 반드시 세밀하게 확인한 후 제출하는 것이 중요하다.

설계자, 현장관리자, 관련 공사자는 승인용 공작도를 될 수 있는 한 신속히 체크하고 승인 후 바로 돌려 보내주는 것이 중요하며, 이것이 늦어지면 가공공정에 크게 영향을 주게 된다. 이 공작도의 승인은 책임있는 관계자에 의해 검토된 것을 명확하게 하기 위해 [담당책임자의 승인]이라는 날인받은 도면을 사용해야 이 승인 도면에는 승인일을 기입하고 책임자의 날인을 받는 것이 원칙이다. 승인시 한 가지라도 미결사항이 있으면, 그 부재의 마지막까지 반제품으로서 지체되므로 보류항목이 없도록 노력하는 것이 공정을 지연시키지 않기 위해서도 중요하다.

1.6 SHOP DRAWING 작성 순서

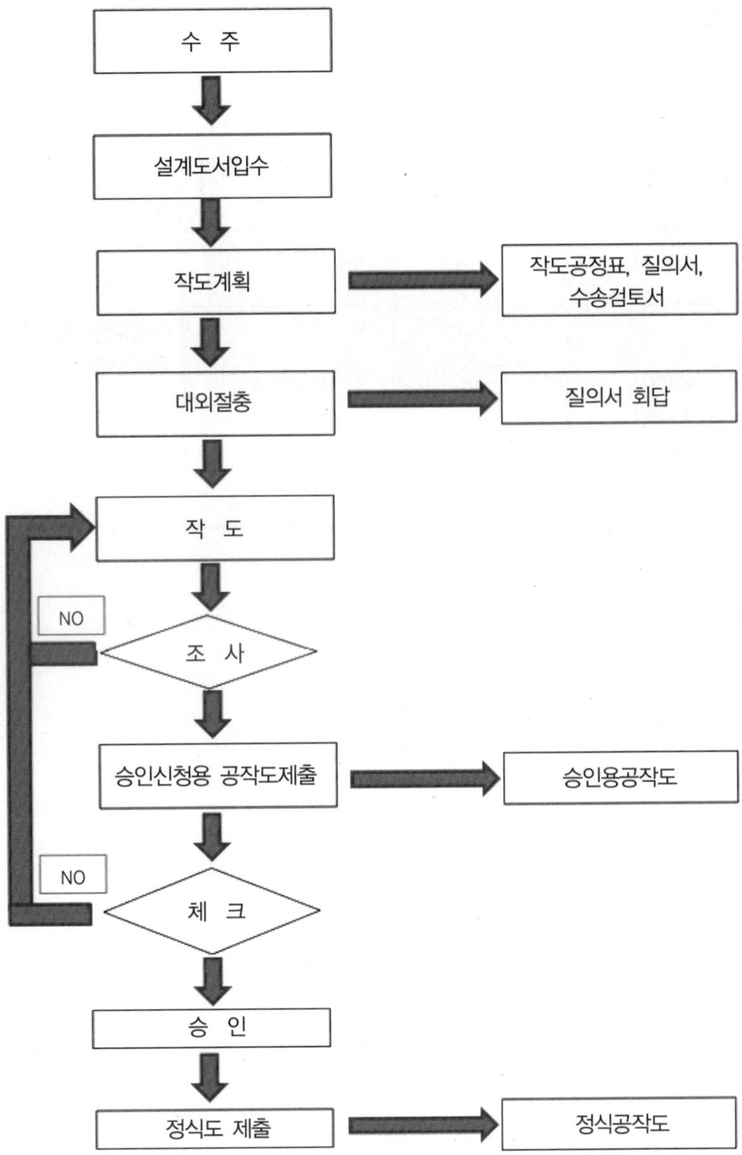

1.7 공작도 "NOTE" 사례

1) 재료(materials)

(1) MATERIAL : SM 490A

(2) WELDING ELECTRODES : E7016

(3) ALL ANGLE & CHANNELS : SS400

(4) ALL PLATE : SM400

일반강재		고성능구조용 강재
SS400 SM400B,C SM490B,C	⇨	SN400A SN400B,C SN490B,C

SN강재는 일반의 강재 SS, SM강재의 내진성과 용접성을 개선한 새로운 고성능 건축구조용 재료이다.

2) 길이, 폭의 치수(dimensions)

(1) EDGE DIST : 45mm (U.N.O)

(2) ALL HOLES : @22 (U.N.O)

(3) 피치 : 75mm (U.N.O)

3) 절단(cutting)

(1) 스캘럽 : R=30 (U.N.O)

4) 도장(painting) 및 관리

(1) NO PAINT WITHIN 70mm OF OPEN HOLES (U.N.O)

(2) ALL GRATINGS : GALV. (칼바늄 도장)

1.8 공작도 일반사항

① 프로젝트의 명칭 및 특징 등을 파악한다.

② 접합 방법과 치수표시 방법을 숙지한다.

③ 담당 구성 또는 부재의 예상 매수파악 및 드로잉계획을 세운다.

④ 드로잉은 반드시 평면도를 기준으로 하여야 한다.
입면도를 기준으로 하여 드로잉할 경우 에러가 발생하는 경우가 많으므로 이점에 유의하여야 한다.

⑤ Erection drawing의 마킹은 기둥(column)의 경우는 북측 또는 서측, 기타 MEMBER는 좌측에 기재한다.
평면도에 우선 기재하고, 이에 따라 입면도에 정확히 기재한다.

⑥ 용접은 기본설계도에 명시한 방법을 근거로 하여 상세히 표기한다.

⑦ Title Block 기재사항을 확인한다.

⑧ Shop Note 기재사항을 확인한다.

⑨ Bill of Material 작성방법을 확인한다.

⑩ Match 여부를 확인한다.

⑪ Member 길이가 10m를 초과할 경우 절단(splice) 여부를 확인한다.
형강제품은 10m가 규격품이며, 그 외의 품목은 주문 생산품이다.

⑫ 철골 및 철구조물의 운반 가능 규격은 가로 3m, 세로 3m, 길이 15m로 제한되어 있으므로 드로잉시 이 점을 유의하여야 한다.(단, 현장 제작시에는 위의 규격에 구애 받지 않는다.)

1.9 프레임 드로잉

1) 철골구조물 중 제작 · 운반 · 설치 등을 용이하게 하기 위해 다음 사항을 원칙적으로 프레임으로 드로잉하여야 한다.

① Truss

② Stair

③ Ladder

④ Handerail

⑤ Walk Way

2) 위의 (①항) 이외에도 요구에 의하여 또는 부득이 프레임으로 처리해야 하는 경우는 다음 사항을 유의하여 드로잉하여야 한다.
   ① 프레임으로 그리는 것의 적합 여부를 확인한다.
   ② 가로, 세로의 폭이 3m를 초과하지 않아야 한다.
   ③ 길이 제한은 타 품목의 경우와 같다.(단, 핸드레일은 6m를 초과하지 않도록 한다.)

3) 트러스 디테일시 Dimension Scale은 1/15, 1/20, 기타 적당한 크기로 하며, Member Scale을 1/10, 1/15로 할 수 있다.
4) 계단 디테일시 스트링거 또는 계단프레임 설치 여부를 확인한다.
5) 프레임의 접합은 용접으로 이루어지므로 용접 부위와 용접방법 등을 상세히 기재하여야 한다.
6) 접합 부위가 협소하고 복잡하여 식별이 곤란한 경우 별도로 디테일하게 처리할 수 있으며, 이 경우는 단면도와 다르게 확대해도 된다.
7) 단면 표시는 일정한 방향으로 하며, 중복을 피한다.

1.10 보(girder) 드로잉

1) CONNECTION(접합)방법

① 기둥과의 접합방법(Moment or Shear)

② 빔 또는 조이스트와의 접합방법

③ 브레이스의 접합방법

특히 에지(edge) 부분의 브레이스(Brace) 접합은 기둥 및 가새 담당자와 협의하여 취부 여부를 결정한다.

2) 위의 ①항을 충분히 파악한 후 도면매수를 예상하고, 일정 계획 등을 세운다.

3) 드로잉작업 시 다음 사항을 확인하며 디테일 작업을 한다.

① Member Size

② Point to Point (P/P)

③ Hole Dimension or Edge Dimension

④ 마킹 시스템

⑤ Piece Mark 기재 방법

⑥ 볼트(Bolt) 기재 여부(field or shop bolt)

4) 가급적 동일 Member를 함께 드로잉하는 것이 편리하다.

5) 형강의 입면도는 반드시 기재하여야 한다.

6) Horizontal Brace의 경우 빔이나 조이스트와 간섭 여부를 확인하여야 한다.

7) Section 표시는 일정한 방향으로 하며, 중복을 피한다.

8) 거더의 실제 길이가 10M를 초과할 경우 스플라이스 여부를 확인한 후 상세도를 제공한다.

1.11 브레이스(Brace) 드로잉

1) 브레이스의 작업 기준점(working point) 결정은 기둥, 거더, 빔 등의 디테일에 많은 영향을 주게 되므로 브레이스 담당자는 디테일에 지장이 없도록 신속하게 결정해 주어야 한다.

2) X-브레이스의 경우 어느 한 쪽의 브레이스를 절단하여 연결판으로 접합시킬 경우 긴 쪽을 절단하도록 하며, 교차점 중간의 연결판은 짧은 쪽에서 용접 또는 Bolting으로 접합하여 준다.

3) X-브레이스 중앙 연결판의 폭은 명시되어 있지 않은 경우 Brace Depth의 2배 범위 정도로 한다.

4) Brace Point에서 첫 Hole까지의 Dimension은 끝자리수를 0이나 5단위로 계산하며, 요구에 따라 계산수치 대로 기재하기도 한다.

5) X-브레이스에서 다음과 같이 줄여 주어야 한다.(총길이를 짝수로 조정한다)

① 길이 1,500mm 미만	: 줄임 없음
② 길이 1,500mm~3,000mm 미만	: 1~2mm 줄임
③ 길이 3,000mm~6,000mm 미만	: 2~3mm 줄임
④ 길이 6,000mm 이상	: 3~5mm 줄임

6) 위의 5)항에서 브레이스가 H-형강일 때와 더블 앵글일 때는 줄임을 적용하지 않는다.

7) Brace Working Plan은 기둥과 거더가 접합되는 부분과 기둥의 베이스 플레이트 부분에서는 레이아웃을 하여 간섭 여부를 검토한 후 결정한다.

1.12 기둥(column) 드로잉

1) 기둥의 종류 및 특징 등을 파악한다.

2) CONNECTION방법과 DIMENSION 표시 방법을 파악한다.
① 베이스 플레이트 크기와 홀(hole) 위치를 확인한다.
② 큰보 & 작은보와의 CONN. 접합방법을 확인한다.
③ 가새 취부 여부를 확인한다.
④ 중인방 & 중도리 취부 여부를 확인한다.

3) ①, ②항을 참고하여 트레이싱 페이퍼당 배정할 기둥의 개수를 결정하고, 예상 매수 파악과 일정 계획을 세운다.

4) 기둥의 Dimension은 기초판의 밑면과 COL.의 TOP 분석을 표시하며, 반드시 이 분석의 Elevation을 기록하여야 한다.

5) Web와 Flange에 접합을 분석하여 필히 그 ELEV.을 기록하여야 한다.

6) 기초판과 기둥의 용접은 특히 중요하므로 유의한다. 또한 절단상태를 표시할 때 Mill 또는 FIN.의 표시가 있으나 지적이 없을 때는 일반적으로 FIN.으로 표기한다.

7) Flange나 Web에 볼트 홀이 뚫릴 때 가급적 그 게이지 값을 동일하게 하여야 제도나 제작에 편리하다.

8) Face Mark는 일반적으로 북측이나 서측의 Flange 부분에 표시한다.

9) COL.의 좌표를 필히 표시해 주어야 한다.

10) 키플랜은 요구가 있을 시 Title Block 좌측에 그린다.

11) COL.의 길이가 10m를 초과할 경우 스플라이스가 되는 것을 예상하고, 그 결과를 확인한 후 디테일(detail)을 제공한다.

12) 브래킷의 DIM.DL 길이가 1.5m 미만일 때는 COL.에 취부하여 디테일하게 한다.

2 철골재의 유통경로

2.1 강재의 유통경로

강재의 유통회사에는 제조사, 강재판매상사, 강재도매상, 중간가공회사가 있으나 대량 구매 시에는 일반적으로 제조자로부터 구매하던가 또는 제작공장에 재료구매 과정을 위임한다. 강재료 구입 시에는 재료의 품질에 문제가 없도록 반드시 재료품질 증명서를 받도록 하고, 강재 제조사에서 발행하는 제품의 품질 증명서인 밀 시트(mill sheet)[1]를 받도록 한다. 재료의 구입부터 반입 시에는 제조사로부터 규격품증명서, 가공장의 가공증명서, 증명번호, 용접번호(원품증명서), 히트넘버(Heat No.)[2] 및 롤넘버(Roll No.)[3] 등을 확인해야 한다.

2.2 강재발주와 구매스케줄

1) 구매와 납기일

강재를 발주하기 전에 명세서를 작성하고, 실제로 철골제작 공장에서 납입까지의 기간은 강재에 따라 상당한 차이가 있다. 또 롤 빔 대응품을 별도로 제작하려면 납기기간이 길어지고, 시중의 재고품을 이용하면 기간을 단축할 수 있으므로 발주시 롤-품목 등의 납품시기와 양은 중요한 요소이다. 일반적으로 판두께 40mm 이상의 강재나 항복점 385N/㎟ 이상의 강재일 때의 납기일은 수요와 공급에 따라 그 차이가 있으며, 대부분 2.5~5개월 정도가 소요되며, 각형강관일 때는 2.5~3개월, Roll-H형강일 때는 1.5~2개월, 조립H형강(Buit up)일 때는 3.5개월이 소요된다.

---

1) 밀 시트(mill sheet) : 모든 자재는 규격화 또는 표준화되어 있으며, 자재는 각각의 특성에 따라 고유의 기계적 성질을 가지고 있는데, 이러한 기계적 성질을 증명하기 위한 자재의 이력서이다.
2) 히트 넘버(Heat No.) : 밀 시트상에는 자재의 이력관리를 위한 번호가 부여된다. 즉 Heat No.와 Roll No.로 나누는데 Heat No.는 그룹의 번호를 말한다.
3) 롤 넘버(Roll No.) : Plate No.라고 부른다. 제품 개개의 번호를 말한다. 즉 한 개의 Heat No. 내에는 여러 개의 Roll No.가 존재한다.

2.3 강재 발주 시 조사항목 및 확인사항

1) 설계 시방서 및 지시사항

2) 사용 강재의 종류 확인(예 : SS400, SN400A, B, C, SM490A, SN490B, C 등)

3) 제조사의 지정 유무

4) 체결볼트의 종류

5) 방청도장의 범위와 종류

H형강의 경우는 빌트업 타입과 롤 빔 타입의 경우 가공시 웨브 또는 플랜지 등의 용접접합을 동시에 검사·확인한다.

2.4 강재의 구매 스케줄 사례

그림 4.1은 강재 구매 스케줄을 그림으로 나타낸 것이다.

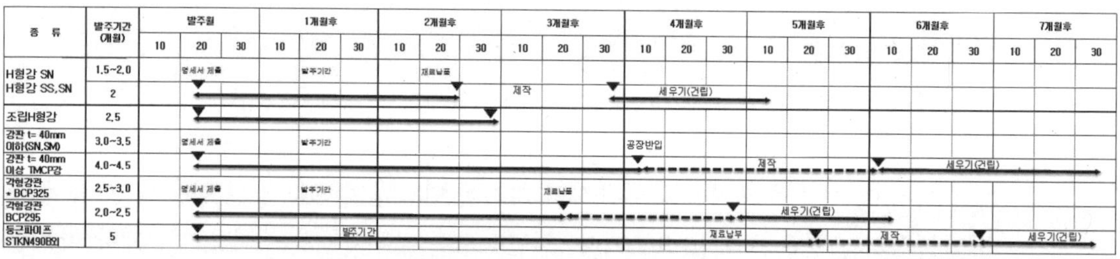

그림 4.1 강재 구매 스케줄의 예

3 철골재 발주

3.1 강재수배

건축용으로 사용되는 강재의 구입 방법에는 시장품을 구입하는 경우와 철강제조사에 롤주문하여 구입하는 경우가 있다. 통상은 주문제안 방식으로 강재가 수배되므로 주문 후 공장에 납입될 때까지는 상당한 기간이 필요하므로 전체 공기를 좌우하는 경우가 많다.

강재 주문은 철골가공 공장으로부터 철강제조사의 대리점 등을 통하는 것이 일반적이며, 주문된 강재는 다음과 같은 수순으로 납입된다.

① 당월 10일까지 강재의 개략적인 수량 신청

② 당월 20일까지 강판의 경우는 두께×폭×길이별 수량, 형강은 규격×길이별 수량을 명세서(컷리스트)로 주문한다.

③ 다음달 철강제조사는 롤한다.

④ 다음 월말까지, 철강제조사는 롤한 것을 관련 대리점 등에 출하하며, 대리점은 주문자의 컷리스트에 따라 절단하여 주문자에게 납입한다. 따라서 건축철골에 사용되는 강재는 가공공장에 주문 후 입수할 때까지 2개월 이상 기다려야 한다. 또 규격에 따라 격월로 되는 것도 있으며, 이 경우는 1개월 이상 연장된다.

특히 각형강관과 같이 강관 제조사가 철강제조사에 코일을 주문하고, 입수 후 각형강관으로 가공하고, 철골제작 공장에 납입할 경우는 1개월 가량 소요된다. 이렇게 강재의 납기는 상당히 길어지므로 공정상 철골세우기까지 충분한 시간이 있는 경우에는 문제가 없지만 그렇지 못한 경우는 롤 주문재의 납기를 고려하여 건축주에게 건설회사 및 철골 가공 공장 등을 될 수 있는 한 빠르게 결정하는 조치도 필요하다. 그러나 비교적 소규모 건축일 때는 시장품(강재 도매상)의 재고품을 조달할 수도 있다. 시장품에는 KS규격 증명서가 첨부된 것은 드물고, 무규격품인 경우도 있으므로 구매할 때 정체불명의 외국산 제품도 시중에서 취급하고 있으므로 주의가 필요하다.

3.2 제작 공장 선정과 발주

철골공사는 먼저 제작공장 선정에서부터 시작된다. 설계도서에 표시한 요구 품질을 만족시킬 수 있는 공장을 선정하기 위해 철골공사의 규모, 사용재료의 재질, 접합방법 등을 설계도서에서 읽어보고 요구하는 품질을 만족시키는 철골재를 제공할 수 있는 능력 있는 제작공장을 선정하는 것이 필요하다. 공장 선정에 있어서 그 공장이 어느 정도의 능력을 가지고 있는가를 제대로 조사하여 공장의 입지조건, 제작 코스트 등도 고려하여 선정 · 발주한다.

3.3 철골 발주제작기간 산정시 고려사항과 유의점

철골공장, 철골제작 공장에서 부재를 제작하고, 그것을 현장으로 운반하여 조립하게 되므로 현지공정 전에 제작기간을 예상하여 발주한다. 이 제작기간은 철골공사 내용에 따라 다르다. 넓은 의미의 제작기간을 고려하면 다음과 같은 순서로 업무진행이 필요하다.

① 발주와 철골업자(철골제작 공장 = 패브리케이터) 선정 및 계약
② 철골재료 발주와 입수
③ 철골제작 도면 작성과 승인
④ 철골제작과 제품 검사
⑤ 녹막이도장과 반입

이하 제각기 개략적인 소요 기간과 그 작업 내용을 정리하면 다음과 같다.

① 발주와 업자 선정 및 계약은 종합건설회사의 발주구매 방식, 발주예산, 수급 밸런스에 따라 다르므로 일률적이라고 할 수 없지만 최저 1~2주간은 필요하다.
② 철골재료의 발주와 입수는 재료가 시장품이거나 조립재(빌트업)이며, 사용량도 적어 입수난이 발생된 경우가 아니면 수주간이라도 가능한 경우가 있지만 특수재료, 특수치수, 대량이어서 롤이 필요한 경우에는 메이커 롤 스케줄을 기다려야 하며, 최저 1.5개월, 수요가 많은 경우에는 수개월이 필요한 경우도 있다. 롤을 발주하는 시기는 매월 일정한 일시로 되어 있다. 도면 그대로 의뢰할 수는 없고 치수별 리스트가 필요하므로 일반적으로 철골시공업자가 결정되어 있지 않으면 발주가 불

가능하다.

③ 철골제작 도면 작성과 승인은 다수의 제작도면 작성과 관련공사(건축설비, 외장재 베드나 파스너류, 가설물, 철근, 거푸집 세퍼레이터 등)의 검토 · 기입 · 종합건설사의 담당자 및 설계감리자 승인 수속 절차에 필요한 시간이다. 통상적으로 1개월 이상이 필요하다.

④ 철골제작과 제품검사

⑤ 방청(녹막이)도장과 반입 기간은 제작철골의 난이도, 제작수량의 다소, 공장 생산 능력에 따라 좌우되며, 일반적으로 수개월이 필요하다. 그런데 실제로는 철골재료의 발주와 입수, 철골제작 도면의 작성과 승인, 철골제작과 제품 검사의 구분이 있는 부분이 동시에 진행되며, 대량 철골의 경우는 절이나 공구 구분에 따라 컨베이어 시스템이 적용되므로 복잡하다. 일반적으로 이러한 합계기간은 복합구조물에서는 3~5개월, 순철골구조물에서는 2~4개월로 고려하여야 한다.

지하나 말뚝이 없는 구조물에서 철골조립 공정의 앞 공정이 적은 공사에서 이 기간을 충분히 확보할 수 없고, 수주 전부터 미리 예상하고 준비하거나 착공 직후에 특급으로 준비하는 것이 현 실태이므로 매번 계획을 세워 준비하는 것이 바람직하다.

4 철골공사 건립계획 수립 시 검토사항 및 대책(안전)

4.1 개요

철골공사에서 가장 중요한 작업은 건립작업이며, 현장마다 입지조건이 다르므로 작업환경을 충분히 고려하여 건립계획을 수립하여야 하며, 사전에 충분한 검토를 거친 후 작업의 안전성을 확보하여야 한다.

4.2 현지조사(사전조사)

1) 현장 인근 위해 여부 조사 및 대책 수립

현장작업시 발생되는 소음, 낙하물 등이 인근주민, 통행인, 가옥 등에 위해 발생 가능 여부를 조사하여 대책을 수립한다.

2) 차량통행시 지장 여부 조사

차량통행이 인근가옥, 전주, 가로수, 수도관, 케이블 등의 지하매설물에 지장을 주는지 여부를 확인한다.

3) 자재적치장 면적 조사

자재적치장의 소요면적이 충분한지 조사한다.

4) 지장물 조사

건립용 기계의 붐이 오르내리거나 선회하는 작업반경 내의 지장물(인접가옥, 전선 등)을 조사한다.

4.3 건립기계 선정시 검토사항

① 건립기계의 출입로, 설치장소, 기계조립에 필요한 면적 검토
② 이동식 크레인은 건물 주위의 주행 통로 유무 검토
③ 고정식 건립기계는 기초구조물을 설치할 수 있는 공간과 면적 검토
④ 이동식 크레인의 엔진소음은 학교, 병원, 주택 등의 근접시 관계법에 따라 처리되었는지 검토
⑤ 건물의 길이, 높이 등 건물의 형태에 적합한 건립기계 선정인지 검토
⑥ 정치식(고정식) 건립기계는 작업반경, 붐의 안전인양 하중범위, 수평거리, 수직높이 등을 검토

4.4 건립순서 계획시 검토사항

1) 철골건립시 계획 및 확인

① 현장건립순서와 공장제작순서가 일치되도록 계획되었는지 확인
② 제작검사의 사전실시, 현장운반계획 등을 확인

2) 좌굴, 탈락에 의한 도괴 방지

① 어느 한 면만을 2절점 이상 동시에 세우는 것 금지
② 1스팬 이상 수평방향 조립이 진행되도록 계획

3) 조립순서 결정

① 건립기계의 작업반경, 진행방향을 고려하여 조립순서 결정

② 조립부재에 의해 후속작업이 지장을 받지 않도록 계획

4) 연속기둥의 설치, 좌굴 및 편심에 의한 탈락 방지

① 기둥을 2개 세우면 기둥 사이의 보를 동시에 설치하여 안전성 확보

② 연속기둥 설치시 안전성을 확보하여 좌굴 및 편심에 의한 탈락 방지

5) 건립도중 도괴 방지

볼트 체결기간을 단축시켜 건립 중 도괴를 방지하도록 후속공사를 계획

4.5 1일 작업량 결정시 고려사항

① 운반로의 교통체계

② 장애물에 의한 부재반입 제약

③ 작업시간의 제약

4.6 악천후시 작업중지

1) 강풍시 조치

높은 곳에 있는 부재나 공구류가 낙하, 비래하지 않도록 조치한다.

2) 강풍 · 폭우 등 악천후 시 작업중지

① 강풍 : 10분간 평균풍속 10m/sec 이상

② 강설 : 1시간당 강설량이 1cm/hour 이상

③ 강우 : 1시간당 강우량이 1mm/hour 이상

4.7 재해방지 설비 배치 및 설치방법 검토

① 기둥의 승강용 트랩, 구명줄
② 추락방지용 방망(추락방지망), 비계
③ 방호철망(낙하물방지망, 낙하물 방호선반)
④ 통로(수직, 수평통로)

4.8 기타 검토사항

① 지휘명령 계통
② 기계 · 공구류 점검 및 취급방법
③ 신호방법 확인
④ 악천후에 대비한 처리방법

4.9 강풍시 철골의 자립도 검토대상 구조물(철골공사시 내력설계기준)

① 높이 20m 이상의 구조물
② 구조물의 폭과 높이의 비가 1:4 이상인 구조물
③ 단면구조에 현저한 차이가 있는 구조물
④ 연면적당 철골량이 50kg/m² 이하인 구조물
⑤ 기둥이 타이플레이트형인 구조물
⑥ 이음부가 현장용접인 구조물

4.10 철골공사 전 검토사항

1) 설계도 및 공작도 확인 및 검토사항

(1) 확인사항

① 부재의 형상 및 치수(길이, 폭 및 두께)
② 접합부 위치
③ 브래킷의 내민치수
④ 건물 높이 등

(2) 검토사항

① 철골의 건립형식

② 건립작업상의 문제점

③ 관련 가설설비 등

(3) 기타

① 검토결과에 따라 건립기계의 종류를 선정하고, 부재수량에 따라 건립공정을 검토하여 시공기간 및 건립기계의 대수를 결정

② 현장용접 유무, 이음부의 시공난이도를 확인하고, 건립작업 방법을 결정

③ 철골철근콘크리트조(S.R.C조)의 경우 건립순서 등을 검토하여 철골계단을 안전작업에 이용

④ 한쪽만 많이 내민보가 있는 기둥에 대한 필요한 조치

2) 철골공작도에 포함시켜야 할 사항

① 외부 비계받이 및 화물 승강설비용 브래킷

② 기둥 승강용 트랩

③ 구명줄 설치용 고리

④ 건립에 필요한 와이어걸이용 고리

⑤ 난간 설치용 부재

⑥ 기둥 및 보 중앙의 안전대 설치용 고리

⑦ 방망 설치용 부재

⑧ 비계 연결용 부재

⑨ 방호선반 설치용 부재

⑩ 양중기 설치용 보강재

4.11 결론

① 철골건립공사는 공사특성상 고공공사로 인한 위험작업이 많으므로 사전에 철저한 건립계획을 수립한다.

② 재해방지를 위한 대책으로 위험을 예방하도록 하여야 한다.

제5장

용접 및 검사

05 용접 및 검사

1 용접공

용접공은 최근 6개월 동안 철구조물의 용접작업에 종사하고, 다음의 자격을 소지한 자로 하여금 용접토록 한다. 용접공의 세부사항은 용접자격을 취득한 자를 승인요청 후 작업에 임한다. 용접별 자격조건은 표 5.1과 같다.

표 5.1 용접별 자격조건

종 별	자 격	
수 동 용 접	• AWS 용접자격 취득자 • 국가기관 용접자격을 취득한 자	• YJS 용접공 자격을 취득한 자
반자동 용접	• AWS 용접자격 취득자 • 국가기관 용접자격을 취득한 자	• YJS 용접공 자격을 취득한 자
자 동 용 접	• AWS, JIS, YJS의 기본자세 이상의 자격을 취득 자	

* AWS(American Welding Society) : 미국용접협회

2 용접기

용접기 및 부속용구는 사용할 용접재료의 종류에 대하여 충분한 용량과 성능을 갖고 있으며, 안전하게 작업할 수 있는 것을 사용한다. 용접기는 교정된 것을 사용한다.

3 용접재료 관리

① 모든 용접재는 shop 內의 재료(공구)관리실에서 관리 · 통제한다.
② 모든 용접재는 청결하고 건조한 곳에 저장해야 하고, 그리스, 오일, 먼지, 녹 등의 이물질이 없어야 한다.
③ 모든 용접재는 AWS 또는 JIS의 요구사항에 맞는 온도로 건조해야 한다.
④ 모든 저수소계 피복아크용접봉은 제조회사가 규정한 온도에서 1시간 이상 건조시켜야 하며, 건조기(dry oven)로부터 꺼낸 즉시 70℃로 유지할 수 있는 휴대용 장비에 넣고 사용해야 한다.
⑤ 자동용접에 사용할 플럭스(flux)는 제조회사에서 규정한 온도에서 1시간 동안 건조해야 하며, 플럭스 재사용시는 슬래그(slag), 불순물 제거 후 새로운 플럭스와 혼합해서 사용한다.

용접재료의 건조온도는 표 5.2와 같다.

표 5.2 용접재료의 건조온도

구 분		건 조 온 도	건 조 시 간
수 동 용 접	저 수 소 계	300℃ ~ 400℃	60min 이상
	기 타	70℃ ~ 100℃	30 ~ 60min
SAW 소결 플럭스		200℃ ~ 250℃	60min 이상

4 용접시공

① 용접할 모재의 수분, 녹, 슬래그, 밀 스케일(mill scale) 등 용접결함의 발생 요인이 되는 것은 용접 전 제거 및 청소한다.
② 각 pass 후 다음 층의 용접에 들어가기 전에 슬래그, 플럭스를 솔질하여 제거해야 한다.
③ 용접은 변형, 잔류응력 및 구속력을 최소로 하도록 순서에 따라 가능한 한 하향 또는 수평자세로 실시한다.(단, 조립시와 설치시는 편한 자세로 한다.)

④ 최소예열온도는 AWS D1.1 SEL.4 PART 4.2 나 3)항(JIS)의 기준에 따라야 한다. (AWS D1.1 SEL.4 PART 4.2)

최소예열 및 층간온도는 표 5.3과 같다. 모재의 온도가 0℃ 이하인 경우는 21℃ 이상으로 예열한 후 용접 중 이 온도를 유지한다. 층간온도는 T > 38일 때 230℃를 초과하지 않아야 한다.

표 5.3 최소예열 및 층간온도

STEEL	WELDING PROCESS	두께(D)	최소온도(℃)
ASTM A36	저수소계 용접	D≤10M/M	NOTE
A 53 GB A 106 GB A 572 G52 A 572 G50 A 588 A 572 G60 A 572 G65	SMAW SAW GMAW FCAW	10<D ≤ 38M/M 38<D ≤ 64M/M 64M/M<D	10 66 107
ASTM A514	저수소 용접	D ≤ 19M/M	10
A 517 A 709 G100 A 709 G100W	SMAW SAW GMAW	10<D ≤ 38M/M 38<D ≤ 64M/M 64M/M<D	50 80 107

※ 예열의 범위는 용접선을 중심으로 양측 100mm 범위로 한다.
※ 예열온도의 측정 위치는 용접선에서 50mm 떨어진 곳에서 예열온도를 체크한다.

⑤ 가용접(tack weld)

가용접은 AWS, JIS, NK에 따라 승인된 용접사에 의한다. 가접할 부위의 예열온도는 본용접에 규정된 예열온도와 같아야 한다.

⑥ 용접조건

용접은 용접재료 및 작업자세에 따라 다음에 의거하여 적절한 수치를 선정해서 한다. 용접별 조건은 표 5.4, 표 5.5, 표 5.6과 같다.

표 5.4 피복아크용접(수동용접)

용 접 자 세	봉 직 경 (mm)	용 접 전 류 (A)	아 크 전 압 (V)	용 접 속 도 (㎝/min)
하 향 (1G)	3.2 4.0 5.0 6.0	110 ~ 150 150 ~ 190 190 ~ 240 150 ~ 310	28 ~ 30 28 ~ 30 28 ~ 30 28 ~ 30	15 ~ 20 15 ~ 20 15 ~ 20 15 ~ 20
입 향 (2G)	3.2 4.0 5.0	90 ~ 130 110 ~ 160 140 ~ 190	28 ~ 30 28 ~ 30 28 ~ 30	10 ~ 15 10 ~ 15 10 ~ 15
횡 향 3(G)	3.2 4.0 5.0 6.0	110 ~ 150 150 ~ 190 190 ~ 250 250 ~ 310	28 ~ 30 28 ~ 30 28 ~ 30 28 ~ 30	15 ~ 20 15 ~ 20 15 ~ 20 15 ~ 20

표 5.5 탄산가스아크용접

용 접 자 세	와이어 직경 (mm)	용 접 전 류 (A)	아 크 전 압 (V)	용 접 속 도 (㎝/min)	CO_2 유량 (1/min)
하 향 (1G)	1.2 1.4 1.6	280 ~ 350 300 ~ 400 350 ~ 500	30 ~ 36 34 ~ 40 36 ~ 42	25 ~ 50 25 ~ 50 25 ~ 50	25 ~ 50 25 ~ 50 25 ~ 50
횡 향 (2G)	1.2 1.4	250 ~ 320 280 ~ 370	28 ~ 34 33 ~ 40	30 ~ 55 30 ~ 55	25 ~ 50 25 ~ 50

표 5.6 서브머지드아크 자동용접

용 접 자 세	두 께 (mm)	와이어 직경 (mm)	용 접 전 류 (A)	아 크 전 압 (V)	용 접 속 도 (㎝/min)
버트용접	12 ~ 31 32 ~ 45 46 ~ 60	4 4 4	550 ~ 850 600 ~ 900 650 ~1150	32 ~ 36 32 ~ 36 32 ~ 36	20 ~ 30 15 ~ 35 15 ~ 35
필렛용접	6 ~ 8 10 ~ 11 12 ~ 13	4 4 4	550 ~ 600 600 ~ 650 600 ~ 650	32 ~ 34 32 ~ 34 32 ~ 34	45 ~ 60 45 ~ 50 40 ~ 45

⑦ 용접중 청소

수동용접에 있어서 용접봉 이음부 및 반자동용접에서 한 번 아크를 정지시킨 부분의 crater는 재시작하기 전에 슬래그를 제거하고 결함이 없는지 확인한 후 재용접한다.

⑧ 뒷면 가우징(back gouging)

뒷면 가우징은 아크 가우징(arc gouging)으로 하고, 그 깊이는 건전한 용착금속이 나타날 때까지 한다. 가우징 깊이 및 폭은 가능한 같은 모양으로 하며, 서브머지드아크용접(submerged arc welding)에 대해서는 충분한 용입이 얻어진 것이 확인되어 담당의 승인을 얻은 경우에는 뒷면 가우징을 생략할 수 있다.

⑨ 용접 끝단부 처리

맞대기 용접의 시작부와 끝단부는 원칙적으로 엔드탭(end tab)을 붙여서 사용한다. 단, 역용접 또는 원둘레용접에 의해 용접 끝단부의 결함 발생을 방지할 수 있는 경우에는 엔드탭을 사용하지 않는다.

⑩ 엔드탭

엔드탭은 조인트에 맞춘 형상의 강제 탭 또는 이미 제작된 탭을 사용한다.

5 마무리

용접 종료 후 슬래그, 스패터(Spatter) 제거 및 엔드탭 절단을 한다. 슬래그 제거는 별도의 용접 소공구로 제거하고, 스패터는 그라인더로 제거한다. 엔드탭은 후공정에 지장이 없는 한 제거하지 않는다. 제거할 경우 모재와 용접부에 손상이 가지 않도록 주의하고, 모재면에서 10~15mm를 남겨두고 절단한다. 절단은 수동절단으로 한다.

6 교 정

용접에 의해 발생한 변형은 가열법에 의한 열간교정 또는 프레스 교정기 등에 의한 냉간교정을 한다. 열간교정은 가열 냉각에 의해 재질이 손상되지 않도록 주의해야 하고, 가열온도는 다음을 표준으로 한다.

① 가열 후 공랭한 경우 : 800~900℃
② 가열 후 즉시 수랭한 경우 : 600~650℃
③ 공랭 후 수랭한 경우 : 800~900℃

단, 수랭개시 온도는 500℃ 이하로 한다.

7 불량용접의 보수

불량용접부 수정은 표 5.7과 같은 방법으로 수정한다.

표 5.7 불량용접 보수

결 함	보 수 요 령
크랙	초음파탐상검사(내부결함) 또는 침투탐상검사(표면 결함)에 의해 결함의 한계를 명확히 하고, 크랙의 끝단부에서 적어도 50mm 이상의 범위를 에어아크가우징(air arc gouging)으로 제거한 후 재용접한다.
언더 컷	허용차를 초과한 것은 육성 · 용접한다.
각장, 여성고 부족	소정의 크기까지 육성 · 용접한다.
오버 랩, 여성과대	그라인더, 가우징 등으로 해당 부분을 제거한다.
ARC STRIKE	그라인더로 해당 부분을 제거하고, 또 깊이 1mm 이상의 경우는 보수용접을 하고, 필요에 따라 마무리(사상)작업을 한다.
BLOW-HOLE, PIT, 용입 부족, 슬래그 감싸들기	비파괴검사에 의해 불합격된 경우는 그 결함의 범위를 확인해서 에어가우징(air gouging)으로 제거한 후 재용접한다.

8 STUD용접

1) 용접시공

① 스터드 베이스(stud base) 면과 용접면에 녹, 도료, 기름 등 이물질이 존재하지 않을 것.

② 아크가 정상 기능을 발휘할 수 있는 상태에서 취부되고 있을 것.

③ 스터드 용접작업을 원활하게 할 수 있는 환경이 확보될 것.

2) 용접자세

작업은 하향으로 하는 것을 원칙으로 하지만 $\phi16$ 이하는 횡방향으로 하는 것도 있다.

3) 작업

① 용접 중 건(gun)은 용융부가 응고할 때까지 움직이지 않게 한다.

② 용접 시 아크 블로우(arc blow)에 의한 여성의 편차를 방지하기 위한 JIG를 사용한다.

③ 작업 중 어떤 원인으로 용접결함이 발생한 경우는 곧 작업을 중지하고 원인을 규명한 후 그것이 해결될 때까지 작업을 중단한다.

9 검사

9.1 책임사항

품질관리자는 승인된 제작도면 및 관련 규격서에 의해 제작되는 제품을 표 5.8의 'inspection & test plan'에 따라 공정별 검사를 수행하며, 발주처 검사원(이하 검사원)의 검사가 적절히 수행되도록 조치한다. 품질검사 담당자는 작성된 검사신청서를 검토한 후 발주처에 검사·신청토록 하고, 발주처 검사원의 검사가 원만하게 수행될 수 있도록 필요한 조치를 취한다.

9.2 공장시험 및 검사계획

1) 검사 방법

입회점(witness point)으로 지정된 검사는 품질관리자 및 검사원에 의한 입회검사를 수행해야 하며, 사전에 통보된 시간에 입회검사를 수행하지 못하는 경우 검사원의 후속공정을 수행한다. 필수확인점(hold point)은 품질관리자 및 검사원의 입회검사를 수행해야 하며, 입회검사를 수행하지 않고 후속공정을 수행할 경우, 사전에 검사원의 승인을 득한다.

2) 검사 절차

품질관리 담당자는 승인된 제작도면 및 관련 규격에 의해 제작된 제품을 표 5.8의 'inspection & test plan'에 따라 공정별 검사를 수행한다. 품질관리 담당자는 검사원 입회점 검사시 검사원과 함께 입회검사를 수행하는 것을 원칙으로 하지만, 검사원이 입회하지 못하는 경우 자체검사원만 수행하여 후속공정을 수행토록 한다. 품질관리 담당자는 검사원 필수확인점 검사시 검사원과 함께 입회검사 후 후속공정을 수행토록 하며, 만약 검사원이 입회하지 않고 후속공정을 수행하고자 하는 경우, 서면으로 검사원의 승인을 득한다.

9.3 공정간 검사

1) 일반사항

철골에 대한 공정간 검사는 마킹, 절단, 취부, 용접 및 치수외관검사와 특수공정인 비파괴검사로 한다. 마킹, 절단, 취부, 용접 등의 검사방법은 품질관리 담당자가 입회검사를 실시하고, 기록서는 Check Sheet를 작성하여 관리하고, 용접 및 도장에 대한 Check Sheet는 치수검사성적서와 함께 발주처에 제출한다.

2) 전처리(표면처리) 및 도장검사

전처리 및 도장검사는 특기시방에 준하여 실시한다.

표 5.8 검사계획(inspection & test plan)

순	검사 구분	검사 항목	적용 규격	검사 구분			장소	제출서류
				제작사	시공사	감리자		
1	자재검사	1. 성적서 검토 2. 자재치수 및 외관	KS D 3515 KS D 3503	W	M	M	공장	mill sheet
2	마킹 및 절단검사	1. 절단, 치수 및 외관 2. 절단면 정밀도 3. 재질 구분 마킹	설계도면 승인절차서	H	M	M	공장	-
3	취부검사 (FIT UP)	1. 이물질 제거 2. 취부 상태 및 외관 3. 가붙임 용접 상태 4. ROOT GAP	설계도면 승인절차서	H	M	M	공장	-
4	용접검사 (WELDING)	1. 용접자격 관리 2. 용접조건 3. 용접재료, 환경조건 4. 용접부 외관	설계도면 AWS D1.1 승인절차서	H	M	M	공장	1. 용접사 목록 2. 체크 목록
5	치수검사	1. 제품치수검사 2. 외관검사 3. 가공면의 정밀도	설계도면 승인절차서	W	W	R	공장	치수검사 성적서
6	비파괴검사	1. UT(COL, BK) 2. MT(built up)	AWS D1.1 특기시방서	H	M	R	공장	NDT 리포트
7	도장검사	1. 전처리검사 2. 도막두께 3. 외관검사	시방서 승인절차서	H	M	M	공장	1. 체크 목록 2. 도장성적서

H : HOLD POINT (필수검사 POINT)　　W : WITNESS POINT (검사신청 입회검사)
R : REVIEW (성적서 검토)　　M : MONITERING (수시검사)
N/A : (수시 공정참관 검사진행)

3) 비파괴검사(특수공정)

① 비파괴검사는 구조상 확인이 필요한 부위나 고객이 요구하는 부위에 대하여 품질관리 담당자가 선정하고, 공사관리부 공사담당자로부터 비파괴검사 신청서를 접수받아 사전육안검사를 실시하여 합격된 부재에 한하여 시공사에 통보하고 승인된 비파괴검사업체로부터 검사를 받는다.

② 품질담당자는 비파괴검사를 실시하는 업체로부터 비파괴검사에 대한 결과를 통보받아 그 결과에 따라 공사부에 통보하고 수정 및 다음 공정을 진행토록 한다.

③ 비파괴검사자는 기능사 2급 이상의 자격 소지자 또는 외국 비파괴협회 관련자격 (JSNDI LEVEL II, III, ASNT LEVEL II, III)을 소지한 자이어야 한다.

④ 본공사에 승인된 비파괴업체의 자격자에 한하여 검사를 수행한다.

4) 식별관리

① 비파괴검사를 수행한 부재는 point마다 검사 여부를 식별하도록 마킹하고, 결과에 대한 식별은 불합격 point에만 마킹한다.

② 검사방법 및 합부 판정은 승인된 업체의 비파괴검사기준에 따른다.

5) 기록

품질관리담당자는 검사 외주업체로부터 검사결과에 대한 검사기록서를 통보받아 공사관리부에 통보하여야 하며, 비파괴검사 기록은 절차서에 따라 관리하고, 고객의 요구에 따라 제출할 수 있도록 한다.

6) 방사선투과검사(radiographic test)

완전용입 용접부에 대한 내부결함검사에 한하며, 주요부재 연결개소에 적용하고 본공사 특기시방에 준하여 시행한다.(용접사 시편)

7) 초음파탐상검사(ultrasonic test)

① 완전용입 용접부의 품질보증을 위하여 실시하며, 고객의 요구에 의한 특기에 의해 실시한다.

② 본 공사의 부재별 검사 부위는 다음과 같이 시행한다.

③ 완전용입 용접부에 한하여 100% 초음파검사를 시행한다.

8) 자분탐상검사(magnetic particle test)

① 용접부 표면과 표면직하 내부결함검사에 대하여 품질보증을 위하여 실시하거나 고객의 요구에 의한 특기에 의해 실시한다.

② 본 공사의 부재별 검사는 특기시방에 준하여 다음과 같이 시행한다.

③ 빌트-업 부재의 용접장에 대한 10% 자분탐상검사를 시행한다.

9) 기타 용접부

부재의 용접검사는 육안검사로 하며, 육안검사 결과 의심스러운 부분은 침투탐상검사를 실시한다.

9.4 최종검사

1) 일반사항

철골에 대한 최종검사는 치수 및 외관검사와 도장검사로 한다. 검사에 대한 결과는 공사관리부에 즉시 통보하여 적절한 조치를 취한다.

2) 치수 및 외관검사

치수 및 외관검사는 모든 용접이 완료된 제품에 한하여 공사관리부로부터 검사신청서와 inspection report를 받아 도면 및 고객이 요구하는 품질기준에 일치하는지 확인한다. 용접 시공 후 비드 표면의 부정 및 결함 등을 검사하고, 도장작업에 지장을 주는 이물질 및 절단 슬래그 등의 제거 상태를 확인한다. 부재에 대한 각각의 치수 및 모양이 SHOP DWG.과 일치하는지, 부재번호가 찍혀 있는지 확인하고 치수 및 외관검사 정도기준은 허용차 및 고객의 품질 요구조건에 따른다. 치수검사기록은 주부재에 대한 제품의 홀 간 거리, 층높이, 브래킷의 길이, 제품의 휨 등 주요 체크 포인트에 대하여 치수 및 외관검사 기록서에 상세히 기록 · 관리하고, 고객에게 제출한다. 검사결과 합격한 부재는 합격표시(Accept, 서명)를 하고, 부적합부재에 대해서는 Reject 스티커를 부착하여 식별 · 관리하고 부적합관리에 따라 처리한다.

3) 도장검사

도장검사의 기록서는 고객의 요구가 없는 경우 기록은 남기지 않지만, 치수 및 외관검사가 끝난 제품은 각 단품으로 출하 전에 도장검사를 실시한다.

4) 부적합 제품의 관리

품질관리담당자는 각 공정검사에서 합격된 자재 및 부재만을 다음 공정으로 진행하고 합격된 자재 및 부재는 적절한 조치가 이루어져 합격될 때까지 품질을 기록 · 관리한다. 품질 관련 부적합 사항은 부적합관리규정 및 시정예방조치에 따른다. 검사 · 계측 및 시험장비의 관리검사 및 시험에 사용되는 계측기의 관리는 검사 · 계측 및 시험장비의 관리에 따라 관리한다.

5) 검사기록

품질관리에서 선임된 검사원에 의해 실시되는 모든 검사에 대한 기록은 고객의 품질 요구에 따라 제출할 수 있도록 기록하여 관리한다.

9.5 용접 접합부의 허용오차

표 5.9 용접 접합부의 허용오차

No	명 칭	그 림	허 용 오 차
1	T형 JOINT의 GAP(e)	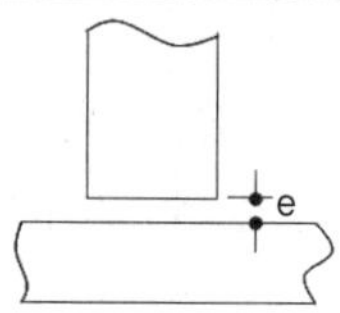	e ≤ 1mm e ≤ 1~2mm 경우 각 장+2mm e ≤ 3~6mm 경우 CJP용접 e ≤ 7mm 경우 폐기
2	LAPPING JOINT 의 GAP(e)	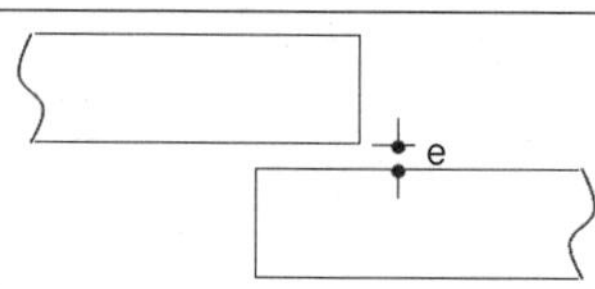	e ≤ 2.0mm
3	BUTT JOINT의 어긋남(e) (WITH BACK BAR)	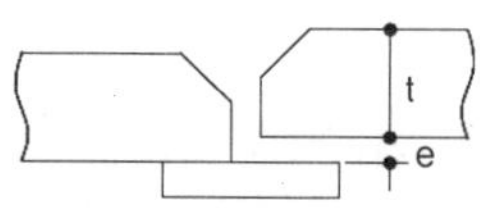	t ≤ 5mm : e ≤ 1mm t > 15mm : e ≤ T/15 e ≤2mm
4	BUTT JOINT의 어긋남(e) (WITHOUT BACK BAR)	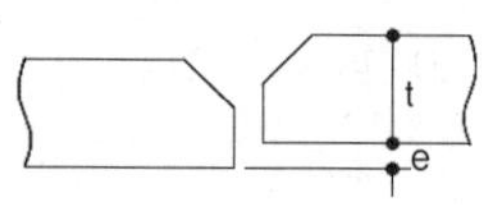	
5	ROOT 간격 (BACK GOUGING) (e)	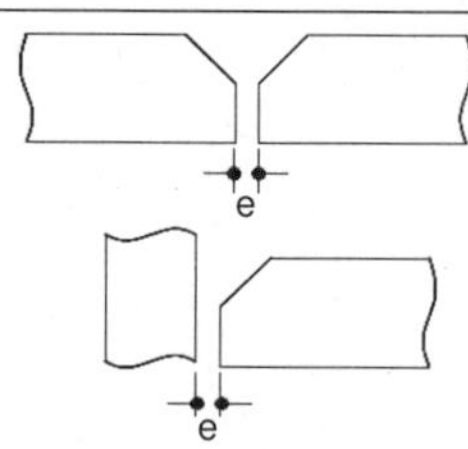	수동 용접 : e ≤ 2.5mm 반자동용접 : e ≤ 2mm 자동 용접 : e ≤ 1mm
6	ROOT 간격 (BACK – BAR) (Δa)	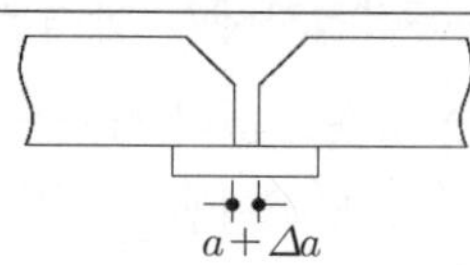	수동·반자동 : $\Delta a \leq$ –2mm 자 동 : ±2mm

No	명 칭	그 림	허 용 오 차
7	ROOT면 (Δa)	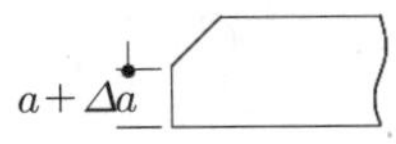	수동 · 반자동 : $\Delta a \leq -2$mm 자 동 : ± 1mm
8	개선각도 (Δa)	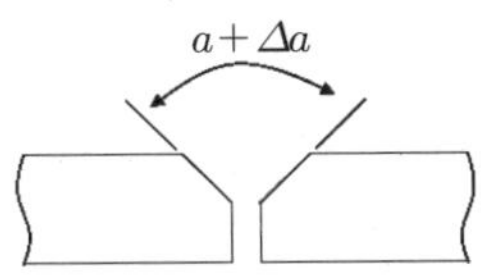	Δa = −5, +10
9	필렛용접 크기 (Δs)	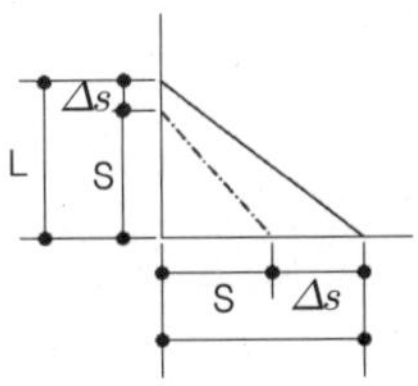	0 ≤ Δs ≤ 0.5s Δs ≤ 5mm 단, 용접길이 10% 이내에 대해서는 −0.1s를 인정한다.
10	필렛용접의 여성고 (Δa)	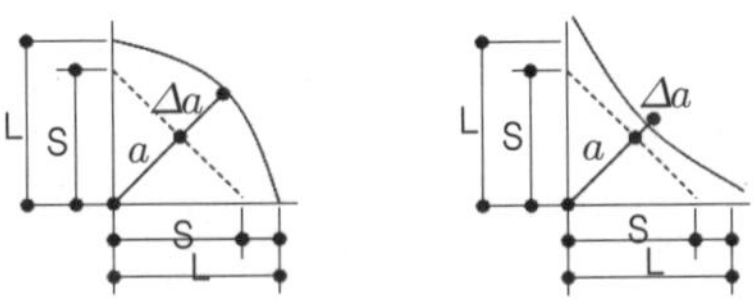	0 ≤ Δa ≤ 0.4s △a ≤ 4mm 다만, 용접길이의 10% 이내에서는 −0.07s를 인정한다.
11	버트용접의 여성고 (h)	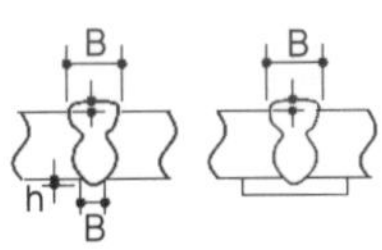	최대 + 4mm 최소 + 0.5mm
12	언더 컷 (e)	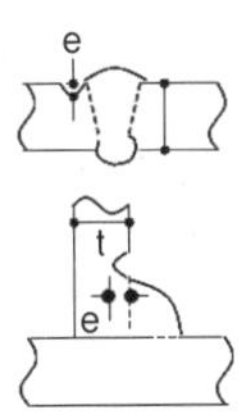	0.05t 버트, 앞에 필렛 : e ≤ 0.3mm 측면 필렛 : e ≤ 0.5mm
13	비드 표면의 부정 (e)	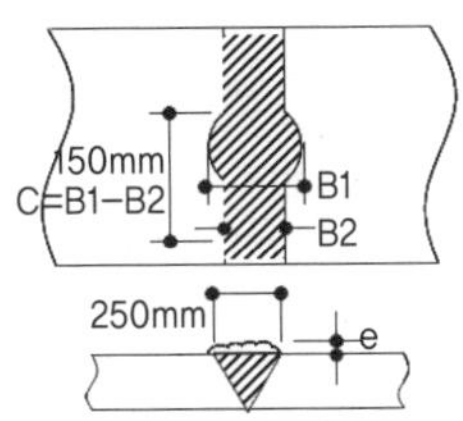	비드 표면의 고저차는 용접길이 25mm의 범위에서 2.5mm 이하로 한다. 비드폭의 부정은 용접길이 150mm의 범위에서 5mm 이내로 한다.

9.6 볼트접합의 허용오차

No	명 칭	그 림	허 용 오 차
1	앵커 볼트의 위치 (e)	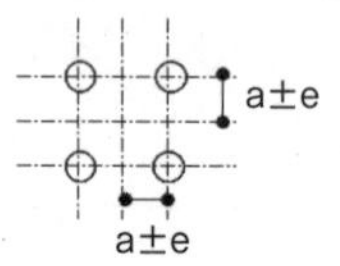	– 3mm ≤ e ≤ + 3mm
2	구멍간격의 밀림 (p)	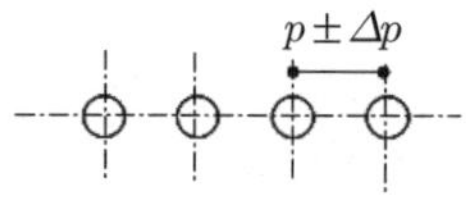	– 1mm ≤ Δp ≤ + 1mm
3	구멍의 어긋남 (e)	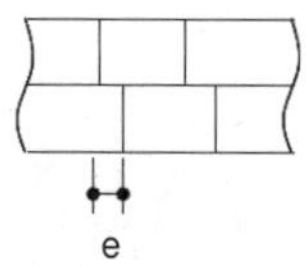	e ≤ 1mm 단, 2mm 이내 리밍 후 볼트 체결 허용
4	고장력볼트 접합부의 GAP (e)	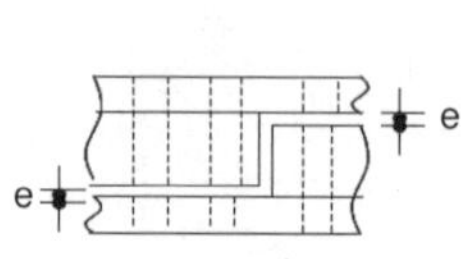	e ≤ 1mm e > 1mm일 경우 Filler Plate 사용 (SS400) 양면 50S

9.7 제품의 허용오차

No	명 칭	그 림	허 용 오 차
1	보의 길이 ΔL	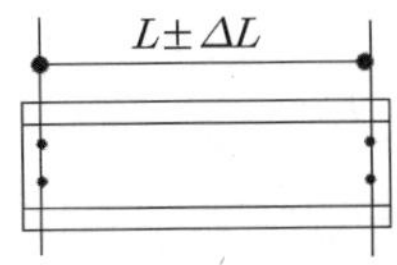	$-3mm \le \Delta L \le +3mm$
2	기둥의 길이 ΔL	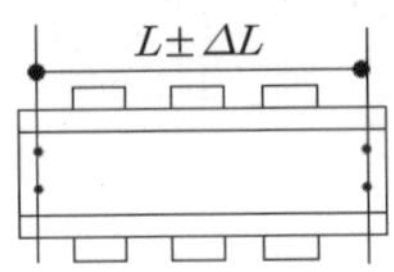	L < 10m $-3mm \le \Delta L \le +3mm$ L ≥ 10mm $-4mm \le \Delta L \le +4mm$
3	층고 ΔL	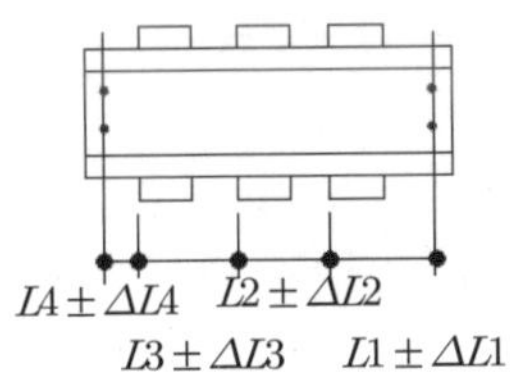	$-3mm \le \Delta L \le +3mm$
4	보의 휨 (e)	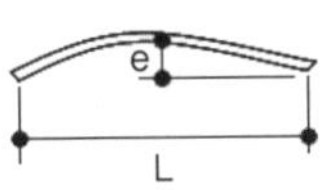	e ≤ L/1000 또는 e ≤ 10mm
5	기둥의 휨 (e)	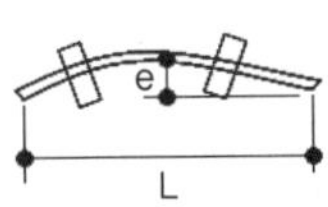	e ≤ L/1500 또는 e ≤ 5mm

No	명 칭	그 림	허 용 오 차
6	높이 ΔH	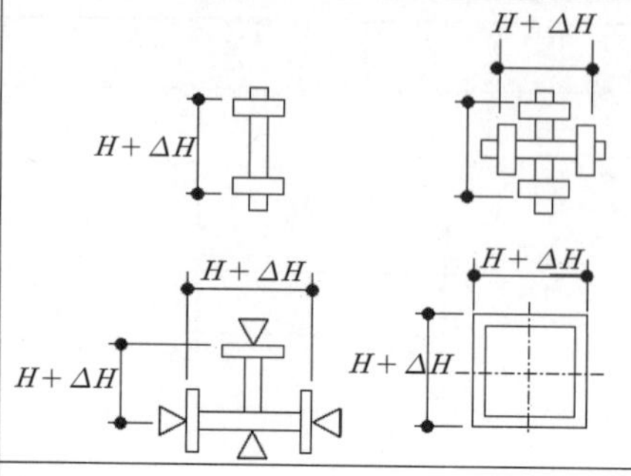	• $H \leq$ 800mm – 2mm $\leq \Delta H \leq$ +2mm • 400mm $\leq H \leq$ 800mm – H/200 $\leq \Delta H \leq + H/200$ • $H \leq$ 800mm – 3mm $\leq \Delta H$+3mm
7	폭 ΔB	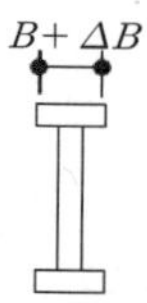	– 2mm $\leq \Delta B \leq$ +2mm
8	박스 단면의 직각도	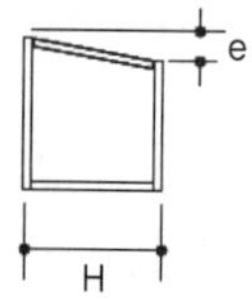	접합부 e ≤ –H/100 또는 e ≤ 3mm 일반부 e ≤ 2H/100 또는 e ≤ 4mm
9	H형 단면의 직각도	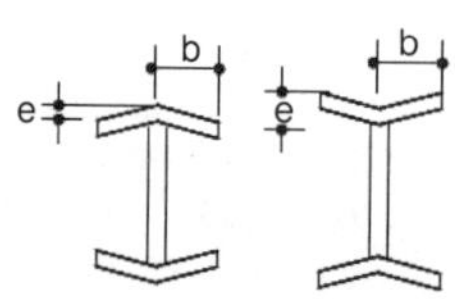	접합부 e ≤ b/100 또는 e ≤ 1.5mm 일반부 e ≤ 2b/100 또는 e ≤ 2mm
10	웨브의 중심 이탈	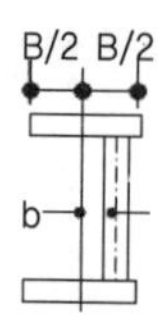	e ≤ 2mm
11	웨브의 휨	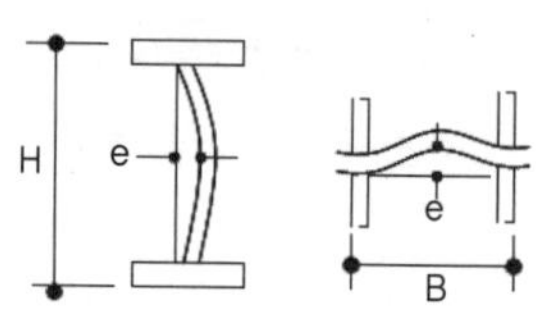	e1 ≤ H/150 또는 4mm e2 ≤ B/150 또는 4mm 단, t ≤ 6에는 적용 않음

No	명칭	그림	허용오차
12	브래킷의 각도	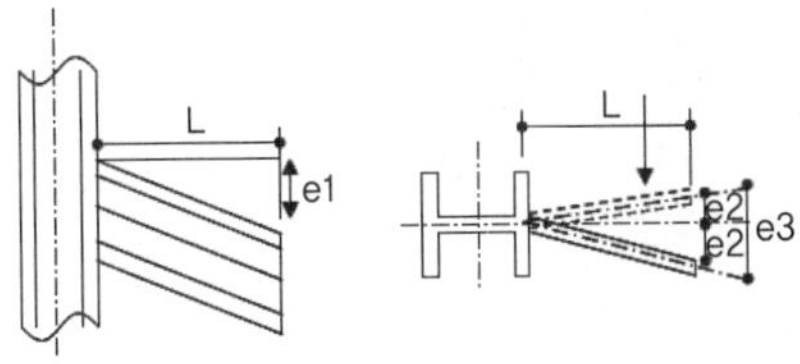	e1, e2 ≤ L/300 또는 e1, e2 ≤ 3mm e3 ≤ 4mm
13	브래킷의 길이	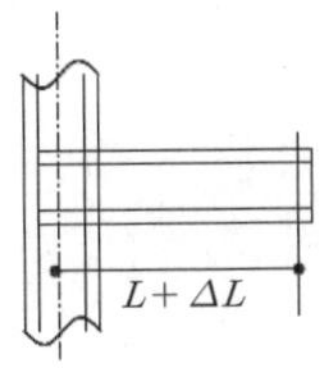	$-$ 3mm ≤ ΔL ≤ 3mm
14	기둥의 뒤틀림	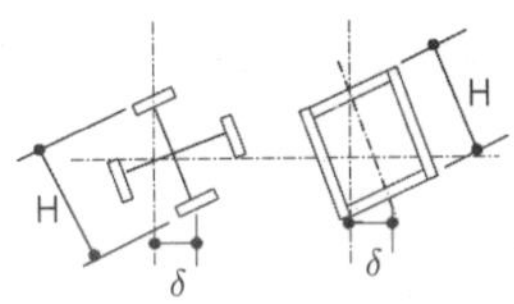	δ ≤ 6H/1000 또는 δ ≤ 5mm
15	메탈 터치	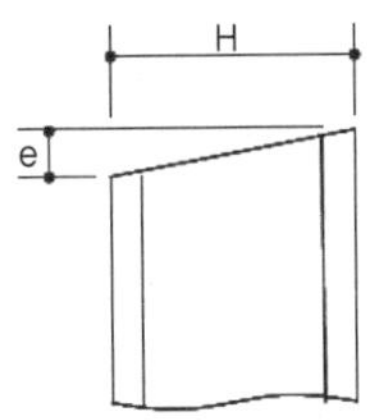	e ≤ 1.5H/1000
16	기초판의 접힘 및 요철	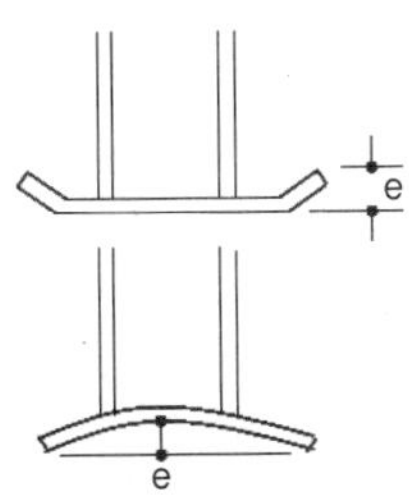	e ≤ 2mm

제6장

공장제작 및 검사

06 공장제작 및 검사

공사계약	공사정보 수집, 현장설명, 물량산출, 견적/입찰, 계약검토
설계검토	Basic DWG, 특기시방서, 계약내역 등 접수검토, 자재구매
SHOP DWG 작성/승인	도면검토(Dimension), 용접기준도, 상세도, 변경내용 등 추가, 작도 및 승인
Cutting Plan	현척도작업, 자재절단 계획수립, CNC data 작성
1차 가공	Built-up Beam 가공, 기계가공(절단, HOLE, 개선(면), 소부재 가공 등
2차 가공	마킹, 조립(Fit-up), 용접, 사상에 의한 완제품 생산
품질검사	Dimension 검사, 외관검사, 용접부 비파괴검사(제3자 검사)
도 장	표면처리 기준에 의한 전처리, 도장사양에 의한 도막관리
포장 및 출하	운송시 도장 Damage 최소화, 현장 설치 순서에 따라 납품

그림 6.1 공장제작 및 검사절차

1 공작도(Shop drawing) 작성 및 승인

기본도면(Basic drawing)을 바탕으로 작업성 및 시공성, 안전성을 고려한 도면검토가 이루어져야 하며, 기본도면상의 오류나 문제점들이 충분히 검토·보완되어야 한다.

① 기본도면 검토상 발생된 문제점 등은 개선방안을 수립하여 설계사 및 발주처에 질의하고 변경승인을 득한 후 도면을 최종 반영

② 승인도면의 추가, 변경사항은 변경내용과 날짜를 명시하여 배포(구도면은 폐기)

③ 기준도 : 건물의 기본치수(기둥, 보, 층고, 간격 등) 접합부의 기준 및 타 공종과의 관계 표시
④ 상세도 : 모든 부재의 형태, 치수, 홀(hole) 위치, 거싯 플레이트 접합모양 및 수량, 용접기준 등을 표기
⑤ 조립도 : 현장설치시 필요한 도면으로 부재번호와 설치레벨 등을 표시

2 원자재 입고 및 검사

1) 원자재 검사

① KS 규격품 및 동등 이상의 자재 사용을 원칙으로 함.
② 시험성적서 확인(시험 성과치가 기준 이상일 것)
③ 입고자재는 발주서, 송장 및 시험성적서와 대조를 통하여 수량 및 규격 등이 적합한 자재인지를 확인
④ 외관상태를 확인(부식의 정도, 강재의 결함 여부 등) 상태에 따라 (A, B, C, D등급으로 구분, A등급, B등급의 자재 사용)

2) 자재 품질시험

① KS 규격품으로써 규격증명서가 첨부되는 경우 재료시험을 하지 않아도 무방하다.
② 규격품 이외의 재료에 대하여 LOT별 품질시험을 시행한다.
③ 기계적 시험 : 인장강도, 항복강도, 연신율, 충격시험, 굽힘시험 등
④ 화학적 분석 : 레이들(ladel) 분석에 의한 화학성분 분석

2.1 주자재(강재)

철골공사에 사용되는 주요원자재 중 강재는 다음과 같이 구성된다.

1) 강판(steel plate) (국내생산업체 : POSCO, 동국제강)

① 일반구조용 강재 KS D 3503 : SS400, SS490 외
② 용접구조용 강재 KS D 3515 : SM490A, SM400B, SM490B 외

2) H-형강류(국내생산업체 : 현대제철, 동국제강)

① 일반구조용 강재 KS D 3503 : SS400

② 용접구조용 강재 KS D 3515 : SM490A

3) 구조용 강관

① 일반구조용 강관 KS D 3566 : STK 400, 490

② 일반구조용 각형강관 KS D 3568 : SPSR400, SPSR 490

4) 기타 강재

① 데크플레이트 KS D 3602 SDP 1,2,3

2.2 부자재(용접재료, 볼트, 도장재)

1) 철골공사에 사용되는 부자재

(1) 용접재료(국내생산업체 : 현대종합금속, 고려용접봉 등)

① 원자재의 강도에 적합한 용접 재료 선정(50kgf/mm급 강도를 갖는 용접재료 사용)

② 자동용접기용 : 서브머지드용접 재료

③ 반자동 용접기용 : 플럭스 코어드 용접봉 사용

(2) 고장력볼트(국내생산업체 : 한국볼트㈜, 동아볼트 등)

① Torque Shear Bolt KS B 1010 (S10T)

② High Tension Bolt KS B 1010 (F10T)

(3) 방청도료 : (공사별 도장사양에 따름)

① 일반 부위 : 광명단 조합페인트 등 방청프라이머 적용

② 노출 부위 : 중방식 도장을 적용 도장 품질 확보

(4) 기타 자재

① 무수축모르타르, 스터드 볼트 등

사진 6.1 강판

사진 6.2 H-형강류

3 절단계획 수립

1) 자재 사용계획 수립

최초 설계도에 의한 자재 물량산출 결과 입고된 자재에 따라 자재절단계획(cutting plan)을 수립하여 원자재 1차 가공 생산에 반영한다.

3.1 소부재가공

제작도에 나타난 소부재 상세를 두께별, 재질별, 형상별로 구분하여 본뜨기하고, 사용강재에 반영토록 작업한다.(CNC가공 데이터 및 수가공용 형판제작)

3.2 기계가공

제작도에 의한 기둥, 보 등의 주자재(H-형강류, 파이프류 등)는 도면에 따른 홀가공, 길이절단, 용접부 개선 위치 등을 명확하게 표기한 기계가공 데이터를 작성하여 생산에 반영한다.

3.3 B/H(Built-up/H-beam) 가공

설계자의 요구사항에 따라 조립 · 생산되는 빔 강판을 절단 · 조립 · 용접하여 H-형강을 제작한다.

① 플랜지와 웨브의 강판 절단계획 수립

② 가공 공정간 점검 체크 목록 작성 · 관리

4 1차 가공

4.1 소부재가공

① 소부재 절단계획에 따라 자동 및 반자동 가스절단, 전단기에 의한 절단가공, 드릴 및 천공기에 의한 홀 가공, 용접접합면의 개선가공 등을 시행한다.

② 가스절단 : CNC 자동절단기 및 반자동 가스절단기를 사용하여 절단하고, 절단면의 거칠기(조도) 품질을 확보한다.(절단노치 1mm 이하, 거칠기 100S(0.1mm) 이하)

③ 전단절단 : 쉐어링 M/C에 의한 절단은 13mm 이내로 적용, 전단절단면의 끌림 등은 그라인더로 제거하고 직각도를 유지한다.

④ 홀 가공 : NC드릴 M/C에 의한 드릴가공을 원칙으로 한다. 판두께 13mm 이하는 펀칭기에 의한 가공이 허용된다.

- 구멍 주변의 칩 등은 그라인더로 제거
- 고력볼트인 경우 볼트직경 + 2mm가 되도록 가공(건축표준시방서)

⑤ 개선가공 : 제작도 상세에 나타난 개선용접부는 용접조건에 적합토록 가스절단에 의한 가공처리(두께 20mm 이상인 경우 적용)한다.

4.2 B/H (Built-up/H-beam) 가공

사진 6.3 B/H가공

1) 강판절단

강판절단시 국부열에 의한 변형 방지를 위해 여러 개의 화구를 동시에 사용하는 플랜 플래너 자동가스 절단기를 사용한다.

* 여유치를 두어 가스절단에 따른 치수감소를 예방

사진 6.4 강판절판

2) 웨브면 개선

20T를 초과하는 웨브면 판재는 용접효율성을 고려하여 용접기호에 따라 용접면 개선(groove) 작업을 시행한다.

❂ 품질관리 기준
– 절단면의 노치깊이 – 1mm 이하 (용접개선면은 2mm 이하)
– 절단면의 거칠기 – 100S 이하 → 대비시험편과의 비교로 판정

사진 6.5 웨브면 개선

3) 조립(Fit-up)

① B/H형강은 일반 H-형강에 비하여 중량물이므로 포지셔너가 내재된 전용 조립기를 사용하여 조립한다.

② 조립시 웨브의 편심, 직각도, 가용접부 터짐 등에 주의하여 조립한다.

4) 용접

① 고전류(500A-1000A)를 사용하는 서브머지드 자동용접 시행(용접시공기준서(WPS)에 의한 작업)

② 용접결함 예방대책 : 용접부 청소, 예열, 용접재료의 건조 등 품질관리 실시

사진 6.6 용접

5) 교정(수축변형 및 휨)

① 용접열에 의한 수축변형은 전용 교정기(press)를 사용하여 직각도를 교정하고, 휨 등의 현상은 국부적인 열가공에 의한 교정을 시행한다.

② T=40mm를 초과하는 빌트-업 빔은 프레스 교정이 불가하므로 열가공에 의한 교정을 시행하고, 양단부 1M까지는 H-형강의 정밀도 수준으로 교정되어야 한다.

③ 열가공시 재질 변화가 우려되므로 900도 이내에서 가공할 수 있도록 관리한다. (표면온도계 및 템필스틱 등을 사용하여 관리)

사진 6.7 절단가공 순서

4.3 기계가공

철골자재 기둥, 거더, 빔 등 주자재는 품질 정밀도 관리를 위해 형강 전용 가공기기에 의한 홀 가공, 절단 가공, 베벨(개선) 및 용접면 스캘럽 가공을 시행한다.

1) Hole 가공

다축형강 전용 드릴기를 사용하여 형강 절단 부위 마킹 및 볼트 접합면에 HOLE 가공(DNFC-1050 적용)

- Hole 가공 기준 : 볼트직경+2mm로 가공

2) 형강절단

band sawing에 의한 기계톱 절단

3) 베벨 및 스캘럽 가공

- 2차 용접조건 확보를 위한 용접면 처리 기계가공 완료 후 기계 운영자에 의한 자주검사 시행

(a) Hole가공

(b) 형강절단

(c) 가공

사진 6.8 기계가공

– 전장, hole 크기 및 간격, 개선면 각도 등 검사(30T 이하 R=35, 30T 초과 R=50)

4) Pipe 가공

① 파이프 구조물의 브래킷 및 경사재 등의 접합면 등은 전용 파이프 형상 가공기를 사용하여 절단 가공한다.

② 3D CAD를 이용하여 접합면의 형상(Size 및 각도) 등을 확인하여 데이터를 작성한 후 coaster기에 데이터를 입력한다.

③ COASTER : 파이프와 파이프가 만나는 T, K, Y용접 접합면의 품질 확보에 필수적인 장비로써 절단면의 품질 또한 확보된다.

적용되는 파이프 규격은 60mm~600mm까지 가능하며, 두께는 20mm까지는 플라즈마 절단을 적용하며, 20mm를 초과하는 경우 가스 절단을 적용한다.

사진 6.9 Pipe 가공

5 조립

1차 가공된 소부재, 기계가공품 등은 제작도 기준에 따라 2차 조립을 위한 현도 마킹 후 가용접에 의한 취부(FIT-UP)를 실시한다.

5.1 Marking(금매김)

주자재에 부착될 부속재의 규격, 부착방향 등 일련의 정보를 부재에 정확·명료하게 기록하고, 부속품 등은 정밀도를 확보하기 위해서 작업 전반에 Jig를 설치하고, 형틀을 제작하는 것을 원칙으로 한다.

사진 6.10 금매김

5.2 취부(가용접)

마킹된 정보에 따라 규격에 적합한 부속재를 주부재에 위치시키고, 기준에 따라 가용접으로 고정한다.

본 용접시 터짐 및 변형이 발생되지 않도록 충분한 가용접을 시행한다.

① 용접기준은 설계도서의 표준도에 따라 시행

② 강구조 용접기준(AWS D1-1)은 사전승인된 상세에 따른다.

③ 참고 : T.K.Y용접(Pipe truss/column)

파이프 트러스 및 파이프 기둥의 경사재 및 브래킷 등의 접합은 T자형, K자형, Y자형의 용접접합이 이루어지는데, 이와 같은 부분의 용접을 T, K, Y용접이라 한다.

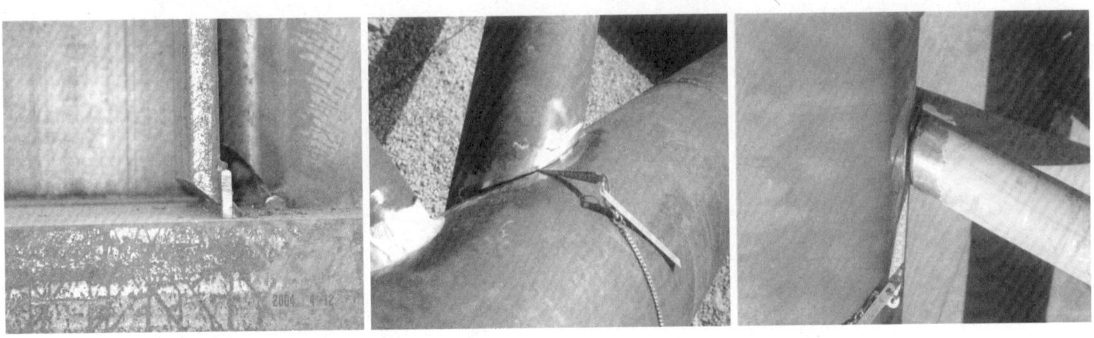

사진 6.11 가용접

6 용접

취부(FIT-UP)가 완료된 부재는 조립상태에서 치수검사를 시행하여 조립 정도를 확인한 후 본용접을 시행한다.

6.1 용접작업시 관리사항

사진 6.12 용접

① 용접공 기량 검정을 통하여 승인된 작업인원 투입(숙련공)
② 사전승인된 용접시공절차서(WPS)에 의한 시공(AWS D1.1)
③ 용접조건(용접부 예열 및 청결 상태 유지) 준수
④ 주로 사용되는 용접은 플럭스 코어드 아크 용접방법 적용

6.2 용접 구분(용접형태별)

철골 용접작업 기준은 도면에 표기된 Welding Standard에 따라 시행한다.

① 모살용접 : 필렛용접이라고 하며, 요구 용접치수(각장, 각목)로 측정

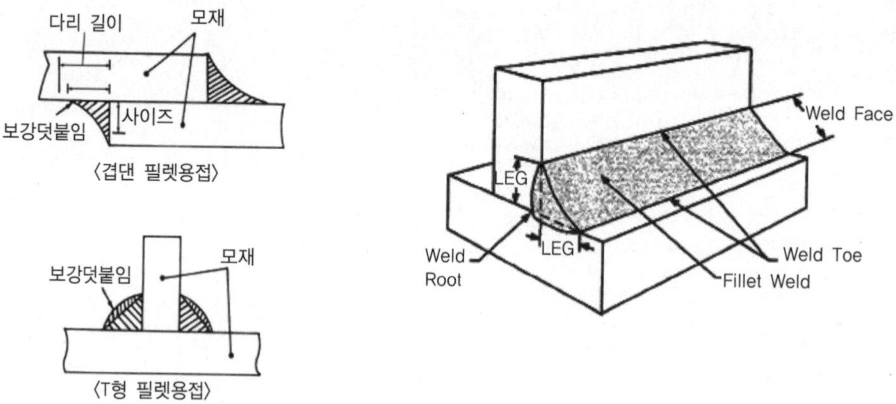

그림 6.2 모살용접

② 부분용입용접(PJP : Partial Joint Penetration)

: 부분적인 홈을 형성하여 면취된 부위까지 용접한다.

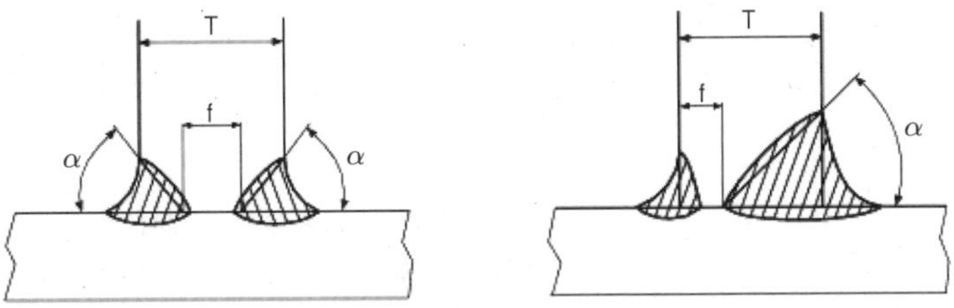

그림 6.3 부분용입용접

③ 완전용입용접(CJP : Complete Joint Penetration = Full Penetration)

: 용접 내부에 결함이 없이 일체화시키기 위한 홈 용접한다.

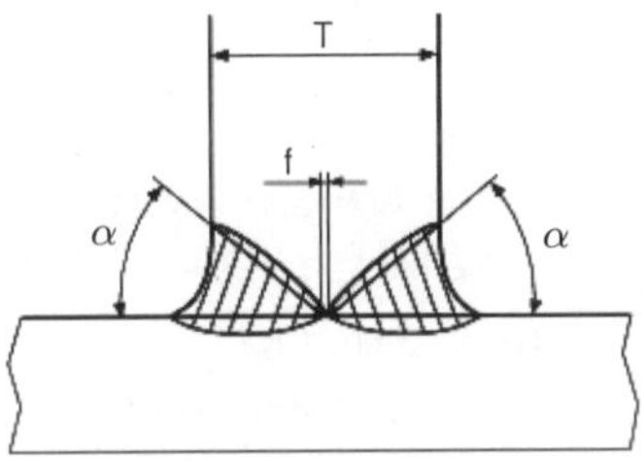

그림 6.4 완전용입용접

6.3 용접 품질관리

모든 개선된 용접부는 CJP, PJP 구분 없이 비드(S) 기준에 준하여 작업하여야 한다. 용접부 비드(Bead, 각장) 기준

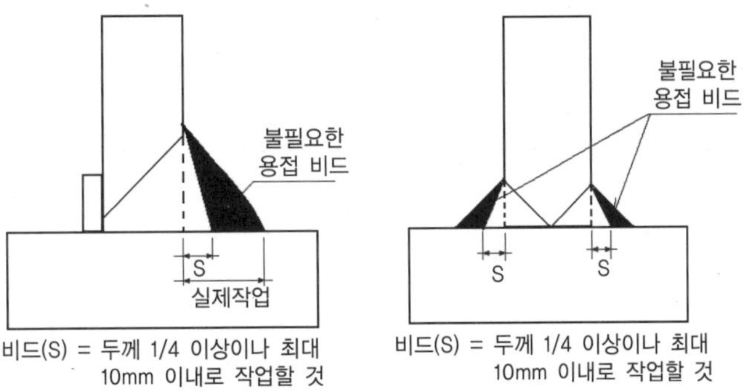

그림 6.5 용접부 비드 기준

표 6.1 종별 허용한계 및 측정강도

No	종별	허용한계	측정개소
1	비드 표면의 고저차(*1)	임의의 25mm간 2.0mm 이내	외관상 의심되는 임의 25mm
2	비드의 허용차	+3mm – 0mm 단, 용접선 전체길이의 10% 범위 내에서 +4, –1mm까지 허용	크거나 작다고 판단된 곳에 대하여 여러 개소 측정
3	임의의 단면 부등변 비드의 허용차(*2)	3mm 이내 용접선의 10% 범위 내에서 4mm까지 허용	비드 차가 의심되는 부위
4	임의 단면의 각목의 허용차 (*3)	+3mm – 0mm 용접선 10% 범위 내에서 +5mm, –0.7mm 허용	최소가 되는 곳, 최대가 되는 곳 (NO. 8항과 동일 개소)
5	언더컷의 깊이	0.5mm 이하 용접선 10% 범위 내에서 0.7mm 이하	언더컷 발생 지점
6	여성고(*4)	b<15 3mm 이내 15≤b≤25 4mm 이내 25≤b h≤4b/25	여성의 일반적인 높이 측정
7	용접선의 고저차(*1)	2.0mm 이내	비드의 형상이 변하는 부분
8	임의 단면의 오목 또는 블록 비드(*1)	2.0mm 이내	외관상 의심되는 곳(No.4항과 동일 개소)

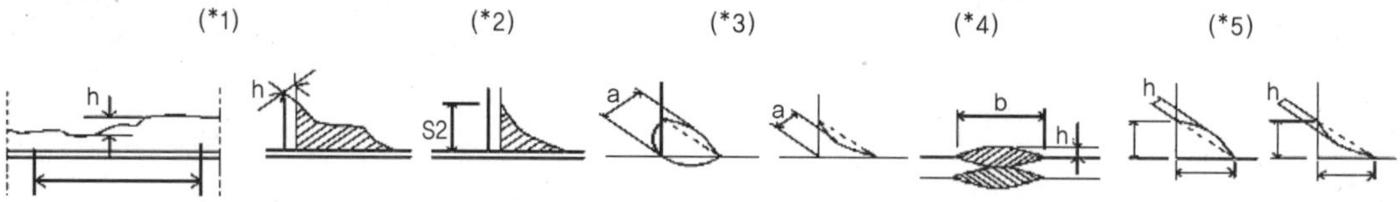

7 비파괴검사

용접이 완료된 철골제품은 시방서기준에 따라 용접부 건전성 확인을 위한 비파괴검사(NDT)를 시행한다.

※ 비파괴검사는 사전 승인된 제3자 전문업체에 의뢰하여 시행하고 완성검사 성적서에 첨부하여 제출한다.

7.1 비파괴검사 종류 및 적용

1) 외부검사

(1) 자분탐상검사(Magnetic Particle Test)

개념 : 검사체 속에 자속을 흐르게 하여 자분을 시험체에 살포했을 때, 결합부에 형성된 자분모양을 발견하여 결함을 검출한다. 검출대상은 강자성체 재료의 용접부나 주강재 등의 내부결함에 이용된다.

- 부분용입용접부 및 모살용접부 표면결함 검출
- 적용 규격 KS D 0213 / 합격기준 1급
- 장비가 간단하고 검사부재의 형상에 구분없이 적용 가능
- 표면 및 표면하 결함 검출 가능, 내부결함 검출이 불가능함

(2) 침투탐상검사(Penetrating inspection Test)

개념 : 검사체 표면에 있는 폭이 좁고 작은 결함들을 침투액을 침투시킨 후 현상처리에 의해 피막표면으로 빨리 나오는 것을 보고 결함을 검출한다. 검출대상으로는 용접부, 단조품 등의 비기공성 재료의 표면 개구결함을 검출하는데 이용된다.

- 표면결함 검출에 한함(비철금속 등에 적용)
- 적용규격 KS B 0816 / 합격기준 1급
- 강재의 경우 MT를 적용하므로 강구조물에서는 거의 사용 안 함

2) 내부검사

(1) 방사선투과검사(Radiation Inspection Test)

개념 : 피시험체에서 X-선 또는 감마선 등의 방사선을 검사체에 투과시켜 필름상에 재생시켜 결함 유무를 판단하는 방식이다. 검출대상은 용접부, 주조품 등의 내·외부 결함을 발견하는 모든 재료에 적용한다.

- 맞대기 완전용입 용접부 등의 내부결함 검출
- 관련 규격 KS B 0845 / 합격기준 2급 이상
- 방사선동위원소 사용에 따른 방사선 안전관리가 요구됨.
  (특별한 경우에 한하여 적용, 강교공사 등에서 적용되고 있음)

(2) 초음파탐상검사(Ultrasonic Inspection Test)

개념 : 1MHz~25MHz의 높은 주파수의 초음파를 피시험체에 발생시켜 균열·기공·게재물 혼입 등의 결함 부분에서 반사되는 신호를 판독하여 재료 내부의 불량부분의 초음파빔으로써 결함의 크기 및 위치를 탐지하여 결함을 검출하는 방식이다. 적용 검출대상으로는 용접주조, 압연, 단조품 등의 내부결함뿐만 아니라 내부 두께 측정에도 이용되고 있는 비파괴검사법으로 모든 금속 및 비철금속에서 사용이 가능하다.

- 완전용입 용접부의 내부결함 검출
- 관련 규격 KS B 0896 / 합격기준 L검출레벨 2급 이상
- 9mm 이상의 후판 용접검사에 적용
- 장비 간단하고 검사결과가 즉석에서 판독되므로 철골공사에 주로 적용

3) 비파괴검사의 적용기준(단, 공사별 특기시방서에 준함)

- 완전용입 용접부 UT 10% 이상
- 모살용접부 MT 5% 이상 적용
- 불량 발생시 시방에 따른 추가검사 시행

사진 6.13 비파괴검사

8 완성검사

완성된 제품에 대하여 용접부 외관검사, 단품 치수검사 등 공작도와 일치하는지를 검사한다.

① 공정간 품질관리기준에 따른 작업이 이루어졌는지 확인

② 비파괴검사 결과 및 원자재 시험성적서 등과 함께 최종검사 기록서를 작성하여 품질기록으로 유지한다.

③ 검사종류 : 외관검사, 치수검사, 스터드 타격시험, 가조립(필요시)

1) 육안검사 기준

① 용접부 비드 상태 : 언더컷, 오버랩, PIT, 크랙, 여성고, 비드폭, 비드의 높이 등

② 볼트 접합부의 상태 : 마찰면의 청소 상태, 구멍 주위의 처리

③ 현장 용접 부위의 가공 상태 : 개선면 처리(개선각도, 개선깊이 등)

④ 도장 제거 여부

⑤ 절단부 및 스캘럽부의 노치 정도

사진 6.14 완성검사

9 도장작업 및 검사

제작검사가 완료된 제품은 시방서 및 계약사항에 준하여 방청도장을 시행한다.

① 철골공사에는 주로 광명단 조합페인트에 의한 도장사양이 적용되고 있는 실정이다.

② 해안가 및 옥외 노출 부위 등은 중방식 도장을 적용(에폭시 또는 우레탄 사양)한다.

③ 도장작업은 에어리스 스프레이를 사용하여 공장에서 도장하며, 취급 · 운송 · 시공 시 발생된 댐지 등은 붓, 롤러를 이용하여 현장에서 터치-업 도장으로 보수한다.

1) **도장작업시 주의 사항**

① 표면처리 : 도장수명을 결정하는 주요 항목(SSPC 기준 적용)

② 쇼트 블라스팅 처리 : 고품질의 도막부착력이 요구될 때

③ SSPC SP10(SA2 $\frac{1}{2}$) : 준나금속 블라스팅 처리(무기징크계를 사용한 중방식 도장에 적용)

④ SSPC SP 6(SA2) : 일반 블라스팅 처리(일반 방청도장의 도장전처리에 적용)

⑤ 수공구, 동력공구 세정처리 : 단기방청 및 뿜칠사양인 경우 적용

2) **도장사양 :** 광명단 조합페인트(KS M 6030 1종, 2종 적용), 중방식 도장 1회, 도막 30μm 2회 도막 50μm(하도, 중도, 상도)

3) 고력볼트의 마찰접합부, 콘크리트 타설부, 현장용접부 등은 no paint 처리

4) **도장검사** : 육안검사를 통하여 표면처리 등급에 합당한지를 확인하고, 표면조도 측정기로 표면 거칠기를 확인한다. → 표면 거칠기 기준(25μm~75μm)

5) 표면처리 및 도장품질은 대기온도 및 습도에 민감하게 반응하므로 하기의 조건을 만족할 수 있도록 하며, 표면처리 후 최단시간 내에 방청도장이 이루어지도록 한다.

표 6.2 도장조건

대기온도	5도 ~ 45도
철표면온도	10도 ~ 32도
상대습도	10% ~ 80%

사진 6.15 검사

6) 중방식 도장시 주의 사항

하도용 도료인 무기질 징크리치 프라이머는 입자로 구성된 도료로써 충분한 경화시간을 유지한 후 후속도장을 시행하여야 한다. 상온의 경우 24시간 이상 동절기의 경우 48시간 이상을 유지한다.

7) 중도도장시 본도장 전 미스트 코트 도장을 시행하고 본도장을 시행토록하여 층간 부착력에 문제가 없도록 관리한다.

8) 상도 우레탄 도장의 경우 2회 도장이므로 WET-ON-WET방식으로 작업을 시행할 수 있다. 또한 코팅제의 역할을 하므로 외관이 매끄럽게 관리되도록 한다.
일반적인 중방식 도장시스템은 다음과 같다.

표 6.3 중방식 도장시스템

하 도	무기질 징크 프라이머	75μm
중 도	에폭시 페인트	100μm
상 도	우레탄 페인트	50μm
계		225μm

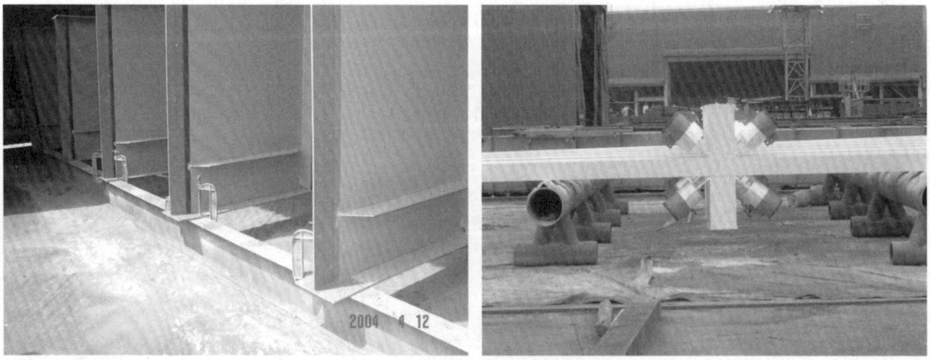

사진 6.16 중방식 도장

(참고) 전처리 기준 (도장작업)

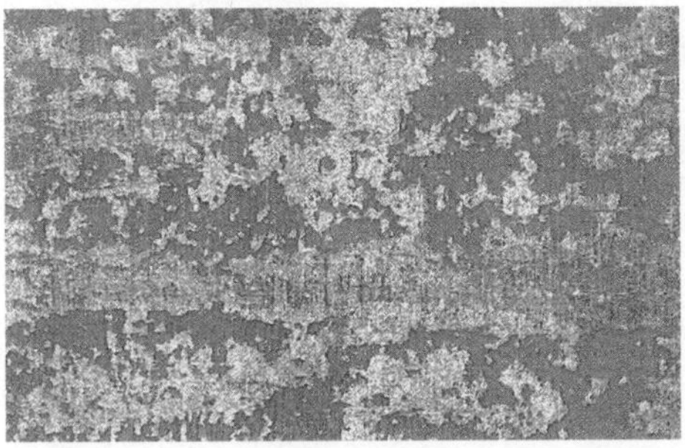

수공구 세정

동력공구 세정

SSPC SP6(Sa2) 일반블라스팅

SSPC SP10(Sa $2\frac{1}{2}$) 준나금속 세정

사진 6.17 전처리 기준

9) 고력볼트 마찰면 처리방법

① 쇼트블라스트 / 그리트(모래, 규질사암) 블라스트로 처리한다.

② 디스크 그라인더를 사용하여 와셔 외경의 2배 이상 범위에 대하여 흑피(mill scale)를 제거한 후 옥외방치하여 자연발생시킨 붉은녹 상태를 확보한다.

※ 유의사항 : 마찰면의 들뜬 녹, 먼지, 기름, 용접스패터 등은 제거한다.
마찰면의 클램프 자국 등 요철이 없어야 한다.

10) 철골도장에서 방청도장이 제외된 부분

① 현장용접 부위 및 인접하는 양측 100mm 이내

② 고력볼트 마찰 접합부의 마찰면

③ 콘크리트에 묻히는 부분

④ 초음파 탐상검사에 지장을 미치는 부위

(a) 블라스트 전처리

(b) 블라스트 전처리

(c) 도장작업

(d) 건조도막 두께 측정

사진 6.18 고력볼트 마찰면 처리

11) 도장작업 시 기후조건

① 대기온도 5℃ 이상 상대습도 85% 이하인 조건에서 작업한다.

② 철 표면온도는 이슬점 온도보다 3℃ 이상 높아야 한다.

③ 옥외에서 시공시 눈, 비, 이슬이 내리는 환경에서는 작업을 중지한다.

④ 강풍이 부는 환경에서는 작업을 중지한다.

10 포장 및 출하

① 도장이 완료된 제품은 시공현장의 설치계획에 따라 출하계획을 수립하여 납품한다.

② 제품 상차시 운송중에 부재의 전도, 추락 등이 발생되지 않도록 제품 상차시 견고히 고정시킨다.

③ 공장에서 현장까지의 운송은 트럭, 트레일러를 이용하여 운송하고, 가급적 도심지

운행에 지장이 없도록 야간에 운행한다.

④ 도장사양에 따라 별도계약에 의한 포장을 시행해야 할 경우 steel band에 의한 포장을 실시하지만 일반적인 광명단 하도의 경우는 미포장한다.

사진 6.19 포장 및 출하

제7장

현장시공

07 현장시공

1 현장 철골공사 계획

1.1 세우기 방법

철골의 세우기 방법은 건물의 주요구조형식에 따라 세우기 방법이 결정되고, 접합부 형식에 따라 세우기 방법이 결정되며, 건물형태에 따라 세우기 방법이 결정된다.

1) 주요구조형식별

(1) R.C와 S.R.C구조

코어부 등 주요구조물을 RC로 설계하고, 기타 부재 기둥은 S.R.C로 설계하며, 거더와 빔 등은 강철로 설계하는 건물로 코어부를 선시공하고 코어부 등 RC시공시 embeded plate를 매입하여 철골 조립시 거더를 용접하여 철골을 조립하며, 기둥부를 후속으로 RC 공사를 진행하는 방법, 이는 RC 부분과 철골 부분을 별도로 하여 T/C계획을 함이 적정하리라고 본다.

(2) S.R.C구조

철골을 시공하고 후속으로 RC기둥과 데크 슬래브 시공을 한다.

(3) 트러스

빔이나 파이프 등을 이용한 순수철골구조물 시공으로 지상조립과 공중조립을 병행하는 시공으로서 임시 지지를 위하여 가설 벤트를 설치하여 세우기하는 방법이다.

2) 접합별

(1) 볼트 접합

접합부를 스플라이스(Splice)를 사용하여 두 부재를 T.S 볼트 등으로 접합하는 방법으로 브래킷 타입은 상하 플랜지 부분과 웨브 부분에 스플라이스를 대며, 거싯 타입은 웨브 부분에만 스플라이스를 대는 방법이다.

볼트조립에는 가조립과 본조립이 있다.

(2) 용접 접합

접합부를 용접으로 시공하는 방법으로 접합부 강성이 크고 일체성 및 수밀성을 확보할 수 있다.

3) 형태별

(1) 고층 건물

고층 건물로 몇절씩 수직으로 쌓아 올라가는 방법으로 T/C도 함께 올라가며 시공하는 방법이다.

(2) 저층 건물

공장건물 등 1절로 시공하는 공사로 바닥면적을 많이 차지하는 경우 장비가 수평이동하며 철골을 세우는 방법이다.

(3) 트러스구조 건물

운동장, 전시장 등 대형 트러스구조로 되어 있는 건물로 수평이동 가능한 크레인과 T/C, 그리고 대차 및 레일을 이용하여 지상조립한 대형부재를 이동시켜 철골을 시공하는 방법이다.

1.2 세우기 기계

1) T/C 타워크레인(Tower Crane)

수직으로 올라가는 고층 건물이나 한 곳에 고정으로 위치시켜 넓은 면적을 감당하여 시공코자할 때 타워크레인 장비를 적용한다.

2) H/C 하이드로크레인(Hydro Crane)

철골공사 부위가 산발적이고, 면적이 넓으며, 하이드로크레인 장비 진입이 가능할 때 하이드로크레인을 사용한다.

3) 이동식 크레인

크롤러 크레인이라고도 하며, 부재를 들고서 크레인이 이동코자 할 때 적용하는 장비로 면적이 넓거나 대형부재로 지상조립할 때 이동식 크레인을 사용한다.

4) 대차

장비의 접근이 어렵거나 장비 제원이 안 될 때 가설벤트를 세우고, 레일을 설치하여 그 레일 위에 부재를 얹은 대차를 이동시켜 철골공사를 하고자 할 때 사용한다.

1.3 현장 반입계획

1) 일일 반입량 및 반입 부재 크기

철골제작공장에서 일일 제작량과 일일 반출량을 확인하여 현장 반입 가능량을 산정하며, 현장에서는 세우기 일정을 고려한 현장 일일 반입량을 결정하며, 자재적재차량의 대기시간, 차량대기장소 등을 고려한 반입량을 계획한다. 일일 철골세우기량에 맞추어 자재반입량을 계획한다.

또한 도로통행허용운반차량에 맞는 부재 크기를 정하며, 인양장비의 제원에 맞는 부재 크기와 중량을 계획 · 제작하여 반입한다.

2) 반입로

현장 주변도로 상황을 먼저 파악하고 자재적재차량이 출입할 수 있도록 현장출입구 위치와 크기를 정하며, 타공정과 간섭이 안 되는 철골반입통로를 계획한다.

3) 하역계획

철골자재 반입시 하역할 하역장비계획과 하역장비의 이동로를 확보하며, 가능하면 차량에서의 하역과 동시에 철골을 세울 수 있도록 세우기 장비의 위치에 맞추어 하역할 차량의 위치를 정하며, 세우기 공정에 맞추어 철골자재를 반입한다.

4) 야적계획

철골자재 반입, 야적시 세우기 순서에 맞추어 야적하며, 철골부재의 위치별 · 규격별로 구분하고, 부속철물 등의 별도관리를 한다.

1.4 지상조립계획

1) 지상조립 부지 확보

지상조립계획시 지상조립 부지 확보가 중요하다. 지상조립장비의 위치와 조립부재의 이동로를 고려한 지상조립 부지의 위치와 크기를 정해야 한다.

2) 지상조립 범위

지상조립시 본조립을 하는 부분이 있고, 지상에서 가조립했다가 공중조립시 본조립을 하는 부분이 있다. 본조립부재와 가조립부재의 위치와 수량을 정한다.

3) 지상조립 크기

지상조립한 부재를 이동시키기 위한 이동장비와 조립부재를 인양하기 위한 인양장비의 제원을 확인하여 사용장비제원에 적정한 지상조립 크기와 중량을 정한다.

4) 가설재 지상조립

철골지상조립시 공중조립할 때 필요한 안전망, 안전난간대, 안전사다리, 안전발판 등을 지상에서 조립하여 인양 · 설치한다.

1.5 세우기 순서

1) 블록별로 나누어 세우기

고층이면서 면적이 넓은 건물은 2개 블록으로 나누어 한 개 블록이 다른 한 개 블록을 따라서 올라가는 시공을 한다.

저층이면서 길이가 긴 건물은 수평으로 순차적으로 진행하는 방법이 있고, 건물 양단에서 시작하여 중앙부에서 결합하는 방법이 있다.

2) 양중장비 위치에 따라 세우기

양중장비가 타워크레인인 경우는 장비 가까운 곳에서부터 먼 곳으로 이동가능한 장비의 경우에는 먼 곳에서부터 가까운 방향으로 세우기한다.

1.6 세우기 공정

1) 세우기 공정은 양중량, 설치량, 볼팅 및 용접량에 따라 계획되며 일일 양중량 양중장비 제원에 비례하여 일일 양중부재수 산정(기둥, 빔, 트러스 파이프별로 산정), 일일 양중 총 톤수

2) 일일 설치량

구조물의 접합 수량과 복잡성에 따라 설치 물량을 산정한다.

3) 일일 볼팅량

접합부의 볼팅 수량에 따라 작업량을 산정한다.

4) 일일 용접량

부재 크기 및 개소에 따라 일일 용접량을 산정한다.

1.7 자립검토

1) 기둥

① 4개 지점 와이어 로프와 턴버클을 사용하여 기둥이 자립할 수 있도록 시공한다.

② 원시공 빔이 없을 시 템퍼레리 빔(temperary beam)을 사용하여 시공한다.

③ 본시공시 사재를 검토한다.

2) 트러스

① 트러스 설치를 위한 임시 벤트를 설치한다.

② 트러스 형태 유지를 위한 인장 와이어를 설치한다.

2 양중기, 비계 등의 설치와 안전 확인

2.1 양중기

1) 기초구조

양중장비 제원에 맞추어 기초구조를 시공한다.

2) 자립고

양중장비 타워크레인의 자립고를 고려한 시공계획을 세운다.

3) 홀더

건물에 지지되는 간격, 지지방법 검토 및 계획을 한다.

2.2 비계안전

1) 달대비계, 안전대 부착설비

달대비계 설치 시기, 규격, 안전벨트를 설치할 수 있는 설비를 설치한다.

2) 용접하우스

바람막이용 용접하우스를 이용하여 품질관리를 한다.

2.3 승강설비

1) 리프트

① 리프트 앞 철골 부분을 기완성하고, 데크를 설치하여 근로자의 이동로를 확보한다.

② 마감을 고려한 리프트 위치 선정

2) COL 가설사다리

공장에서 기둥 철골 제작시 사다리를 미리 제작하여 현장 이동통로로 활용한다.

3) 안전블록

가설사다리 설치 위치에 안전블록을 설치하여 근로자 이동시 안전벨트를 체결할 수 있도록 설치한다.

2.4 안전망설치

안전망설치기준 : 매층마다 안전망을 설치한다.

3 앵커볼트, 베이스 플레이트 모르타르의 위치, 형상, 치수

3.1 앵커볼트 위치, 레벨

앵커볼트 위치를 플레이트를 이용하여 위치를 고정시키고, 측량 가능하도록 중심선을 표시하며, 건축레벨을 확인하여 앵커높이 결정 · 시공, 콘크리트 타설 후 앵커 위치를 실측하여 베이스 플레이트, 볼트 구멍을 천공한다.

3.2 기둥 주근과 베이스 플레이트 간섭

기둥 크기를 기준으로 베이스 플레이트 단부에서 피복두께의 철근직경을 계산하여 시공 가능성을 검토한다.

3.3 베이스 플레이트 그라우팅 치수

그라우팅 두께는 50mm 기준이지만 최소 30mm, 최대 80mm로 시공하며, 기초판 중앙부에 에어 홀을 시공하여 기초판면에 밀착될 수 있도록 시공한다.

4 철골세우기, 건립 수정

4.1 철골 세우기 순서(Process)

철골앵커 설치 → 1절기둥 → 거더 → 빔 → 볼팅 및 용접 → 베이스 플레이트 그라우팅 → 2절기둥 → 거더 → 빔 → 볼팅 및 용접

4.2 건립 수정

① 기둥수직도 : 턴버클 및 와이어를 이용하여 수직도 조정
② 볼트구멍 : 리머로 구멍 조정
③ 거더 및 빔 레벨 : 플레이트로 필러처리하여 조정

5 고력볼트 반입, 현장시공과 검사

5.1 고장력볼트의 종류

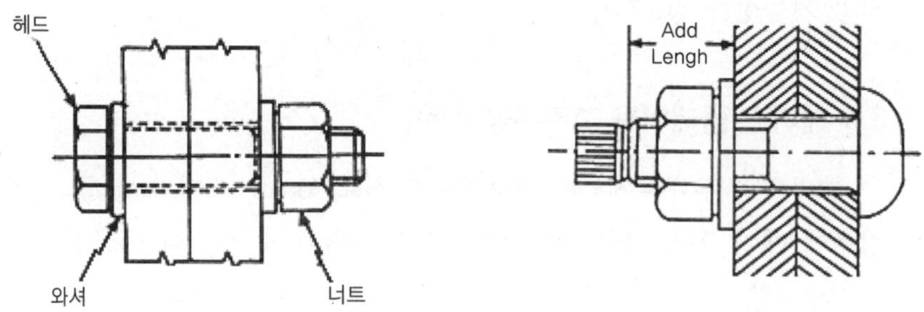

구성 : 볼트, 너트, 와셔 2개
(a) 육각 고력볼트(Hexagon bolt)

구성 : 볼트, 너트, 와셔 1개
(b) 토크 쉐어형 고력볼트

그림 7.1 고력볼트 종류

3) 고장력볼트의 구분

표 7.1 고장력볼트 구분

세트의 종류		세트 구성 부품의 기계적 성질 등급		
종 류	토크계수 등급	볼트	너트	와셔
1종	A	F8T	F10(F8)	F35
	B			
2종	A	F10T	F10	
	B			
3종	A	(F11T)		
	B			

※ 1, 2, 3종 ; 볼트의 인장강도에 따른 분류(1종 < 2종 < 3종)

※ A, B등급 ; A – 너트 및 와셔에 표면처리를 실시하여 토크계수를 안정화시킨 등급
B – 일반 방청제만 처리하고 표면윤활 처리를 하지 않은 등급.
토크계수치 A(0.11～0.15)와 B(0.15～0.19)를 비교할 경우 A는 작은 체결토크로 소요축력을 얻을 수 있으므로 볼트지름이 큰 경우 A가 유리하다. M16등 지름이 작은 경우 체결토크가 적기 때문에 토크계수치 A로 할 필요는 없다. 일반적으로 M16은 토크계수치 B, M20 이상은 토크계수치 A로 생산되고 있다.

※ F10T ; F는 Friction grip(마찰접합)의 이니셜, 10은 인장강도 100kgf/㎟=10tonf/㎠, T는 인장강도

※ (　) ; ( ) 내에 표시된 등급의 자재는 시방 및 도면 등에 특별한 언급이 없으면 사용하지 않는 권고사항임. F11의 경우 볼트 자체의 지연파단 문제가 해결되지 않아 사용에 특별한 검토가 필요함.

F8T　　F10T

(a) 고장력볼트　　(b) 고장력너트

그림 7.2 고력볼트 종류

※ 와셔에는 기계적 성질의 등급을 표시하지 않는다.

※ T/S볼트는 S10T로 표시 (S ; torque Shear의 S)

5.2 고력볼트의 반입검사

1) 현장반입검사

① 반입된 볼트에 대해서는 각 로트별로 축력시험을 실시하여 토크값 및 토크계수가 적정한지 확인하여 기록하고 관리하여야 한다.

② 규격에서 요구하는 기계적 성질을 만족해야 하며, 현장반입시에는 공인기관의 시험성적서를 함께 제출받아 확인하여야 한다.

③ 현장검사시 볼트의 현장 보관기간이 길어질 경우 변질이나 훼손, 분실 등의 우려가 있으므로 볼트 사용 일정을 고려하여 반입 일정을 결정한다.

④ 볼트의 외관검사는 나사산의 마모 여부, 이물질 부착 여부 등을 확인한다.

2) 볼트 토크값 산출

① 토크 계산식

$T = k \times d \times B$

[T : 토크값(kg, cm), k : 토크계수, d : 볼트 직경(mm), B : 볼트 축력(ton)]

② 볼트 토크계수값은 제조사마다 상이하며, 방청유, 나사산의 마모 및 기온, 녹 등으로 인해 그 값이 변화하므로 정확한 현장체결용 토크값을 산출하기 위해서는 검교정된 축력계를 이용하여 반입 로트별로 현장 축력시험을 통해 당일 시공 토크값을 산출하여 적용하여야 한다.

③ 토크산출 방법

검교정된 축력계를 이용하여 당일 사용할 로트에서 볼트 5개를 임의로 선별하여 시험한다. 5개를 시방서 기준의 축력값으로 조인 후, 그때의 토크값 및 토크계수를 기록하고, 그 평균값을 기준으로 시공 토크값을 결정한다.

5.3 고장력볼트의 현장 시공

1) 작업 전 현장 체크 사항

① 시방 및 shop dwg.의 검토 및 승인사항 : 접합방법, 접합부의 소요축력, 볼트의 규격, 길이, 수량 및 전후 공정의 연관성 등

② 현장 인수검사 및 시험 결과 : 볼트에 대한 시험성적서 및 테스트 결과값(토크치, 토크계수값 등)

③ 체결방법 및 검사방법 : 1차 조임 기준 및 토크 컨트롤법, 너트 회전법 또는 T/S볼

트 방법 등의 2차 조임 방법 체결 후 각 작업방법에 따른 검사방법 확인

④ 접합부의 표면 상태 : 접합면의 이물질 상태, 페인트 적용 여부 등

2) 철골의 접합방법

접합의 종류는 마찰접합, 인장접합 및 지압접합(전단접합) 등이 있으며, 고장력볼트는 마찰접합 또는 인장접합으로 설계되며, 일반적으로는 마찰접합으로 설계되어 있다.

지압접합 또는 전단접합은 고장력볼트로는 설계되어 있지 않으며, 미국 ASTM 기준에 명시되어 있다.

(1) 마찰접합

고장력볼트의 강력한 체결력에 의해 부재간의 마찰력을 이용하는 방식이며, 응력전달 방법은 볼트축의 직각방향이므로 전단형 접합방법의 범주에 속한다.

따라서 마찰접합은 응력전달이 원활하며, 접합부의 강성이 높다. 리벳이나 볼트접합은 구멍 주변에 집중응력이 생기지만 마찰접합은 부재의 접합면에서 응력이 전달되기 때문에 국부적인 응력집중현상이 생길 우려가 없다.

접촉면에서의 응력전달이 확실하게 될 수 있도록 이음 부재면에 표면처리를 하고 미끄럼이 발생하지 않도록 해야 한다.

응력이 부재간의 마찰력을 초과하게 되면 미끄럼현상이 일어나게 되는데, 이때의 마찰계수를 미끄럼계수(μ)라 한다. 미끄럼계수는 부재표면 처리상태에 따라서 결정되며, 일반적으로 표준마찰면에 대해서 미끄럼계수(μ)는 0.45이다. 표준마찰면이라는 것은 자연상태에서 약간 녹슨 상태를 뜻한다. 따라서 강설 및 강우시 마찰면의 미끄럼계수가 달라지기 때문에 고장력볼트 조임작업을 중지해야 한다.

(2) 인장접합

마찰접합과 같이 고장력볼트를 체결할 때의 부재간의 압축력을 이용하여 응력을 전달시키지만 응력의 전달 과정에서 마찰이 관여하지 않는다는 것이 마찰접합과 본질적으로 다르다.

인장접합의 특징은 충분한 축력에 의하여 체결된 이음부에 인장외력이 작용할 때 부재간 압축력과 평형상태를 이루기 때문에 볼트에 추가되는 축력은 미소하다. 따라서 접합부의 변형이 매우 적고 강성이 매우 크며 조립시공이 편리하다.

그러나 볼트에 일어나는 부가응력 정도, 이음부의 강성, 이음부재편에 일어나는 응력상태 등의 변동폭이 이음부의 구조세목 여하에 따라 매우 크다. 또한 인장외력이 볼트의

체결력에 가까워지면 부재가 분리되기 시작하면서 이음부의 강성이 저하되는 문제점이 있다. 따라서 장기하중시의 허용인장력은 설계장력의 60%이다.

(3) 지압접합

지압접합은 고장력볼트로 접합재를 체결하여 얻은 접합재간의 마찰저항과 리벳 및 보통볼트와 같은 볼트축부의 전단저항 및 접합재의 지압력을 동시에 활용하여 응력을 전달하는 접합방법이다.

따라서 소위 전단형의 접합방법이고, 사용되는 장소는 마찰접합과 거의 동일하다. 지압접합은 장기응력에 대해서는 마찰내력으로 단기응력에 대해서는 마찰내력 이외의 볼트축의 전단내력과 지압내력을 추가한다고 생각하기 때문에 마찰접합 보다 더 큰 내력을 얻을 수 있다.

현재 고장력볼트는 마찰 및 인장접합에 사용하는 경우 외에는 그 고강도성을 발휘할 수 없는 것으로 되어 있어 지압접합을 채용하기가 어려운 상황이다.

3) 볼트 체결 방법

볼트의 체결방법은 torque control 방법, turn of nut 방법 및 torque shear bolt 방법이 사용되고 있다.

볼트의 체결작업은 다음의 순서에 따라 진행된다.

가볼트 체결 ⇒ 1차 조임(snug tightening) ⇒ 금매김(marking) ⇒ 본 조임

(1) 가볼트 체결

① 설치작업에 있어서 부재조립에 사용하고 본조임 또는 현장용접시까지의 예상된 외력에 대하여 설치가구의 변형 및 도괴를 방지하기 위하여 가볼트를 사용한다.

② 고력볼트 이음에서 가볼트는 중볼트를 사용하고, 소요볼트수의 1/3 정도 또는 2개 이상을 웨브와 플랜지에 균형있게 배치한다.

③ 가볼트용으로 사용된 볼트는 본조립에 사용해서는 안 된다.

(2) 1차 조임(snug tightening)

접합부 표면에는 판두께의 차이와 조립 정밀도에 의해 다소 틈새가 생긴다. 이 상태에서 볼트를 조이는 경우 나중에 조이는 볼트의 영향으로 먼저 조인 볼트가 느슨해지고 볼트의 축력이 감소될 우려가 있다.

따라서 이를 피하기 위해 일정한 조임력으로 순서에 따라 1차조임을 하여 접합면 전체를 밀착시킨 후 2차 본조임을 하여 모든 볼트에 균등한 장력이 가해지도록 하여야 한다.

① 가볼트 부분은 남겨두고 나머지 구멍에 고장력볼트를 삽입한 후 이음의 중앙에서 이음판 단부쪽으로 조여나간다.

② 가조임볼트를 해체하고 고력볼트를 교체하여 조인다.

③ 조임은 Preset형 Torque wrench, 전동 Impact wrench 등을 사용하여 규정된 토크값으로 너트를 조인다.

④ 별도의 규정이 없다면, 1차 조임은 보통 30cm 길이의 스패너로 성인 남성이 힘껏 조인 상태를 1차 조임 상태로 한다.

보통 1차 조임의 값은 다음의 표에 따라 체결한다.

표 7.2 1차 조임값

고력볼트의 호칭	1차조임 Torque값(kgf · cm)
M12	약 500
M16	약 1,000
M20, M22	약 1,500
M24	약 2,000
M27	약 3,000
M30	약 4,000

(3) 금매김

1차 조임 후에 모든 볼트에 대해 다음 그림 7.3과 같이 볼트, 너트, 와셔 및 부재를 지나는 금매김을 한다.

금매김은 본조임을 완료하였을 때 작업완료를 나타냄과 동시에 검사에 이용하기 위한 것이다. 금매김의 목적은 다음과 같다.

① 고력볼트의 조임이 빠졌는지 여부 확인

② 너트, 볼트, 와셔의 동시회전(속칭 공회전)이나 축회전 확인

③ 너트 회전량의 이상 여부 확인

④ 너트면에서 돌출된 여유길이(여장)의 과대 · 과소 확인

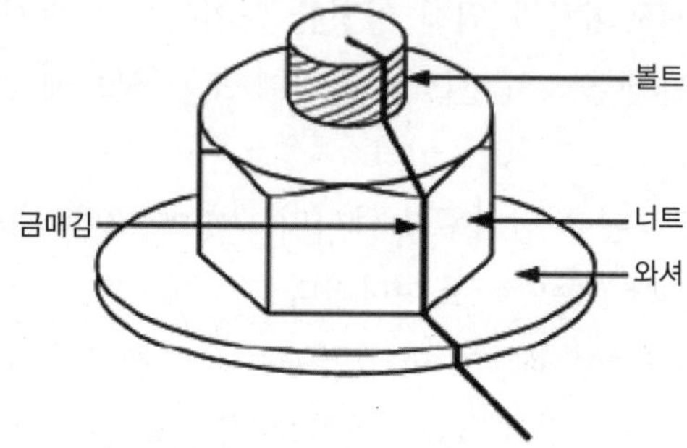

그림 7.3 고장력볼트 금매김

(4) 본조임

고력볼트의 끼움에서 본조임까지의 작업은 같은 날 이루어지는 것을 원칙으로 한다. 토크관리법(torque control)에 의한 본조임은 다음과 같다.

① 1차 조임 후의 볼트에 대해서 너트를 소정의 토크로 회전시킴으로써 볼트에 축력을 도입하는 것이다.

② 목표조임력 설정 : 고력볼트의 목표체결력은 현장시방 또는 도면에 명시된 축력값을 기준으로 한다.

③ 조임기기의 검정 및 조정 : 표준볼트장력을 얻을 수 있도록 조정된 조임기기를 사용한다. 조임기기 조정은 매일 조임작업 전에 하는 것을 원칙으로 한다.

매일 작업 전 작업용 렌치를 교정하여야 하는 방식으로, calibration wrench 방식이라고 한다.

현장에서 사용하는 고력볼트를 축력계에 설치하여 실제 조임과 동일한 순서로 두 번 조임하여 얻은 5개 이상의 볼트축력의 평균치가 목표체결력이 되도록 기구를 조정하고 Torque wrench를 사용하여 조임토크치를 측정하여 둔다.

조임기구 조정용의 볼트수량을 미리 산정하여 둔다.

④ 작업 flow chart

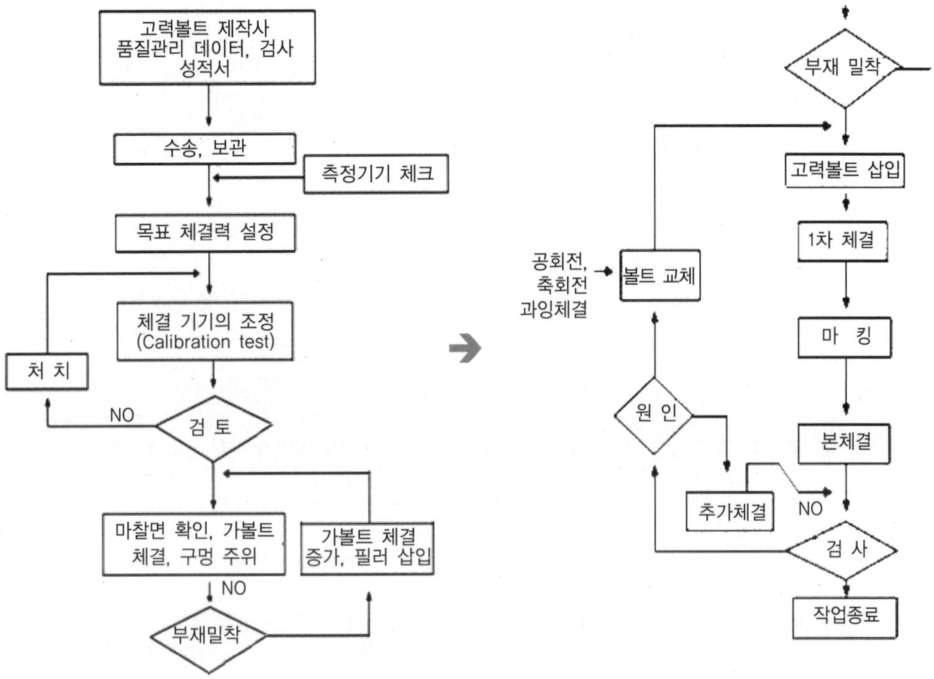

그림 7.4 작업 flow chart

너트회전법(turn of nut)에 의한 본조임은 너트의 회전량과 볼트에 도입된 축력의 관계를 이용하여 너트를 일정량으로 회전시킨다.

1차 조임 완료 후를 기점으로 너트를 120°(M12는 60°) 회전시킨다.

너트를 소정의 회전량 만큼만 회전시키면 되기 때문에 특별한 조임기기가 필요 없다. 과거에 사용해오던 임팩트 렌치, 토크렌치를 사용하는 경우 소켓의 외측에 눈금을 표시해둠으로써 회전상의 제어가 가능하다.

현재 너트회전량을 제어하는 동력식 조임기기가 실용화되어 있다.

표 7.3 볼트길이에 따른 너트회전량

볼트길이	너트회전량	비 고
5d 이하의 경우	M12 60°	D는 볼트의 호칭경임
	M16 이상 120°	
5d를 넘는 경우 : 시공실험 결과에 따라 너트의 회전량을 정한다.		

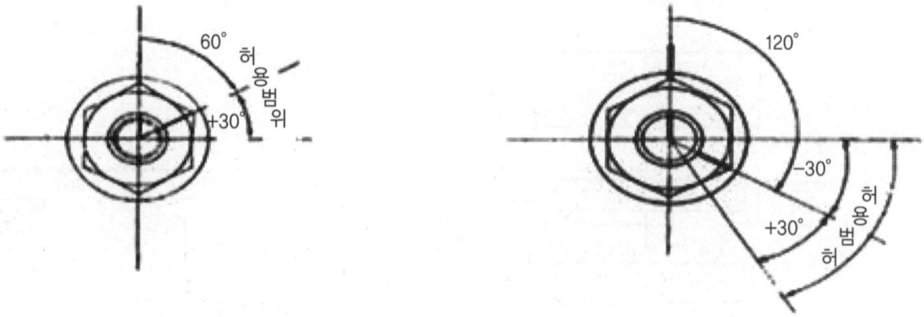

(a) M12　　　　(b) M16 이상

그림 7.5 너트 회전량

※ 고력볼트의 조임은 일반적으로 너트를 회전시켜 조이는 것을 원칙으로 하고 있다. 부득이하게 볼트머리를 회전시켜 조일 필요가 있는 경우는 토크치 시험을 실시하여 토크치를 설정한다. 그러나 볼트머리를 조이는 경우는 토크계수치가 약간 크게 되는 경향이 있고 동시회전이 일어나기 쉽기 때문에 1차 조임을 확실히 하고 너트를 스패너 등으로 고정하여 조이는 등 동시회전 방지에 대한 배려가 필요하다.

※ 적정 토크치 이상으로 조이는 경우 과대한 볼트축력이 도입되어 고력볼트의 나사부가 변형되기 쉬우므로 새로운 볼트로 교체한다.

※ 너트회전법의 적용범위는 볼트길이(조임길이[접합판 두께의 합]가 아님에 유의)가 볼트 호칭지름의 5배 이하인 경우이다. 5배를 넘는 경우 너트회전량은 별도의 공사시방에 따른다. 120°라는 값은 너트 한 변에 대한 중심각이 60°이기 때문에 금매김에 의한 조임 후의 검사를 쉽게 하도록 하는 것이다.

– 고장력볼트에 대해서는 KS B 1010(JIS B 1186)에 규정되어 있으나 T/S에 대해서는 KS나 JIS 등에도 규정되어 있지 않다.

일반적으로 고장력볼트와 기계적 성질이 동일한 것으로 간주하여 사용하고 있다.

– T/S볼트의 원리

고장력볼트와 같이 마찰접합용으로 사용하기 위해 개발된 제품이다. 볼트의 몸체와 pintail 사이의 파단홈(notch)이 비틀림에 의해 파단될 때까지 조이면 소정의 축력을 얻을 수 있다.

현장에서 체결 후 pintail의 파단 여부로 작업 완료 여부를 확인할 수 있어 편리하다.

표 7.4 T/S볼트의 종류

볼트 종류	세트 구성부품의 기계적 성질 등급		
	볼 트	너 트	와 셔
1종	S10T	F10(F8)	F35

☞ S10T의 S는 for Structural Joints에서 온 것으로서, 고장력볼트와 구분되게 하기 위해 사용되는 기호이다. 10은 인장강도 100kgf/㎟ = 10tonf/㎠의 10이다. T는 Tensile Strength에서 온 것임.

– T/S볼트 체결

T/S볼트를 사용하는 경우라도 반드시 1차 조임 및 금매김을 실시하여 부재를 밀착시킨 후 본조임을 실시하여야 한다.

– T/S형 고력볼트 조임순서

① 너트 및 와셔의 조립 : 너트는 표시가 있는 부분이 바깥쪽, 와셔는 면치기가 있는 부분이 바깥쪽으로 하여 너트측에 와셔를 1개만 끼운다.

② 1차 조임 : 특별한 언급이 없는 경우, 프레스트 토크렌치를 사용하여 토크치를 M16은 약 1,000kgf · cm, M20 및 M22는 1,500kgf · cm, M24는 2,000kgf · cm로 설정하여 조인다.

③ 금매김 : 1차 조임 후 볼트, 너트, 와셔에 금매김을 한다.

④ 본조임 : 볼트의 끝부분인 Pintail에 내부 소켓을 끼우고 Wrench를 눌러서 외측 소켓을 너트에 끼운다.

전원스위치를 넣는다. 외측 소켓의 회전시 Pintail에 반력이 가해지며 너트를 회전시켜 볼트를 조인다.

볼트에 소정의 축력이 가해지면 Pintail이 파단됨으로써 조임이 완료된다.

Pintail 방출 레벨을 잡아당겨서 내측 소켓에 있는 Pintail을 제거한다.

⑤ 조임 후 검사 : Pintail의 파단 여부를 확인 · 금매김에 의한 동시회전의 유무 및 너트회전각 등을 육안검사한다.

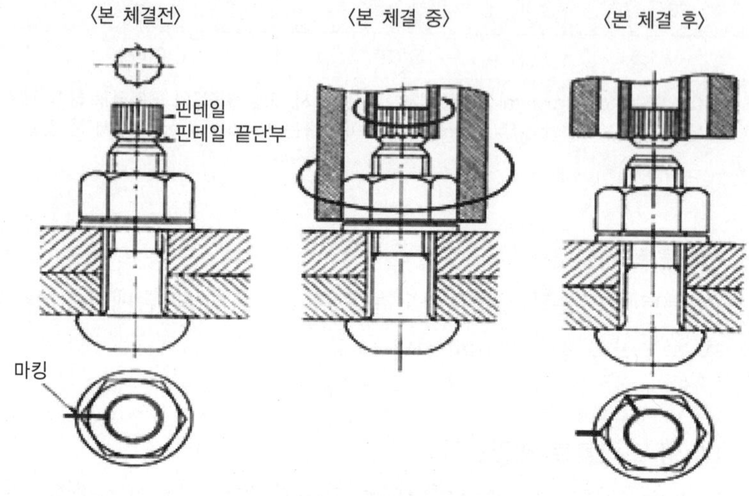

그림 7.6 전동렌치 동작

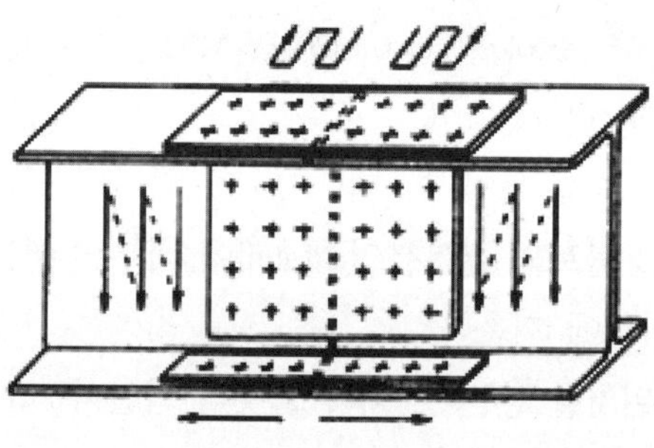

그림 7.7 볼트체결 순서

– T/S볼트 유의사항

① 비나 눈이 올 때 작업중지한다.

② 조임시 와셔를 너트측에 1개만 사용한다.

T/S형 고력볼트는 머리부분이 둥근머리이다. 둥근머리의 자리면(철골부재와의 접합면) 지름을 고력 6각볼트의 자리면 지름보다 크게 함으로써 압력을 받는 면적이 커지므로 머리부분에 와셔를 사용하지 않아도 이완작용 등의 성능이 고력 6각볼트와 동일하게 되고 볼트축력의 확보가 충분하다. T/S형 고력볼트의 조임은

Pintail이 있는 파단홈(노치부)의 파단토크에 따라 볼트축력을 도입하는 소위 토크법에 따른 것이다.

따라서 볼트의 축력을 안정시키기 위해서는 토크계수치를 안정시킬 필요가 있으므로 와셔를 너트측에 1장만 사용한다.

③ T/S형 고력볼트의 사용온도 범위는 0℃ ~ 60℃까지이다. 왜냐하면 T/S형 고력볼트는 시공현장에서 조임토크치를 조정하는 것은 불가능하며, 토크계수치를 온도에 따라 변화시키면 조임축력이 변동되기 때문이다.

④ 고력 6각볼트는 사용온도 범위를 정하고 있지 않는데 시공현장에서 조임기기를 조정함으로써 적절한 조임력을 얻을 수 있기 때문이다.

⑤ 일반 고력 6각볼트와 T/S형 고력볼트를 혼용할 수 있다. T/S형 고력볼트의 사용이 곤란한 경우 고력 6각볼트를 사용한다. 동일이음 내에서도 혼용은 가능하다.

– T/S볼트의 축력시험

① T/S볼트의 경우, pintail의 파단으로 접합면에 소요축력이 도입되었음을 확인하는 방법이기 때문에 일정한 축력의 시공이 가능한 장점이 있다. 그러나 제품 출하 후 여러 이유로 인한 볼트의 변형에 따라 pintail의 파단 노치에 변동이 생기면 볼트의 축력값이 변동하게 된다. 이러한 문제를 확인하기 위해 반입되는 볼트의 각 로트 및 규격별로 축력 시험을 실시하여 해당 로트의 제품 이상 여부를 확인하여야 한다.

– 시험방법

① 각 로트 및 규격별로 5세트의 볼트를 임의로 샘플링한다.

② 볼트 축력계를 사용하여 5세트 각각의 볼트 축력을 구한다.

③ 5세트 볼트의 평균값을 계산하여 현장에서 규정된 축력에 만족하면 합격으로 처리하고 해당 로트의 제품을 사용한다.

축력에 대한 별도의 규정이 없으면 다음 도표에 따라 합격 여부를 결정한다.

표 7.5 볼트 직경별 평균 축력

볼트 직경 (F10T)	5세트 볼트의 평균 볼트 축력 (kg)	
	상온 (10℃~30℃)	상온 이외 (0℃~60℃)
M16	11,000 ~ 13,300	10,600 ~ 13,900
M20	17,200 ~ 20,700	16,500 ~ 21,700
M22	21,200 ~ 25,600	20,500 ~ 26,800
M24	24,700 ~ 29,800	23,800 ~ 31,200

④ 체결시 검 · 교정된 토크렌치를 사용하여 각각의 토크값을 구한 후 그 평균값을 체결 후 검사 시 기준 토크값으로 한다.

⑤ 5세트의 평균 축력이 기준을 벗어나는 경우, 새로운 5세트를 샘플링하여 그 평균 축력을 구한다.

⑥ 여기서도 그 평균 축력이 기준을 만족하지 못하는 경우 반입된 해당 로트의 제품을 전량 반출하여야 한다.

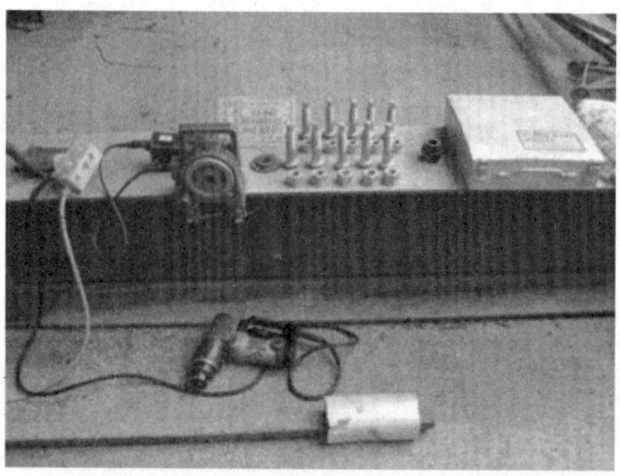

(a) 축력계 설치

(b) 볼트 샘플 확인

(c) 체결

(d) 파단 후 측력 확인

그림 7.8 축력시험

5.4 철골 현장용접의 시공

1) 접합 종류

(1) 핀, 모멘트 접합

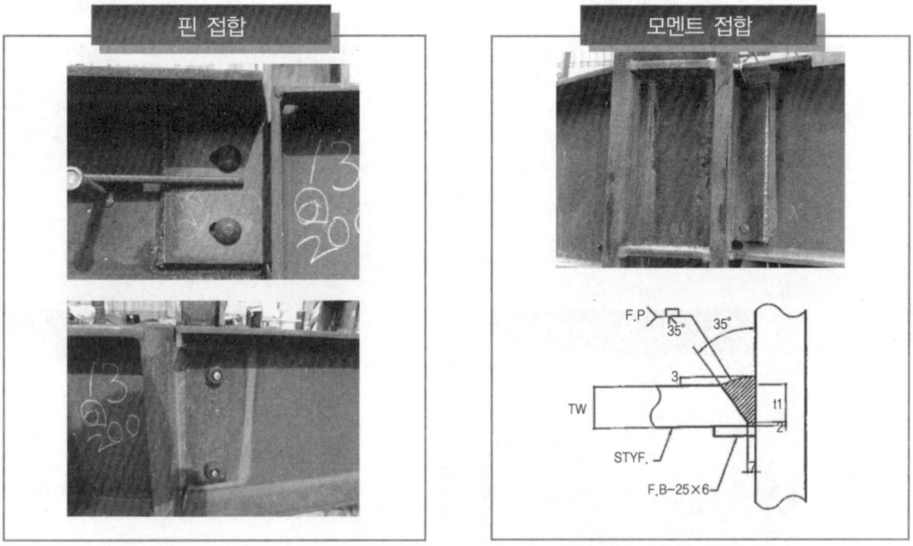

그림 7.9 핀, 모멘트 접합

(2) 스티프너와 거싯플레이트

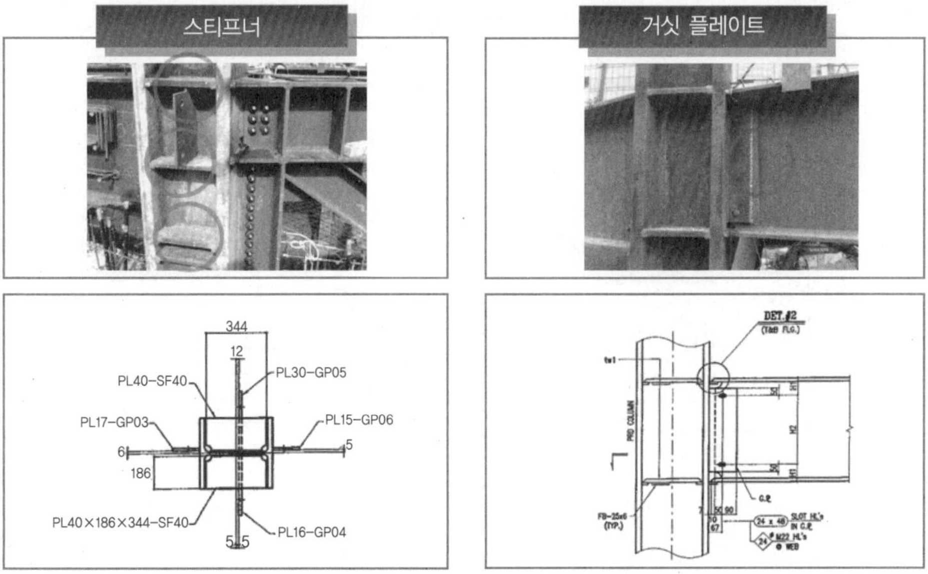

그림 7.10 스티프너와 거싯플레이트

2) 용접 방법

(1) 용접재료 보관방법

재료 보관 기준

FCAW (CO_2 wire)	FCM	최대 24시간

<table>
<tr><td rowspan="2">FCAW
(CO_2 wire)</td><td rowspan="2">위의 조건을
벗어난 경우</td><td>FCM</td><td>260~288℃
4시간</td></tr>
<tr><td>NON-FCM</td><td>None</td></tr>
</table>

플럭스 건조기

재료 보관 상태

플럭스 관리 기준

1) Wire의 보관은 습기가 없는 곳에 보관한다.
2) 포장개봉 후, 제조사의 권장기간 이내에 사용하여야 한다.(발청방지)
3) 옥외에서 사용후는 Wire의 Cover를 씌워서 보관하여야 한다.(발청방지)

그림 7.11 용접재료 보관방법

3) 허용오차

(1) 가공 허용오차

T이음의 간격

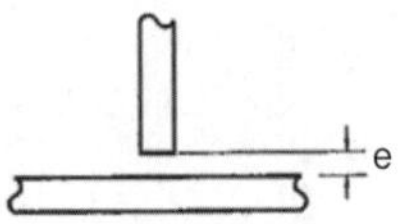

$e \leq 2mm$
단, 전체길이에서 주변은 2mm 간격을 유지

겹이음의 틈

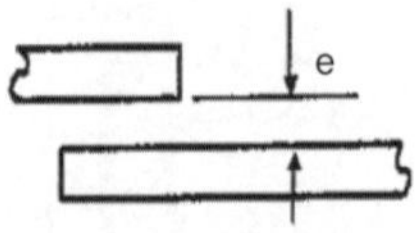

$e \leq 2mm$

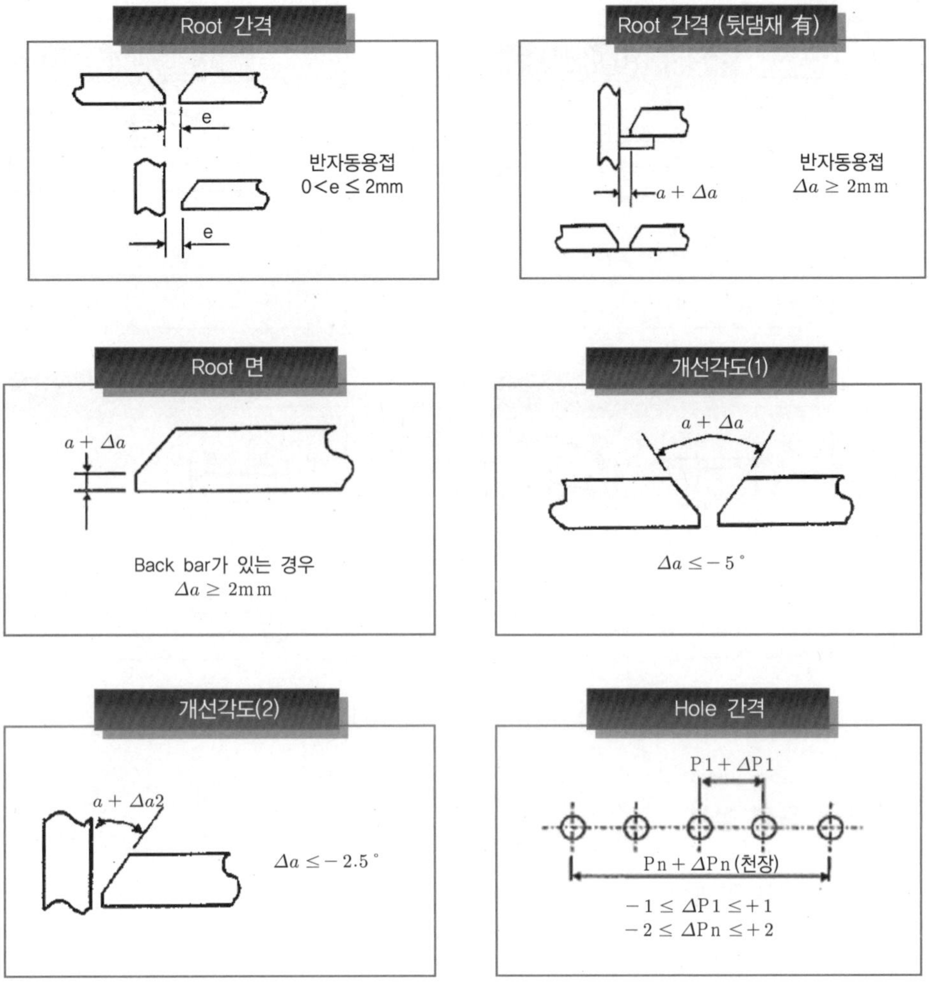

그림 7.12 가공 허용오차

(2) 거더, 빔 허용오차

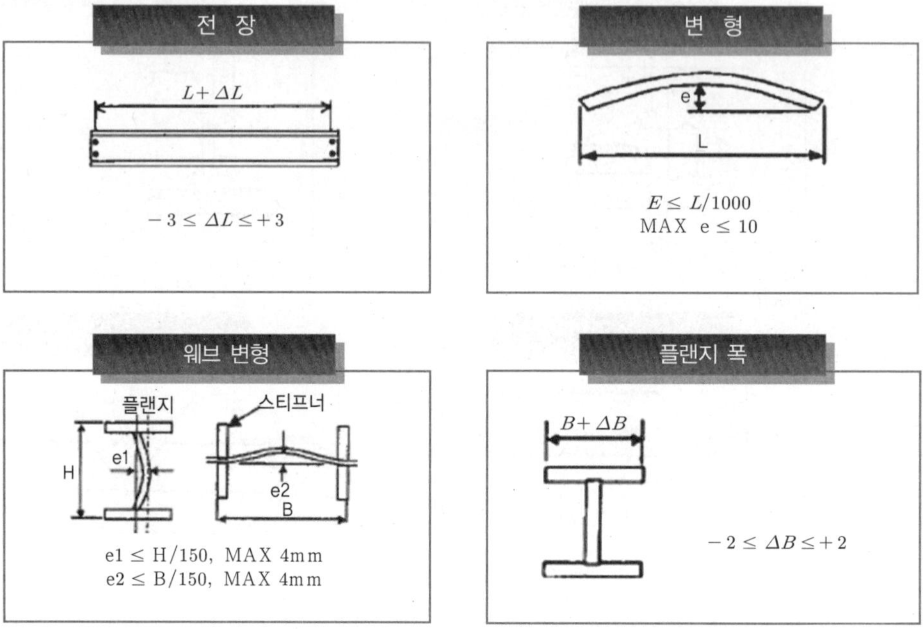

그림 7.13 거더, 빔 허용오차

5.5 용접 검사

1) 품질관리 활동의 3대 요소

(1) 품질기획

① 고객중심

- 조직은 고객에 의존
- 현재 및 미래에 고객 요구를 충족·이해하고 고객의 요구 사항 고려

② 리더십

- 리더는 조직의 목표와 방향의 일관성 확립
- 조직의 내부 환경 조성
- 전원참여(모든 계층 사람들이 조직의 필수 요소)

(2) 품질관리

① 품질목표를 달성하는데 필요한 프로세스 제공

② 각 프로세스의 효과성 및 효율성을 측정하는 방법 수립
(예: 통계적 품질관리, NCR관리)

(3) 품질개선

① 지속적 개선
조직의 총체적 성과에 대한 지속적 개선은 조직의 영구적인 목표이어야 한다.

2) 용접 전, 중 및 후의 확인 및 검사

(1) 용접 전 확인 및 검사

① 공정과 품질에 대한 중요성 인식
② 제작과 시험 방법에 대한 이해 철저
③ 모재의 성질, 사양, 품질에 대한 이해 철저
④ 용접 장치, 용접봉의 사양에 대한 이해 철저
⑤ 조인트 설계 이해 및 준비, 확인, 검사 철저

(2) 용접 중 확인 및 검사

① 취부 전 변형 방지를 위한 규정 이해 철저 및 tack-welding에 대한 충분한 기술 축적
② 예열과 층간 온도를 반드시 지키며 전압, 전류, 각종 측정 장비의 사양 및 규정을 반드시 지킬 것.
③ 용접봉의 운봉자세를 규정에 따라 준수 및 확인 · 검사
④ 용접 기량사의 등급에 따라 용접 작업 수행 · 확인 · 검사
⑤ pass간 용접에서 cleaning 실시 · 확인 · 검사
⑥ 외관 검사 실시, 필요 시 MT, PT를 실시할 수 있음

(3) 용접 후 확인 및 검사

① 도면과 사양서에 의거하여 용접작업이 정확히 수행되었는지 확인
② cleaning 후 외관 검사 실시
③ 용도에 따라 NDT 또는 기계적 시험 실시
④ 불량 요인 발견 시 규정에 따라 repair 작업 실시
⑤ 용도 및 규정에 따라 후열처리 실시
⑥ 용접제작 공정과 검사결과를 서류화할 것

3) 용접 외관검사

용접검사의 기본검사로 용접부의 형상과 결함을 육안이나 계측기로 검사하는 방법을 말한다. 용접부의 형상으로는 목두께, 비드, 오목도, 볼록도 등이 있고, 결함검사로는 기공, 오버랩, 언더컷, 용입불량, 용접균열, 아크 스트라이크 등이 있다.

표 7.6 일반용접 결함의 원인 및 방지책

결함명	현 상	원 인	방지책
언더컷	모재와 용융금속의 경계면에 용접선 길이방향으로 용융금속이 채워지지 않는 결함	– 전류과다 – 용접속도 과다 – 위빙잘못	– 전류 감소 – 용접속도 감소 – 균일 위빙
기공	응고중 수소 · 질소 · 산소의 용접금속내 갇힘에 의해 발생하는 CAVITY 형태의 불연속	– 아크 길이 큼 – 모재의 미청결 – 용접봉 미건조	– 적정 아크 길이 – 모재 클리닝 – 용접봉 건조
오버랩	용착금속이 토우 부근에서 모재에 융합되지 않고 겹쳐진 부분, 맞대기보다 필렛용접에서 발생용이, 응력집중과 부식이 촉진되는 원인	– 모재 표면의 산화물 – 전류 과소 – 기량 부족	– 모재 클린류 – 전류 증가 – 적절 위빙, 기량 향상
용융 부족	용접금속이 모재 또는 용융금속층에 용융되지 못함으로써 발생하는 결함	– 모재 표면의 산화물 – 기량 부족	– 모재 CLEANIN류 – 적절 위빙, 기량 향상
용입 부족	모재가 충분한 깊이로 녹지 못한 결함, 완전용입에서는 미용착부가 있으면 용입 불량으로 간주, 부분용입에서는 유효목두께보다 작을 때 용입 부족으로 간주	– ROOT GAP 작음 – ROOT FACE 큼 – 전류 과소 – 과다 용접봉 지름	– ROOT GAP 큼 – ROOT FACE 작음 – 전류 증가 – 용접봉 지름 작게
스패터	용융용접 중 용융금속의 미세한 입자가 주위로 튀어가는 현상 아크력에 의해 와이어 끝에서 튀어나가는 것, 단락 후 재점호시 크게 작용하는 아크력에 의한 것, 용융지 내부 가스분출에 의한 것 등이 있다.	– 슬래그 점도 큼 – 과다전류 – 피복 중 수분 – 긴 아크 – 운봉각도 부적당 – 모재온도가 낮을 때 – 직류	– 파형 제어 – BURIED ARC * 보호가스 변경 ($CO_2 \rightarrow CO_2 + AR$)
슬래그 혼입	모재와 용접금속 사이 혹은 용접금속과 용접금속 사이 비금속/금속 개재물이 갇히는 현상	– 전층 슬래그 미 제거 – 좁은 개선 각도 – 슬래그가 아크에 선행 – 고점도 슬래그	– 전층 슬래그 제거 – 개선 각도 큼 – 슬래그가 선행치 않도록 각도 변경 – 적정 점도용 가재 사용

ARC STRIKE : 모재 표면에 순간적으로 아크를 발생시켰다가 끊는 조작에 의해 생기는 모재 표면상의 결함, 급열/급랭 조직으로 경화도가 크며, 사용 중 심각한 크랙 발생, 아크 스트라이크에 의해 발생한 크랙이나 결함은 부드러운 외형으로 그라인딩 혹은 보수용접 후 비파괴검사(PT ORMT)로 건전성을 평가해야 한다

4) 균열(crack)

폭에 대한 길이의 값이 아주 길며 날카로운 끝을 갖는 불연속, 용접에서 가장 중요하며 심각한 결함이 있고, 크랙은 허용되지 않는다. 왜냐하면 4대 파괴를 전파시키는 직접적인 요인이기 때문이다.

(1) 4대 파괴 : 취성파괴, 연성파괴, 피로파괴, 라멜라티어

① 취성파괴 : 균열의 전파속도가 빠른(음속의 1/2 정도) 파괴양식

② 연성파괴 : 균열의 전파속도가 느린 파괴양식

③ 피로파괴 : 균열 발생부, 전파부 등 주요인자로 설명된 파괴양식

④ 라멜라티어 : 층상균열로 정의(모재 표면과 평행하게 계단형상으로 발생하는 균열)

(2) 크랙의 분류

① 발생장소에 따른 분류

- 용접금속 균열 : 종균열, 횡균열, crater, fissure
- 열영향부 균열 : 종균열, 횡균열, 토우크랙, root균열, 언더비드 균열
- 모재균열 : 횡균열, 라멜라티어

② 발생온도에 따른 분류

- 고온균열 : 용접 중 혹은 용접 직후의 고온(융점의 1/2 이상의 온도)
- 저온균열 : 200°C 이하, 경우에 따라서 실온까지 냉각 후 일정기간 경과 후 발생
- 재열균열 : 후열처리(600~700°C) 및 400°C 이상의 고온에서 사용 중 발생

③ 발생방향에 따른 분류

- 횡균열
- 종균열

④ 크기에 따른 분류

- 매크로 균열
- 마이크로 균열

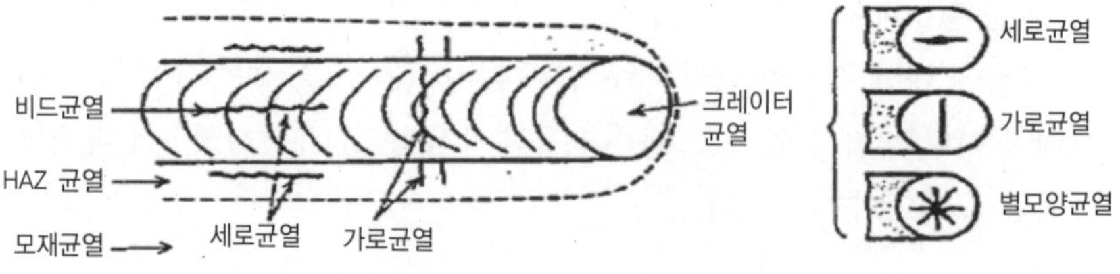

그림 7.14 용접균열 발생 위치 및 방향에 따른 분류

❂ 고온균열

용접 중 혹은 용접 직후의 고온(일반적으로 융점의 1/2 이상 온도)에서 용접부의 자기수축 및 외부변형에 의해 발생하는 균열, 응고 시 P, S, Cu 등 불순물의 편석에 따라 저융점 개재물 형성, 액상의 필름 형태로 결정립계에 존재하며, 응고 시 인장 · 수축응력에 의해 입계를 약화시켜서 발생하며, 종류로는 크레이트 균열, 설파균열, 이형균열 등이 있다.

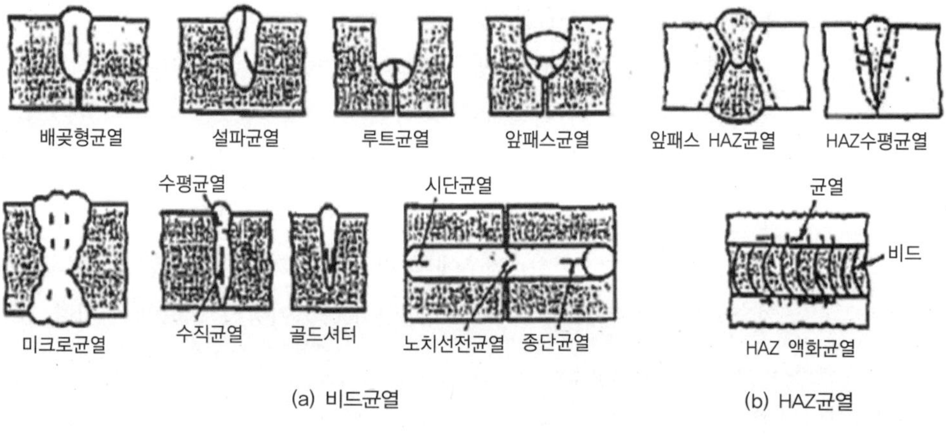

그림 7.15 균열의 종류 및 형상 모식도

(3) 고온균열의 분류

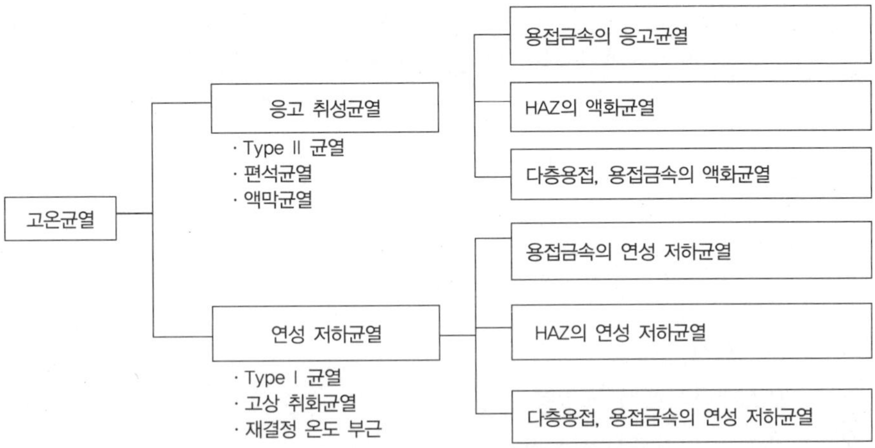

그림 7.16 고온균열 종류 및 형상 모식도

(4) 고온균열 방지대책

① 입열 감소(결정립의 응고 형태를 거칠고 방향성 있는 dendrite 형성을 억제하고, 크기가 작은 cell structure 형성 유도)

② 위빙이 없는 직선 비드 선택(입열 감소)

③ 용입깊이를 줄임.

④ 인장 수축응력 감소 : 예열, 스킵법, 양면 용접, 후퇴법, root gap을 줄임.

⑤ END TAP 사용

✪ 재열 균열

용접 후 열처리 과정 또는 용접구조물의 고온 사용 중에 발생하는 균열. 주로 Cr-Mo(내열강)강에 발생, 고온 유지시 응력 완화와 함께 발생한 소성변형이 응력집중부에 집적, HAZ의 조립역에서 입계를 따라 균열 진행

(5) 재열균열 방지책

① 입계 취화 원소(P, S) 등 저감

② 입내 석출 강화 원소(V, Mo) 적정 배합

③ 후열처리 과정에서 발생하는 소성 변형량 감소

④ 응력집중원 완화 · 제거

◎ 저온균열

용접 후 용접부의 온도가 대체로 200°C 이하의 저온에서 발생하는 균열을 총칭. 경우에 따라 실온까지 냉각한 후 일정한 기간이 경과한 다음에 발생하며 원인으로는 미세 취약 결정구조, 확산성 수소, 잔류응력 등이 있다.

(6) 저온균열 방지책

① 예열 실시(50~100℃)

② 서랭

③ 저수소계 용접봉 사용

④ 오스테나이트계 용접봉 사용

⑤ 구속도를 저하시키는 용접부 설계

⑥ annealing 실시

⑦ peening 실시

◎ 임계 부식

Austenite-SUS를 약 500~800°C로 장시간 가열하거나 이 온도범위를 서랭 시 결정립계에 Cr – 탄화물이 석출되어, SUS의 크롬 함량이 임계함량 이하가 되어 내식성이 저하하는 현상

(7) 임계 부식 방지책

① 용체화 처리 : 용접 후 1,050~1,150℃로 약 30분 가열하여 석출 탄화물을 재고용 후 급랭

② 적정 강재 선택 : STS 304L, STS 316L, STS 321, STS 347

③ 용접입열 감소

④ 탄화물 석출형태 조정 : 결정립을 미세화하고 냉간가공을 통해 결정립 내 많은 슬립면을 형성시켜 탄화물의 석출을 넓게 분산

⑤ 고밀도 에너지 용접 실시

◎ 라멜라티어링

T-BUTT JOINT, 모서리 이음 등에서 모재 표면에 직각방향으로 강한 인장구속응력이 형성되며, S, P 등 개재물에 의한 판두께 방향의 연성이 부족한 경우 HAZ 및 그 인접부에 모재 표면과 평행하게 계단 형태로 발생하는 균열, 주로 후판의 다층 용접 시 온도 200~300°C에서 발생

(8) 라멜라티어링 방지책

① joint area를 크게 한다.

② 용접체적을 줄인다.

③ 용접비드수를 줄인다.

④ buttering을 실시한다.

⑤ 대칭 용접순으로 용접한다.

⑥ three plate 혹은 butt 용접을 실시한다.

⑦ forged element를 사용한다.

⑧ 두꺼운 판을 개선한다.

[DIN 8570 용접 제관 공차]

표 7.7 용접 제관 선형치수

Degree of Accuracy	Nominal Dimension Range(㎜)									
	30 ~ 120	120 ~ 315	315 ~ 1,000	1,000 ~ 2,000	2,000 ~ 4,000	4,000 ~ 8,000	8,000 ~ 12,000	12,000 ~ 16,000	16,000 ~ 20,000	20,000 이상
A	±1	±1	±2	±3	±4	±5	±6	±7	±8	±9
B	±2	±2	±3	±4	±6	±8	±10	±12	±14	±16
C	±3	±4	±6	±8	±11	±14	±18	±21	±24	±27
D	±4	±7	±9	±12	±16	±21	±27	±32	±36	±40

표 7.8 용접 각도 치수

Degree of Accuracy	Nominal Dimension Range(㎜)					
	Permissible Variation(Degree)			Permissible Variation(㎜/m)		
	315 이하	315~1,000	1,0000이상	315이하	315~1,000	1,000 이상
A	±20'	±15'	±10'	±6	±4.5	±3
B	±45'	±30'	±20'	±13	±9	±6
C	±1°	±45'	±30'	±18	±13	±9
D	±1° 30'	±1° 15'	±1°	±26	±22	±18

표 7.9 용접 직진도 및 평활도

Degree of Accuracy	Nominal Dimension Range(㎜) - Larger Side Length of Surface									
	30 ~ 120	120 ~ 315	315 ~ 1,000	1,000 ~ 2,000	2,000 ~ 4,000	4,000 ~ 8,000	8,000 ~ 12,000	12,000 ~ 16,000	16,000 ~ 20,000	20,000 이상
E	0.5	1	1.5	2	3	4	5	6	7	8
F	1	1.5	3	4.5	6	8	10	12	14	16
G	1.5	3	5.5	9	11	16	20	22	25	25
H	2.5	3	9	14	18	26	32	36	40	40

제8장

철골 바닥공사

08 철골 바닥공사

1 데크플레이트(Deck Plate) 공사

데크플레이트공사란 철골공사에 주로 사용하지만 최근에는 일반목재 거푸집을 사용하는 보 위에 걸쳐 시공되기도 하며, 구조용 및 거푸집용으로 사용되는 두 가지 경우로 분류할 수 있다.

철골보 위에 일반목재 거푸집을 사용하면 하부에 처짐을 방지하기 위한 서포트(steel support) 설치나 혹은 특각재(90×180mm 목재각재)를 사용해야 하는 어려움과 콘크리트 타설 후 거푸집을 해체해야 하는 문제점을 안고 있다. 따라서 데크플레이트를 사용하면 콘크리트 타설과 동시에 후속작업이 거의 필요 없는 장점이 있다.

단, 철골보가 장스팬인 경우 콘크리트 타설 후 처짐이 발생하는 경우가 종종 있으므로 구조검토 결과 필요성이 인정되면 콘크리트 타설시 중간에 서포트(Support)를 설치하는 것이 바람직하다.

1.1 데크플레이트 종류

데크플레이트는 여러 종류가 있는데 제조회사별로 단부의 가공방법, 골의 유무, 구조재로서의 역할 등 데크플레이트를 적용하여 달성하고자 하는 특성에 따라 형상이 다르게 제작된다. 데크플레이트는 철판의 구조재로서의 역할 여부에 따라 분류하고, 설치방법 및 단면의 형상에 따라 세부적으로 분류되며, 각각의 장단점을 기술하면 다음과 같다.

1) 데크플레이트의 분류

(1) 데크플레이트 용도에 따른 분류

거푸집용 데크플레이트(Form Deck Plate)는 데크플레이트를 단순거푸집 용도로만 설계 및 제작된 것으로써 골형 데크플레이트, 평형 데크플레이트, 철근트러스형 데크플레이트 등이 있다.

구조용(합성) 데크플레이트(Composite Deck Plate)는 데크플레이트가 구조적 기능을 발휘하도록 설계 및 제작된 것으로써 골형 합성 데크플레이트, 평형 합성 데크플레이트 등이 있다.

(2) 설치방법에 따른 분류

① 일반데크플레이트

② 슬림데크플레이트 : 바닥구조체의 두께를 줄이기 위해 개발된 것으로써 슬림 데크플레이트(Slim Deck Plate)는 철골보의 하부 플랜지(Flange)에 설치하는 데크플레이트이고, 세미슬림 데크플레이트(Semi Slim Deck Plate)는 보의 웨브(Web) 중간에 설치하는 데크플레이트이다.

2) 데크플레이트 공사의 종류

(1) 거푸집 데크플레이트

본 공법은 순수하게 거푸집 용도로만 사용되는 데크플레이트이다.

① 장점 : 층고 감소효과가 있으며, 천장이 평탄하여 마감이 용이하다. 연속스팬 시공이 가능하며, 철근배근 및 내화피복공사 등의 생략이 가능하다.

② 단점 : 시공실적이 적고 양중부피가 크다. 넓은 스팬(span)의 공사에는 별도의 서포트 보강이 필요하다.

(2) 합성 데크플레이트

본 공법은 데크플레이트와 콘크리트가 적절히 결합하여 일체로 작용하는 구조로서 데크플레이트는 인장력, 콘크리트는 압축력을 부담한다.

① 장점 : 철근배근 생략으로 중량 및 공사비가 절감되며, 콘크리트량이 감소되고, 천장공사용 행거로 인서트(insert)를 사용할 수 있으며, 양중성능이 양호하다.

② 단점 : 데크형상에 따른 빈공간이 발생하며, 주거부분 적용에는 어려움이 있고, 데크의 형상으로 인하여 층고가 증가하며, 철골조에서만 시공이 가능하다.

(3) 철근일체형 데크플레이트

본 공법은 거푸집용 데크플레이트를 공장에서 철근과 일체화시킨 데크플레이트이다.

① 장점 : 하중이 큰 슬래브에 적용 가능하며, 철골조, RC조, SRC조 등에 폭넓게 적용 가능하며, 스터드볼트 설치가 용이하며, 스페이서(spacer)가 불필요하다.

② 단점 : 전기, 설비 등 후속공정의 작업이 저하되며, 양중성능이 저하되고, 배력근의 별도배근이 필요하며, 경제성이 저하된다.

1.2 데크플레이트 시공순서

데크플레이트 시공은 철골공사보와 일반거푸집보 등 당초 설계에 따라 가장 적합한 데크플레이트를 선택한 후 발주하여 주문제작에 들어간다.

또는 철골업체가 일식으로 계약된 경우는 철골전문업체가 제작주문에 동참하여 현장에 반입하여 시공하는데 시공순서는 다음과 같다.

① 원자재(철판 및 철근)준비 ② 데크플레이트판 절곡 ③ 철근 취부 ④ 데크플레이트 생산 ⑤ 제품출하 ⑥ 현장반입 ⑦ 자재양중 ⑧ 적재적치 ⑨ 판개작업 ⑩ 철근배근 ⑪ 콘크리트타설의 순서로 진행된다.

1.3 데크플레이트 판깔기

데크플레이트는 철골보나 일반거푸집보 위에서 작업해야 하므로 항상 추락사고의 위험이 있다.

따라서 데크플레이트 숙련공이 공중에서 주의하여 판을 깔아야 하며, 철골보나 일반거푸집을 사용한 RC보 위에 견고하게 고정하는 작업을 해야 그 위로 작업자가 걸어다니면서 작업을 안전하게 할 수 있다.

데크플레이트 판깔기에서 주의할 점은 다음과 같다.

① 데크플레이트 부재의 조립 및 설치 과정에서 아연도강판의 도금층이 손상(긁힘, 찍힘 등)되지 않도록 한다.

② 데크플레이트 조립 후 부재가 강우로 젖을 경우 잘 건조한다.

③ 조립설치 과정에서 배관걸이와 전기박스 등을 위해 구멍을 낼 때는 주변 강판이 손상되지 않도록 한다. 특히 용접 부분은 아연도 도금 부분이 손상되므로 주의해야 하며, 손상된 경우는 부식방지 도장을 해주는 것이 바람직하다.

1.4 데크플레이트(Deck Plate) 시공 특성

현장에서 일반적으로 사용되는 데크플레이트별로 각각의 시공특성과 현장시공에 적용하는 방법은 다음과 같다.

(1) 골형 데크플레이트

철골공사의 바닥용 골형 데크플레이트는 지붕의 골함석처럼 골의 형태로 철판을 절곡하여 철골보 위에 데크플레이트를 깔고 철근을 배근하고 각종 배관(전기, 설비, 통신 등)을 하고, 또한 위아래 관통용 구멍을 뚫어 입상(수직배관) 배관 등을 설치하게 된다.

골형 데크플레이트의 시공특성은 다음과 같다.

① 주문과 제작은 대부분 기성제품이며 회사마다 특징이 있으므로 현장여건에 맞도록 설계되어 있는 제품을 발주하여 시공하면 된다.

② 골형 데크플레이트는 철근이 미리 배근되어 있지 않으므로 골형상으로 겹쳐 적재가 가능하므로 일정무게 만큼씩 다발로 묶어 대량운반이 가능하다.

③ 철근배근은 골형상에 따라 배근하므로 철근배근이 다소 까다롭고 철근고임재 스페이서가 필요하다. 이러한 철근배근의 번거로움과 철근배근의 생산성이 떨어지므로 공장에서 철근을 미리 부착하여 시공하는 철근트러스형 데크플레이트가 많이 사용되기도 한다.

④ 전기 및 설비용 슬리브(Sleeve : 일정 크기의 구멍) 설치 위치와 철근배근 부위와 서로 간섭되면 철근을 절단하고 보강해야 하므로 작업이 다소 번거롭다.

⑤ 인서트(Insert)용 행거(Hanger) 설치는 일반 콘크리트 슬래브에 매립 또는 세트앵커와 달리 데크플레이트 철판에 설치해야 하므로 별도의 행거볼트(Hanger Bolt) 시공이 필요하다.

⑥ 화재시 데크플레이트를 화재로부터 보호하기 위한 내화피복은 내화구조기준에 따라 달라지지만 슬래브 두께가 통상 100mm 미만시 필요하다.

⑦ 골형 데크플레이트는 철골공사발주 → 업체 선정 → 시공상세도(Shop Drawing) 작성 및 승인 → 제작 → 현장반입 → 양중 → 판깔기(절단 · 용접) → 철근배근 → 슬리브 설치 및 인서트 설치 → 콘크리트 타설의 순서로 시공된다.

(2) 철근트러스형 데크플레이트

바닥용 철근트러스형 데크플레이트는 골함석의 골 깊이(춤)가 거의 없고 단면 · 평면에 가까우며 철판 위에 철선과 철근을 조합하여 골의 깊이처럼 위로 용접(공장에서 자동용접)하여 단면계수를 높여 철골보 위에 설치한 후 작업도구나 사람이 다녀도 처지지 않고 그 형상을 유지하며 시공하는 방법이다.

철근트러스형 데크플레이트 시공특성은 다음과 같다.

① 주문 및 제작은 원래 설계도면에 표기한 대로 공장에서 제작하여 현장에 납품하게 된다.

② 양중 및 운반은 철판 위에 철선과 철근이 용접되어 부착되어 있어 부피가 큰 상태로 운반되기 때문에 차량 적재시 많은 양을 적재할 수 없으므로 양중 및 운반이 비교적 어렵다.

③ 철근배근은 절곡된 철판 위에 상 · 하부 철근을 용접하여 설치하므로 철근간격 및 피복두께가 균일하여 시공성이 좋고 철근고임재가 필요 없어 생산성이 향상된다.

④ 전기 · 설비용 슬리브 설치는 철근간섭으로 어려움이 있으며, 만약 철근을 절단하고 슬리브를 설치할 경우 보강하여 구조적으로 문제가 없도록 한다.

⑤ 인서트(Insert)용 행거(Hanger) 설치는 일반 콘크리트 슬래브에 매립 또는 세트앵커를 설치하는 방법과 달리 데크플레이트 철판에 설치해야 하므로 별도의 행거볼트(Hanger Bolt) 시공이 필요하다.

⑥ 화재시 데크플레이트 화재로부터 보호하기 위한 내화피복은 슬래브 두께에 따라 내화구조기준에 따라 달라지지만 통상 100mm 미만시 내화피복이 필요하다.

⑦ 철근트러스형 데크플레이트 시공순서는 골형 데크플레이트와 같다.

(3) 평형 데크플레이트

철골공사의 평형 데크플레이트는 골형과 철근트러스형과는 달리 데크플레이트판이 평형으로 제작되며, 일정간격으로 철판의 처짐을 방지하기 위한 철판의 깊이를 두어 절곡하는 형태의 데크플레이트 공법이다.

평형 데크플레이트의 시공특성은 다음과 같다.

① 주문 및 제작은 대부분 기성품으로 생산되어 현장여건에 맞도록 현장에 반입하여 설치하면 된다.

② 양중 및 운반은 철선과 철근은 없다 하더라도 단면형상으로 인해 많은 양을 적재할 수 없으므로 비교적 어렵다.

③ 철근배근은 현장에서 배근을 실시하므로 철근배근작업이 많으나 철근의 간격 및 슬래브 두께 등에는 치수의 적용이 자유로우며 철근 고임재가 필요하다.

④ 전기 · 설비용 슬리브 설치는 철판 상부가 평형이므로 비교적 용이하다.

⑤ 인서트용 행거볼트 설치와 내화피복은 다른 데크플레이트와 거의 유사하다.

⑥ 평형 데크플레이트 설치 시공순서는 기존 데크플레이트와 동일하다.

(4) 합성 데크플레이트

철골공사의 합성 데크플레이트는 골형 데크플레이트와 같이 철판을 골로 절곡하여 제작하는데 골형 데크플레이트와 다른 점은 데크플레이트의 단면구조 성능을 향상시키기 위하여 철판의 중간마다 별도의 절곡을 추가하여 제작한 공법이다.

합성 데크플레이트의 시공특성은 다음과 같다.

① 주문 및 제작은 시중에 나오는 기성제품으로서, 현장여건에 맞도록 현장에 반입하여 시공한다.

② 양중 · 운반은 골형상으로 동일하게 겹쳐 적재하므로 대량운반이 가능하다.

③ 철근배근은 하부는 철근으로 배근하지만 상부 철근은 대용으로 철근망(Wire Mesh)을 사용하므로 비교적 작업이 간단하며 철근망 시공을 위한 고임재가 필요하다.

④ 전기 · 설비용 슬리브 설치는 철근의 간섭은 적은 편이지만 평형 데크플레이트에 비해서는 다소 불리하다.

⑤ 인서트(Insert)용 행거(Hanger) 설치는 시공이 간단하다.

⑥ 내화피복은 내화기준 인증시 내화피복공사가 필요 없다.

⑦ 합성 데크플레이트는 철골공사발주 → 업체 선정 → 시공상세도(Shop Drawing) 작성 및 승인 → 제작 → 현장반입 → 양중 → 판깔기(절단 · 용접) → 와이어메시(Wire Mesh) 설치 → 슬리브 설치 및 인서트 설치 → 콘크리트 타설의 순서로 진행된다.

(5) 슬림데크(Slim Deck)

데크플레이트의 설치방법에 의해 분류되는 종류 중 하나로 아파트 등 층고 절감이 중요시되는 건물에 주로 사용되며, 현재 사용되는 데크플레이트 중 보를 포함한 구조체 두께를 가장 적게 할 수 있는 방법이다.

데크플레이트 설치에 맞도록 별도로 제작된 철골보의 하부 플랜지에 데크플레이트를 설치하고, 보의 상부 플랜지를 포함하여 슬래브 콘크리트를 타설하도록 고안된 것이다. 보의 유효깊이에 대한 제약으로 데크플레이트의 골높이가 높아지는 경우가 있으며, 이를 보완하기 위해 개발된 것이 세미슬림데크이다.

(6) 세미슬림데크(Semi Slim Deck)

구조체의 보 유효깊이가 큰 경우 보 하부 플랜지 위에 데크플레이트의 골높이를 높게 하여 설치하거나 보의 웨브 중간에 데크플레이트를 설치할 수 있도록 별도의 플랜지를 설치하는 방법이 있다.

두 번째 방법으로 시공하는 것을 세미슬림데크라 하며, 이를 설치하기 위한 데크플레이트는 폼데크 및 합성데크 모두 사용 가능하다.

국내의 경우 층고를 낮추기 위해 부분적으로 적용한 적은 있으나 본격적으로 사용된 경우는 사례가 적다.

1.5 합성데크 바닥구조

건축구조물의 바닥구조를 시공하는데 쓰이는 데크플레이트는 구조재와 거푸집으로 사용되는 두 가지 경우로 분류할 수 있다.

최근에는 철골공사뿐만 아니라 라멘조의 보 위에도 점차 사용량이 많아지고 있는 실정인데, 이는 목재거푸집 설치 후 해체, 거푸집 하부의 서포트 설치 등 여러 가지 공기 및 원가에 미치는 영향이 크기 때문이다.

합성 데크플레이트에 대한 개념 및 시공, 설계시의 유의사항은 다음과 같다.

1) 용어의 정의

(1) 합성데크 바닥

데크플레이트가 굳지 않은 상태의 콘크리트와 철근 및 시공하중을 지지하는 영구적인 거푸집 역할을 하며, 콘크리트 경화 후에는 합성슬래브의 인장보강근 역할을 한다.

(2) 비합성데크 바닥

데크플레이트가 굳지 않은 상태의 콘크리트와 철근 및 시공하중을 지지하는 영구적인 거푸집의 역할만을 하며, 콘크리트 경화 후에는 데크플레이트와 바닥 콘크리트가 합성작용을 하지 않기 때문에 건물 사용시 발생하는 모든 하중은 슬래브 콘크리트가 부담한다.

2) 합성데크 시공시 유의사항

(1) 합성데크 부재 선정

합성데크 바닥부재는 국가인정기관의 적절한 실험검증을 통하여 구조적으로 안정성을 확인받아야 한다.(확인사항 : 경간길이, 허용하중, 내화성능, Topping 콘크리트 두께 등)

(2) 캔틸레버 형식의 돌출

데크플레이트가 캔틸레버처럼 골방향으로 돌출된 경우 내부경간의 구조재에 연속시켜야 하며, 지지 부위에서의 부(−)모멘트 처리에도 주의하여야 한다.

데크플레이트가 폭방향으로 돌출되는 것은 허용되지 않는다.

(3) 슬래브 배근

구조안정성만으로는 무근콘크리트로도 시공이 가능하나 지지 부위의 부(−)휨모멘트 및 건조수축에 의한 균열은 바닥의 강성저하와 진동장해의 원인이 되므로 보통 용접철망을 배근하고 타설한다.

(4) 데크플레이트 설치

데크플레이트를 골방향으로 설치할 때 보에 걸치는 치수는 50㎜ 이상으로 한다.

데크플레이트를 폭방향으로 설치할 때 보에 걸치는 치수는 30㎜ 이상으로 하고, 폭조절용 플레이트를 이용하는 경우는 50㎜ 이상을 원칙으로 한다.

데크플레이트가 중첩되는 부분을 이용한 폭방향의 조정은 합성 효과 측면에서 불리하므로 금지되어 있다.

데크플레이트는 다른 건설자재와 비교하여 미끄러지기 쉽고 발을 헛디딜 위험성이 있으며, 특히 돌풍 등에 의해 날리는 등의 위험에 대해서도 고려해야 한다.

3) 합성데크 설계시 유의사항

콘크리트 타설 시의 하중은 데크플레이트, 철근, 콘크리트 등의 고정하중 외에 시공상황에 맞추어 적절한 시공하중(150kgf/㎡)을 고려한다.

합성데크 시공시의 하중은 데크플레이트만으로 지지한다고 가정한다.

콘크리트의 자중은 데크플레이트에 의해 지지되므로 합성슬래브에 작용하는 하중은 콘크리트 경화 후에 시공되는 마감재 하중과 활하중이다.

합성 슬래브는 지지점간의 경간을 단순지지보로 보고 전체하중에 대한 휨모멘트를 산출하여 데크플레이트에 발생하는 최대인장응력도 및 콘크리트 상부연단의 최대압축응력도가 장기허용응력도를 초과하지 않으며, 처짐이 허용범위 내에 들도록 함으로써 구조적인 안전성을 확보한다.

데크플레이트가 인접경간에 연속해 있을 때는 연속지지단으로 설계하며, 발생한 부(−)모멘트에 대해서는 철근콘크리트 슬래브 구조설계방법에 따라 부(−)모멘트에 해당하는 철근을 보강하여 배근한다.

최소철근비는 데크플레이트면 위 Topping 콘크리트 단면의 0.2% 이상이고, 철근 및 용접철망의 최소직경은 6mm이다. 또한 철근 및 용접철망의 최대간격은 150mm이다.

내화피복을 하지 않는 합성데크는 국가인정기관에 의해 내화구조로 지정받은 것을 사용해야 하며, Topping 콘크리트의 두께는 최소 80mm 이상이어야 한다.

1.6 데크플레이트 및 바닥슬래브와 보의 접합

1) 데크플레이이트와 철골보의 접합부

- 데크플레이트는 두께 0.5~0.7mm의 철판을 절곡하여 철골보에 취부하는 것으로 철골보의 플랜지 위에 작업하중 및 콘크리트하중을 충분히 견딜 수 있도록 용접해야 한다.
- 철골보 플랜지 위에 50mm 이상 겹쳐서 용접해야 하며, 태그(Tag) 용접할 경우 너무 전류가 센 용접을 할 경우 데크플레이트판에 구멍이 발생하여 견고하게 용접이 안되는 경우가 있으므로 주의를 요한다.
- 데크플레이트를 가용접(데크플레이트가 날아가거나 떨어지지 않게 하는 임시 용접)을 한 상태에서 보행하다가 추락하거나 데크플레이트에 올려놓은 작업도구가 추락하는 경우도 있으므로 주의해야 한다.

2) 데크플레이트와 RC보의 접합부

- 데크플레이트는 RC보의 상단 옆 거푸집에 아연못으로 고정시켜 데크플레이트의 들뜸, 이동방지 및 수평유지 등의 역할을 하도록 한다.
- 데크플레이트와 보 옆 거푸집이 접하는 부분은 콘크리트 타설 전에 아연도금층의 파손과 시멘트페이스트의 누출을 방지하기 위해 보 옆 거푸집 상단면에 패드를 설치하여 틈새를 막는다.
- 보 옆면 거푸집을 해체한 후에 돌출된 못은 제거하고 보수한다.
- 데크플레이트와 RC보의 접합부에 시공할 경우는 철골보 위에 시공하는 것보다 보의 흔들림이나 데크플레이트의 낙하위험이 더 크므로 RC보가 움직이지 않고 흔들리지 않게 견고하게 설치한 후에 데크플레이트를 시공해야 한다.

2 스터드(Stud) 시공과 검사

2.1 스터드 볼트 개요

Shear Connector라고 하며, 철골보나 기둥에서 철골과 콘크리트를 일체화시키기 위해 사용하는 철물이다.

그림 8.1 데크바닥과 철골보의 결합을 위한 스터드 볼트

그림 8.2 철골빔(Beam) 측면에 설치한 스터드 볼트

그림 8.3 스터드 볼트와 배력근의 결합

그림 8.4 데크플레이트 단부의 구성 요소

콘크리트 스토퍼(stopper) + 커튼월용 매립 앵커 + F.C.U(Fan Coil Unit)용 배관 + 전기배관 + 인서트 매립 + 안전난간대용 지지대

2.2 스터드 볼트 시공

1) 시공준비

① 재료의 보관은 통기성이 좋은 곳을 마련하여 부식이 되지 않고, 습기가 없도록 한다.

② 용접면의 도료, 녹, Mill Scale은 용접 전에 반드시 제거한다.

③ 바람은 별 상관이 없으나 습기가 많은 날이나 우천시에는 용접을 금지한다.

2) 시공순서

① 스터드 베이스를 모재에 누른다.

② 전류를 흐르게 하면서 스터드를 끌어올려 파일럿 아크(Arc)를 발생시킨다.

③ 대전류를 흘려 강한 아크를 발생시키며 밀어 넣는다.

2.3 스터드 용접검사

1) 표본 추출

100개 또는 주요부재 1개에 용접한 숫자 중 작은 쪽을 단위검사로트(Lot)로 하여 각각의 검사로트마다 1개씩 검사한다.

2) 용접검사

마무리 및 기울기 검사는 타격 구부림 검사를 15°까지 해머로 구부려 용접부의 결함이 발생하지 않으면 합격한 것으로 처리한다.

3) 불합격처리

① 추가검사 : 동일 로트로부터 2개를 추가 검사한다.

② 불합격처리 : 추가 2개의 검사 결과 모두 합격한 경우는 그 검사 로트를 합격한 것으로 간주한다. 추가분에서 1개 이상이 불량인 경우는 해당 로트에 대해 전수검사를 실시한다.

4) 용접부의 보수

① 50～100mm의 인접부에 스터드를 다시 설치하여 용접한다.

② 인접부에 용접할 수 없는 경우 또는 결함이 모재에 파급되어 있는 경우는 불합격

스터드를 제거하고 모재표면을 보수 용접한 후 갈아서 마감하고 재용접한다.

③ 타격구부림 검사 시 15°까지 구부러진 스터드 중 결함이 발생하지 않은 것은 그대로 둔다.

제9장

방청도장 및 내화피복

09 방청도장 및 내화피복

1 방청도장

1.1 부식과 방식

부식(腐蝕, Corrosion)이란 금속(또는 합금)과 주위환경 사이의 화학적 반응으로 인해 야기되는 결과를 말하며, 일반적으로 금속은 광물로부터 추출하여 만들어지는데, 부식은 그 금속을 이전의 광물과 똑같은 또는 유사한 화합물로 되돌려 놓는 역할을 한다.

미국, 영국 등에서 연간 부식으로 인한 경제적 손실액이 무려 GNP의 3~5%에 이른다는 통계자료를 발표한 적이 있는데, 이렇듯 부식은 우리의 생활과 광범위하고도 밀접하게 연관되어 있는, 결코 간과할 수 없는 자연현상의 일종이다.

강재의 대기중에서 부식인자로는 습도, 온도, 강우량, 일조, 오염물질(해염 입자, 아황산가스 등) 등이 있으며, 이에 따라 부식속도가 결정된다. 녹은 물과 산소에 의해 발생하므로 습도는 부식의 직접적인 요인이며 큰 영향을 미친다. 일반적으로 습도가 60% 이상이 되면 철의 노출면에 녹이 발생하기 시작하며, 기온이 높을수록 화학반응속도도 높아져 부식속도가 빨라지게 된다. 공기중에 날아드는 해수의 미립자는 금속면에 부착하여 부동태피막을 파괴하고 녹 발생 및 부식을 촉진한다. 아황산가스는 공기중의 산소와 물과 반응하여 황산이 되어 부식에 매우 강한 촉진재가 된다. 일조와 오염물질은 도막의 열화진행의 큰 인자이다. 이처럼 부식인자의 영향이 큰 환경에서의 건축물 특히 철골구조물의 부식은 심각한 위험을 초래할 수 있음을 간과해서는 안 된다. 강교량 손상의 약 절반이 부식과 관련되어 있으며, 이러한 예는 1994년과 1996년에 있었던, 건설된 지 불과 15년 밖에 되지 않은 성수대교의 붕괴사고와 당산철교 철거사건을 들 수 있다.

흑녹은 압연이나 열가공시 생긴 두터운 산화물층으로 일명 흑피(밀스케일)라 하며, 적녹은 표면에 결로되어 생기는 것으로 일반적인 녹을 말한다.

이러한 철골구조물에서의 부식을 방지하고 억제하기 위해 일반적으로 방청도장을 실시하는데 본 서에서는 이에 대해 살펴보기로 한다.

표 9.1 강재의 부식속도

(단위 : mm/년)

환경조건에 따른 부식			Morley에 의한 분류	
해안	만수위 상부	0.3	보통 바닷물	0.08
	만수위와 해저지표면 사이	0.1~0.3	바닷물이 튀는 지역	0.1~0.25
	바다 밑의 뻘 속	0.03	담수	0.05
내륙	육상의 대기 중	0.1	영국산업지역의 대기	0.1~0.2
	지하수위면 위의 흙 속	0.03	교란되지 않은 흙 속	무시
	지하수위면 아래 흙 속	0.02	교란된 흙 속	0.01~0.08

1.2 철골 방청도장 시공

1) 도료의 종류 및 도장 방법

도료는 수지(Resin), 첨가제(Additive), 용제(Solvent), 안료(Pigment)로 구성되어 있으며, 설계도서, 도료의 물성특성 및 현장여건을 고려하여 적절한 도료를 선택하는 것이 가장 중요하다. 도료의 분류기준은 매우 많지만 사용목적 및 성능별로 구분하면 방청도료, 방염도료, 내화도료, 방균도료, 결로방지용 도료, 반사도료, 발수도료, 방수도료 등으로 구분할 수 있으며, 도장공정별로 보면, 프라이머용(초벌바름용), 재벌바름용, 정벌바름용, 퍼티로 구분할 수 있다. 그 중 녹방지를 위한 철골도장의 KS규격은 표와 같다.

도장방법으로는 붓, 롤러, Air Spray, Air-less Spray, 정전 분체 도장, 전착도장 등이 있다.

표 9.2 방청페인트의 종류

규격 번호	규격명	종류	종 명
KS M 6030	방청 도료	1종	광명단조합 페인트
		2종	크롬산아연방청 페인트
		3종	아연분말 프라이머
		4종	에칭 프라이머
		5종	광명단 크롬산아연방청 프라이머
		6종	타르 에폭시수지 도료

2) 방청도장 시공계획

방청도장은 공장에서 도장재료 입고→표면처리→검사→도장→건조→검사→출하의 과정을 거쳐 현장으로 반입된다. 도장검사 불합격 부재는 수정 후 재검사를 실시하여야 한다.

(a) 표면처리작업 (b) 도장작업 (c) 도막검사

사진 9.1 도장작업

강재의 방청도장은 장기간의 방청효과를 유지할 목적으로 수행하는 경우와 공사 중 녹 등에 의한 오염을 방지할 목적으로 수행하는 경우로 나눌 수 있다. 내화피복재가 박락할 우려가 있기 때문에 방청을 하지 않는 것이 보통이지만 도장할 경우는 내화피복과의 부착성을 고려하여야 한다. 녹 발생이 구조물에 영향을 끼치지 않을 경우에는 방청처리를 생략할 수 있으며, 철골 세우기부터 내화피복까지의 기간이 길면 들뜬 녹이 발생하므로 내화피복 전에 제거하여야 한다.

표 9.3 도장 적용 기준(예)

도장구분		표면처리	1회 도장	2회 도장	3회 도장	두께(mm)
외부 노출 강재	공장도장	SP-10	무기질 아연분말 프라이머	에폭시 페인트	불소수지 페인트	75/100/50
	보수도장	SP-3	알루미늄 에폭시 매스틱 프라이머	에폭시 페인트	불소수지 페인트	75/100/50
내부 노출 강재	공장도장	SP-10	무기질 아연분말 프라이머	에폭시 페인트	-	75/100
	보수도장	SP-3	알루미늄 에폭시 매스틱 프라이머	에폭시 페인트	-	75/100

* 보수도장은 현장용접 및 볼트이음부, 공장도장 훼손 부위 적용함

3) 전처리작업(표면처리)

금속의 표면에는 대체로 적녹이나 흑피(밀스케일), 가공시의 기계유 등 이물질이 묻어 있으며, 이러한 오염물 위에 도장했을 경우, 도장한 도막의 접착력이 불량해지며 녹이 도막표면을 뚫고 나와 결국 탈락의 원인이 되는 경우가 많다. 도막의 수명은 표면처리가 좌우하므로 적절한 표면처리 방법으로 철저하게 이루어져야 한다. 이러한 녹방지 도장의 전처리과정으로 연삭재를 피도면에 분사시켜 철 표면의 이물질을 제거함과 동시에 거친 표면을 형성시켜 도료의 부착력을 향상시키는 기계적 처리법으로는 분사 입자의 종류에 따라 쇼트 블라스트(Shot Blast ; 구형입자), 그리트 블라스트(Grit Blast ; 입자가 예리한 각을 이룸), 샌드 블라스트(Sand Blast ; 천사, 규사 등의 모래) 등이 있다.

사진 9.3 샌드 블라스트(처리 후)

사진 9.2 샌드 블라스트(처리 전)

4) 방청도장 시공

(1) 도장시공 제한

도장은 날씨가 좋은 날을 택하고, 바탕면이 충분히 건조된 상태에서 작업하여야 한다. 동절기 작업은 도료의 특성을 고려하여 도료 제조원의 지침을 따른다. 도장작업이 금지되는 경우는 다음과 같다.

① 기온이 5℃ 미만이거나 습도가 85% 초과 시

② 눈이나 비가 올 때 또는 도장 건조 전에 그럴 우려가 있을 때
(다만, 재료, 제조업자의 시방서에 별도로 표시한 경우에는 예외로 한다.)

③ 강설우, 강풍, 지나친 통풍, 도장할 장소의 더러움 등으로 인하여 물방울, 들뜨기, 흙먼지 등이 도막에 부착되기 쉬울 때

④ 강재 표면이 노점온도 이하로 되어 젖어 있거나 그럴 우려가 있을 때
⑤ 강재 표면의 온도가 높아 도료에 기포가 발생할 우려가 있을 경우
⑥ 기타 감독원이 부적당하다고 인정할 때

(2) 방청도장에 관한 제한 사항

① 현장용접부분 및 인접하는 양측 100mm 이내
② 고력볼트 마찰 접합부의 마찰면
③ 콘크리트에 밀착 또는 매입되는 부분
④ 기계깎기 마무리한 부분
⑤ 조립에 의해 서로 밀착되는 면
⑥ 폐쇄형 단면을 한 부재의 밀폐된 내면

사진 9.4 공장도장(광명단 페인트)

사진 9.5 공장도장(광명단 페인트)

사진 9.6 SRC 기둥 시공

사진 9.7 철골보 및 데크 설치 전경

사진 9.8 SRC 기둥 철골 녹제거

사진 9.9 공장도장 자재 현장 입고
(하도 : 징크 프라이머)

사진은 공장에서 광명단 페인트를 시공한 강재의 현장입고 상태를 보여준다. 접합부 부분과 SRC 기둥에 매립되는 철골기둥은 보양하여 방청도장을 하지 않으며, 콘크리트 타설 전 철골기둥의 상태를 관찰하여 필요한 경우, 화학적인 방법으로 녹이나 이물질을 제거할 수 있다.

2 내화피복

2.1 내화피복 계획

1) 내화구조의 성능기준

철골은 화재로 인해 온도가 상승하면 강도나 강성이 저하되어 자립할 수 없다. 따라서 철골구조물에 대해서는 재실자의 피난 및 소방관의 소방활동에 필요한 일정한 시간 동안 철골의(수정) 온도가 상승하지 않도록 철골재에 내화피복을 실시하도록 건축법에서 규정하고 있다. 일반적으로 1시간 내화, 2시간 내화 등으로 내화성능을 규정하고 있으며, 층수 및 구조 부위에 따라 내화시간이 정해져 있다.

표 9.4 내화구조의 성능기준

국토해양부 고시 제2008-154호 (단위 : 시간)

용도구분		용도 규모 층수/최고높이(m)		벽 - 외벽 - 내력벽	벽 - 외벽 - 비내력 - 연소 우려가 있는 부분	벽 - 외벽 - 비내력 - 연소 우려가 없는 부분	벽 - 내벽 - 내력벽	벽 - 내벽 - 비내력 - 칸막이벽	벽 - 내벽 - 비내력 - 샤프트실 구획벽	보·기둥	바닥	지붕
일반시설	업무시설, 판매 및 영업시설, 공공용시설중 군사시설·방송국·발전소·전신전화국·촬영소, 기타 이와 유사한 것, 통신용시설, 관광휴게시설, 운동시설, 문화 및 집회시설, 제1종 및 제2종근린생활시설,위락시설, 묘지관련시설 중 화장장, 교육연구 및 복지시설, 자동차관련시설(정비공장 제외)	12/50	초과	3	1	1/2	3	2	2	3	2	1
			이하	2	1	1/2	2	1 1/2	1 1/2	2	2	1/2
		4/20	이하	1	1	1/2	1	1	1	1	1	1/2
주거시설	단독주택 중 다중주택·다가구주택·공관, 공동주택, 숙박시설, 의료시설	12/50	초과	2	1	1/2	2	2	2	3	2	1
			이하	2	1	1/2	2	1	1	2	2	1/2
		4/20	이하	1	1	1/2	1	1	1	1	1	1/2
산업시설	공장, 창고시설, 분뇨 및 쓰레기처리시설, 자동차관련시설 중 정비공장, 위험물저장 및 처리시설	12/50	초과	2	1 1/2	1/2	2	1 1/2	1 1/2	3	2	1
			이하	2	1	1/2	2	1	1	2	2	1/2
		4/20	이하	1	1	1/2	1	1	1	1	1	1/2

2) 내화피복의 역할

강재의 경우 300도를 넘으면 인장강도는 급격히 저하하여 500도에서 상온의 50%가 된다. 항복점은 가열온도의 상승과 동시에 서서히 저하되어 상온에 대하여 350도에서 75%, 500도에서 30%가 된다.

강재의 약점인 고온시의 강도저하는 화재 후 냉각과정에서 원상태로 거의 복원되므로 화재시의 가열에 의한 구조강도의 일시적인 저하를 무사히 넘길 수 있다면 강구조는 철근콘크리트보다 훨씬 효과적으로 화재 후의 재사용이 가능하다. 따라서 내화피복의 역할은 화재시의 고온에 의하여 생기는 구조부재의 주요강재 부분의 온도상승을 일정한 한도 이하로 억제하여 부재내력 저하를 제한하는데 있으며, 그림 9.1에서 보는 바와 같이 공학적인 성능기반 내화설계를 통해 화재시 실의 정확한 온도를 파악한다면, 표준화재에 비해 강재의 온도는 일정시간이 지난 후 지속적으로 감하기 때문에 내화피복을 줄일 수 있다.

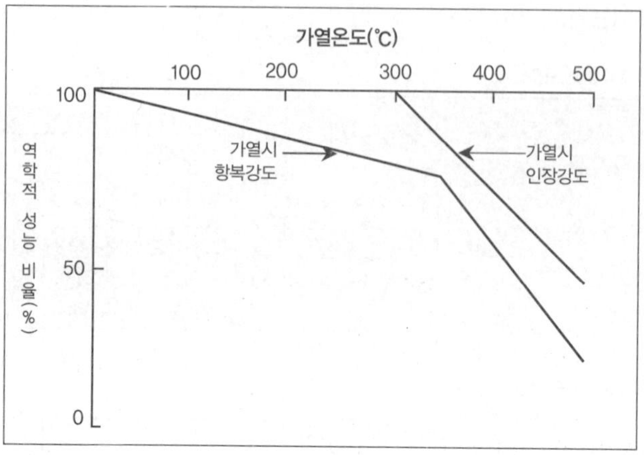

그림 9.1 강재의 온도와 성능

3) 내화피복에 필요한 성능

(1) 내화성능(1시간)

단순지지되어 있는 부재가 표준적인 보통 화재시의 열에 대하여 몇 시간 이상을 견딜 수 있는가를 표시한 것으로 가열로에서의 내화시험 결과를 나타내며, 구조부재로서 몇 시간의 화재로 파괴되는가를 의미하는 것은 아니다.

실제의 화재성상은 건물의 여러 가지 조건에 의하여 크게 변하며, 내화시험에서 생각하고 있는 표준적인 화재성상과는 상당히 큰 차이가 생길 수 있다.

현재의 내화성능 요건은 내화구조에 관한 규정의 범위 내에서 내화구조의 화재 시 안전성을 확보하기 위한 편의적인 것으로, 이를 각 부재의 실제 내화성능으로 생각해서는 안 되며, 더욱이 건축물의 내화성능으로 보는 것은 잘못된 것이다.

(2) 내화피복은 가장 필요한 내화성을 가져야 하며, 이밖에 건축물의 일부로서 요구되는 성능(예, 경량, 강도, 인성, 내구성 등) 등으로 고려할 필요가 있다.

(3) 내화피복의 공사비는 전체 건축공사비의 2~4%이나 건축물이 고층화 · 대형화하면 막대한 금액이 된다. 따라서 내화피복재료의 운반방법에서 시공성, 시공능률과 시공관리상의 문제점까지 검토하여 경제성을 종합적으로 고려하여 내화피복재료와 공법을 선택해야 한다.

4) 내화피복공법의 종류

내화피복공법 적용시 시험성적서의 유효기간을 필히 확인한 후 시공하여야 한다. 대표적인 시공방법으로는 다음과 같으며, 이 중 뿜칠에 의한 시공방법이 널리 사용되고 있다.

① 내화뿜칠
② 내화도료
③ 내화보드

2.2 내화피복 뿜칠공법

1) 개요

내화뿜칠의 재료는 석고나 시멘트계 결합재에 질석, 펄라이트 등의 재료를 혼합하여 뿜칠을 한다. 시공이 비교적 간편하고 3시간 내화구조까지 가능하며 가격이 저렴하여 가장 많이 사용되고 있다.

시공시 철골 모서리 부분의 두께를 충분히 확보해야 하며, 두께, 밀도 및 부착력 테스트를 실시하여 시공품질을 확보해야 한다.

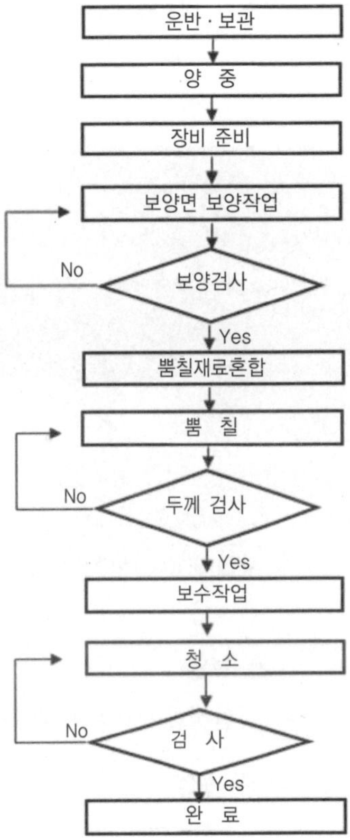

그림 9.2 내화피복 시공 순서도

표 9.5 내화피복재 인력투입 계획 (시공 예)

구 분	인 원	비 고
기 공	1	뿜칠공
믹서공	1	자재 믹싱
보조공	1(2)*	

* 장비 1SET당 투입인원임.

품명	두께	수량	1일 투입인	1일 시공	작업소요인	작업소요일	비고
내화피복	T=35	36,111㎡	3명	200㎡	525인	181일	1대기준
내화피복	T=35	36,111㎡	6명	400㎡	525인	93일	2대기준

표 9.6 내화피복재 장비투입 계획(시공 예)

장비명	규 격	비 고
뿜칠기	2140 × 700 × 520	내화피복 시공용
믹서기	1900 × 750 × 950	내화피복 시공용
물백	20드럼(400L)	자재 배합용(장비 2대당 1EA)

사진 9.10 내화뿜칠 전 보양

사진 9.11 내화뿜칠 실시 후

2) 보양

선시공된 작업 중 보호·유지가 필요한 부분을 대상으로 보양작업을 수행한다.

(1) 보양 대상

① 외부보양

커튼월이 완료된 층을 시공할 때는 커튼월이 훼손·오염되지 않도록 견고히 천막을 이용하여 보양한 후 시공한다.

커튼월이 완료되지 않은 층을 시공할 때는 외부에 분진이 비산되지 않도록 보양천막을 이용하여 층간 사이를 견고히 보양하고, 시공에 임한다.

② 내부보양

내화피복과 간섭이 되는 설비배관 및 전기배관이 선시공되었을 경우는 보양비닐 및 테이프를 이용하여 보양을 완료한 후 시공하도록 한다.

내부코어 부위와 접하는 철골면을 시공시에도 뿜칠재가 튀지 않도록 주의하여 시공에 임한다. 슬리브(데크)면 시공시에는 슬리브면을 커버링비닐 및 테이프를 이용하여 보양한 후 시공하여 면처리되도록 한다.

(2) 보양방법

작업 전 보양대상이 되는 대상물을 비닐 등으로 감싸거나 덮은 뒤 청테이프를 사용하여 고정하며, 작업 후 보양자재의 파손 등으로 대상물이 제대로 보양되지 않는 경우는 청소하여 제거한다.

보양자재는 작업 후 수거하여 재활용 가능하면 재활용하고 손상이 심할 경우 폐기처리한다.

사진 9.12 내부보양(데크)

사진 9.13 외부보양(커튼월)

사진 9.14 내화뿜칠 작업 전경

사진 9.15 내화뿜칠 작업 전경

커튼월 주변의 기둥, 보 및 커튼박스 등 외벽을 설치한 후 내화피복을 시공할 수 없는 구간은 미리 검토하여 선시공함으로써 시공품질을 확보함은 물론 공정간 간섭을 피할 수 있다(그림 참조).

사진 9.16 내화뿜칠 선시공

사진 9.17 내화뿜칠 선시공

3) 현장품질 관리

(1) 현장품질확인의 시기 및 내용

내화구조시공의 경우, 그 공정에 따라 초기, 중간, 완료시점에 품질검사 체크리스트에 따른 품질확인을 하여야 한다.

① 초기검사 : 내화구조공사 착공 전 준비
(사용재료 및 장비 등 확인, 인정내용 숙지 및 검토 등)

② 중간검사 : 내화구조 시공 50% 시점에서 시공 및 양생 상태 확인

③ 완료검사 : 내화구조 시공 완료 시점에서 시공물량, 시공상태 등 확인

④ 재 검 사 : 재시공 및 보완작업 후 적정 여부 확인

(2) 현장품질 확인 체크리스트

철골내화피복재의 품질관리 및 검사는 내화구조 현장감리 체크리스트에 따른다. 불합격의 경우는 덧뿜칠 또는 재시공에 의하여 보수한다.

① 외관 : 육안으로 색깔, 표면상태, 균열, 박리 등을 검사한다.

② 두께 : 부위 · 성능별로 측정개소는 매 층마다 좌우 5m 간격으로 하여 10개소 이상을 측정하여 그 평균두께는 체크리스트에 기재하고 내화구조 인정두께 이상의 두께를 내어야 한다.

③ 밀도 : 부위 · 성능별로 측정개소는 매층마다 1개소 이상을 측정한다.

④ 부착강도 : 부위 · 성능별로 측정개소는 매층마다 1개소 이상에 중간검사시에 일정 부위에 시험편을 부착하여 완료검사 시에 검사한다.

⑤ 배합비는 원재료, 시멘트 및 물 배합시 매층마다 1회 이상을 확인한다.

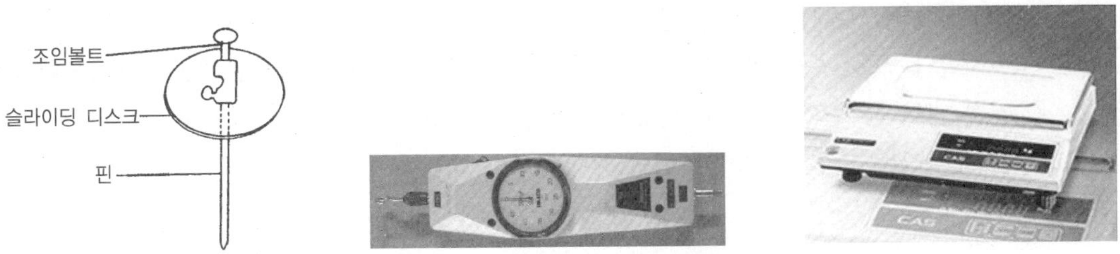

(a) 두께측정용 게이지 (b) 스프링 저울 (c) 전자저울

사진 9.18 내화뿜칠 품질 확인 기기

사진 9.19 밀도측정을 위한 시료 채취

사진 9.20 뿜칠시료의 밀도측정

사진 9.21 부착강도 측정을 위한 세팅

사진 9.22 부착강도 측정

내화뿜칠 작업 중 분진발생 등을 방지하고 선시공된 부분의 보호를 위해 외부보양을 실시한다. 또한 주의해야 할 것은 뿜칠작업에 의해 발생되는 소음문제이다. 이를 위해서 건물 내부 뿜칠 작업 시 대지 밖에서 소음을 측정하여 민원에 대비하고, 소음이 기준치를 초과하는 경우 적절한 조치를 수행하여야 한다.

사진 9.23 건물 내부 뿜칠작업

사진 9.24 대지 밖에서의 소음 측정

표 9.7 내화구조 현장감리 체크리스트

<table>
<tr><th colspan="10">철골내화뿜칠재 현장체크리스트</th></tr>
<tr><td colspan="2">① 현 장 명</td><td colspan="3"></td><td>④ 상 품 명</td><td colspan="4"></td></tr>
<tr><td colspan="2">② 측정부위</td><td colspan="3"></td><td>⑤ 검사시기</td><td colspan="4">초기, 중기, 완료</td></tr>
<tr><td colspan="2">③ 시 공 자</td><td colspan="3"></td><td>⑥ 검사일자</td><td colspan="4"></td></tr>
<tr><td colspan="2" rowspan="2">검사부위 / 검사항목</td><td colspan="2">층</td><td colspan="2">층</td><td colspan="2">층</td><td colspan="2">층</td></tr>
<tr><td>보</td><td>기둥</td><td>보</td><td>기둥</td><td>보</td><td>기둥</td><td>보</td><td>기둥</td></tr>
<tr><td rowspan="2">두께</td><td>기 준</td><td></td><td></td><td></td><td></td><td></td><td></td><td></td><td></td></tr>
<tr><td>결 과</td><td></td><td></td><td></td><td></td><td></td><td></td><td></td><td></td></tr>
<tr><td rowspan="2">밀도</td><td>기 준</td><td></td><td></td><td></td><td></td><td></td><td></td><td></td><td></td></tr>
<tr><td>결 과</td><td></td><td></td><td></td><td></td><td></td><td></td><td></td><td></td></tr>
<tr><td rowspan="2">부착력</td><td>기 준</td><td></td><td></td><td></td><td></td><td></td><td></td><td></td><td></td></tr>
<tr><td>결 과</td><td></td><td></td><td></td><td></td><td></td><td></td><td></td><td></td></tr>
<tr><td rowspan="2">배합비</td><td>기 준</td><td></td><td></td><td></td><td></td><td></td><td></td><td></td><td></td></tr>
<tr><td>결 과</td><td></td><td></td><td></td><td></td><td></td><td></td><td></td><td></td></tr>
<tr><td rowspan="2">외관</td><td>기 준</td><td></td><td></td><td></td><td></td><td></td><td></td><td></td><td></td></tr>
<tr><td>결 과</td><td></td><td></td><td></td><td></td><td></td><td></td><td></td><td></td></tr>
<tr><td colspan="2" rowspan="3">적정 시공성</td><td colspan="3">단위면적당 소요량</td><td colspan="5">kg/㎡</td></tr>
<tr><td colspan="3">총 공 사 량</td><td colspan="5">㎡</td></tr>
<tr><td colspan="3">공 급 물 량</td><td colspan="5">Ton</td></tr>
<tr><td colspan="2">제품 포장상태</td><td colspan="8"></td></tr>
<tr><td colspan="2">제품 생산일자</td><td colspan="8"></td></tr>
<tr><td colspan="2">⑦ 확인결과의견</td><td colspan="8">년 월 일 감리자 (인)</td></tr>
</table>

2.3 내화페인트

1) 내화페인트의 특성

내화도장한 표면이 일정온도가 되면 도막 두께(1~7mm)의 약 70~80배 정도로 발포·팽창하여 단열층을 형성한다. 이 단열층은 화재열이 철골강재에 전달되는 것을 일정시간 동안 차단하거나 지연시켜 철구조물의 붕괴를 방지하여 인명구조와 화재진압 시간을 확보하게 한다.

내화도료는 두께가 얇아서 사용성과 시공성이 좋으나 국내에서는 아직 3시간 이상의 내화성능을 인증받은 제품이 없어, 1~2시간 내화구조에 제한적으로 사용되고 있다.

내화도료는 초벌-재벌-정벌의 3단계로 칠하며, 초벌은 주로 방청도료, 재벌은 내화도료, 정벌은 외부마감용 도료를 적용한다.

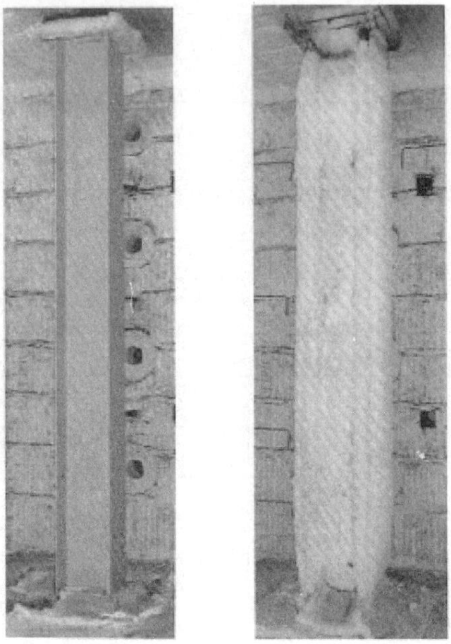

(a) 내화시험 전　(b) 시험 후

그림 9.3 내화시험

표 9.8 도장 적용 기준(예)

도장구분		표면처리	1회 도장	2회 도장	3회 도장	두께(mm)
내화도장	공장도장	SP-10	KS M 6030-1종 방청하도	FIREMASK SQ-2400 3	우레탄페인트 (UT6581)	50/150/50
	현장도장	SP-3	무기질 아연분말 프라이머	FIREMASK SQ-2400 / FIREMASK SQ-2400 3	우레탄페인트 (UT6581)	75/100/150/50

* 내화도장은 기둥(보 밑까지)에 적용함.

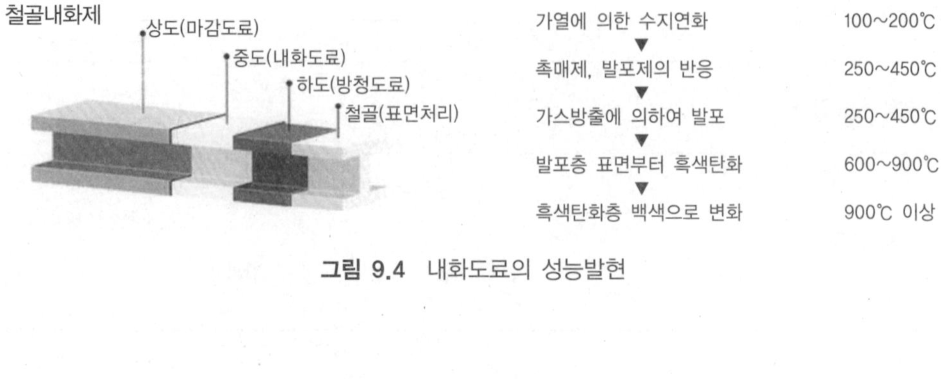

그림 9.4 내화도료의 성능발현

제10장

신기술 및 복합화공법

10 신기술 및 복합화공법

1 N공법

1.1 공법 개요

1) N공법 개발 배경

철골공사는 전체공사기간에 많은 영향을 미치는 공종으로서, 철골부재간의 접합작업은 전체공사 진행에 있어서 중요한 요소가 되며 또한 공중에서 이루어지기 때문에 안전사고가 빈번히 발생한다. 종래에는 철골 기초 위에 2~3개 층 높이 정도의 철골기둥 1절을 크레인으로 양중하여 설치한 후 빔 및 거더를 접합하여 1절의 철골골조를 완성하고, 그 위에 철골기둥을 다시 세워 빔 및 거더를 접합하는 과정을 반복하여 전체의 철골골조를 완성하게 된다. 이러한 종래의 철골시공 방법은 철골기둥의 이음 위치가 동일한 레벨에 위치함으로써 이음작업시 용접사를 일시에 동원해야 하기 때문에 인력을 효율적으로 운용하기 어려운 문제가 발생하며, 또한 빔 및 거더를 설치하기 위해 작업자가 공중에서 작업하게 되어 안전사고의 위험이 상존한다.

이와 같은 문제점을 해결하기 위하여 종래의 시공방법을 개선한 N공법이 개발되었다.

2) N공법 개념

N공법은 인접하는 철골기둥의 1절을 길이가 서로 다른 것으로 설치하여 철골기둥의 이음 위치가 동일 레벨이 되지 않도록 함으로써 철골기둥의 이음용접 작업을 분산하도록 구축한 철골구조물 시공방법이다.

또한, 한 개층 단위로 데크를 포함한 철골공사를 수행함으로써 4m 이상의 고소작업을 배제하여 초고층건물의 시공상 안전을 확보할 수 있도록 하였으며, 철골기둥의 이음 위치를 층별로 달리함으로써 후속공정의 조기착수가 가능하도록 함으로써 전체공사의 공기단축이 가능한 철골구조물 시공방법이다.

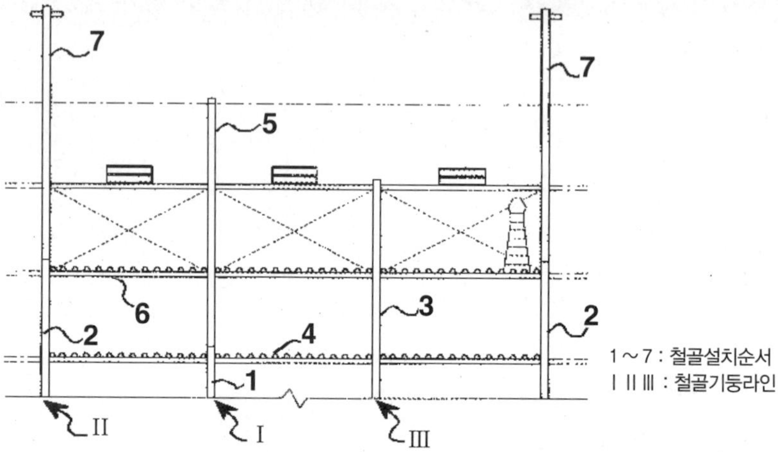

그림 10.1 N공법 개념도

1.2 N공법 시공

1) 시공계획

(1) Zoning계획

층당 철골부재 수량, 크레인 장비사용 및 양중시간 등을 검토하여 층당 Cycle Time에 적합한 구역으로 세분화하여 조닝을 계획한다.

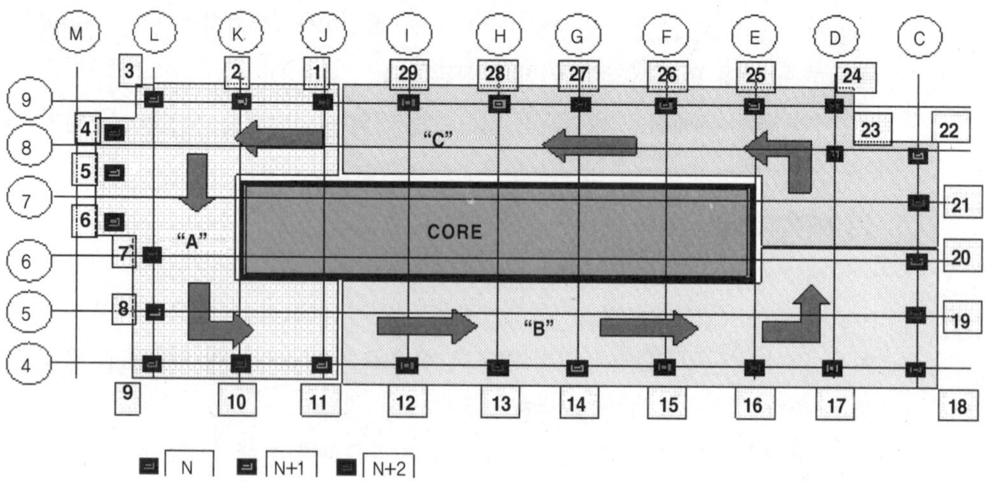

그림 10.2 Zoning 계획도

(2) 철골기둥 분절계획

① 공법개념에 따라 본공법을 적용할 레벨부터 철골기둥별 이음 위치를 층별로 달리 하여 분절계획을 한다.

② 분절계획에 따라 설정된 각 절의 철골기둥 크기를 선정하기 위해 구조계산을 실시 하여 부재 크기를 확정한다.

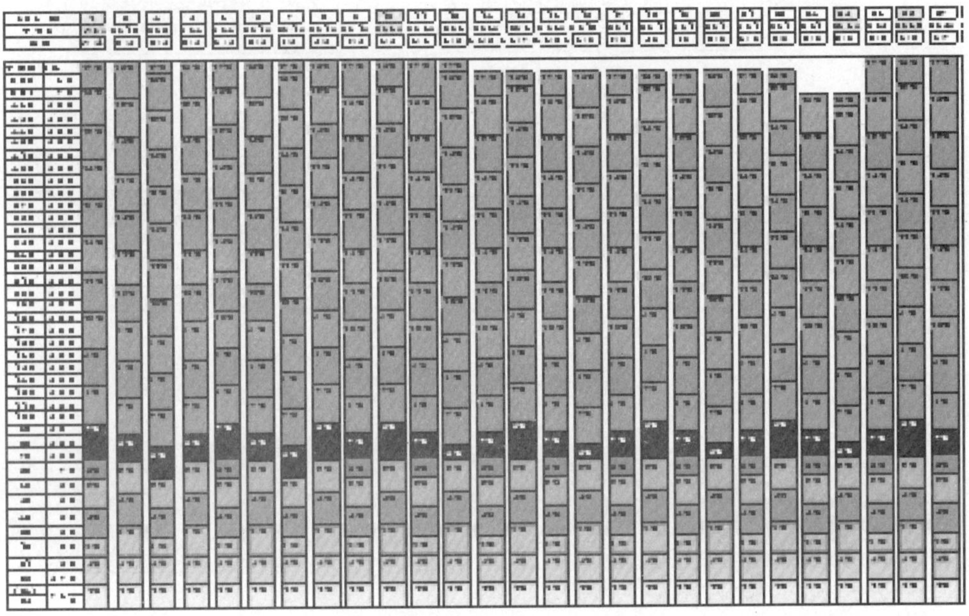

그림 10.3 철골기둥 분절 계획도

2) 현장시공

(1) 시공순서

① 철골부재의 현장설치 순서는 N공법 개념도에서 보여주는 바와 같이 존별 설치 사이클 순서에 따라 철골설치를 진행한다.

② 조닝계획이 A, B, C의 3개 존으로 한 경우에 3일 사이클 시공을 기준으로 시공순서를 살펴보면 다음과 같다.

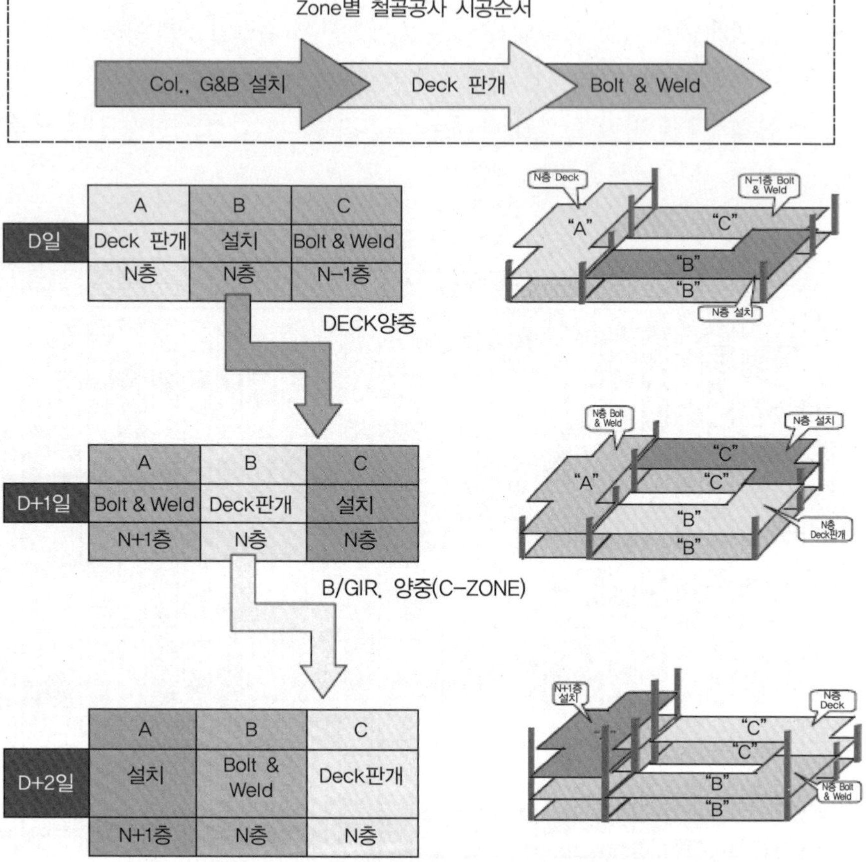

그림 10.4 철골공사 순서

(2) 현장시공 사례

① 철골기둥 설치

② Beam & Girder 반입

③ Beam & Girder 설치

④ Deck 설치

그림 10.5 현장시공 사례

(3) N공법 적용현장

① 도곡동 타워팰리스 3차, 삼성전자연구소, 서울시청사 등

1.3 공법 특징

1) N공법 장단점

(1) 장점

① 절별 마감이 아닌 각 층별 마감으로 시공되기 때문에 후속공정의 조기 착수가 가능하다.

② Zone별 반복작업에 따른 작업효율 증대로 공기단축이 가능하다.

③ 설치작업중인 하부층에 데크판개가 이루어지므로 추락사고 등을 사전에 예방하며, 안전시설물의 절감효과도 있다.

④ 각 층의 작업량이 일정하므로 작업자 등의 자원관리가 용이하다.

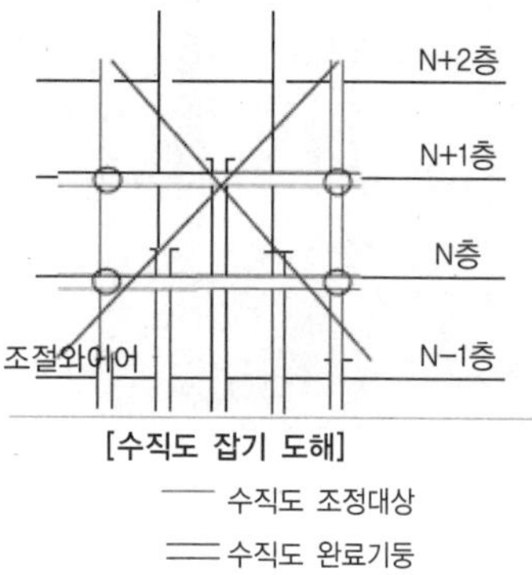

그림 10.6 수직도 잡기

(2) 단점

① 계획된 일정에 맞추어 철저한 현장반입이 이루어져야 한다.

② 수직도를 관리하기가 좀 어렵고 수직도 관리요소가 증가된다.

2) 공법 비교

종전의 절별 설치공법과 N공법의 특징을 비교하면 다음과 같다.

표 10.1 N공법의 특징

구 분	N공법	절별 공법	비 고
기둥이음 위치	각 층별 고르게 분산됨 (기둥의 1/3 정도씩)	이음 위치가 한 층에 집중됨 (2~4개 층에 한 번씩)	기둥용접작업 분산효과
용접사 관리	적정 인력의 용접사가 연속작업 가능	용접시점마다 소요인력 집중현상 발생	효율적 인력관리
수직도 관리	매 층별 작업관리	각 절별 시공 후 조정	후속공정의 조기착수 가능
데크판개	매 층별 작업관리	각 절별 시공 후 조정	추락방지망 설치 불필요

2 HI-빔

2.1 HI-빔 개요

1) HI-빔의 정의

HI-빔은 건축구조의 대표적 재료인 강재와 철근콘크리트의 구조적인 장점을 결합(Hybrid)하여 두 재료를 일체화(Integrated)시킨 새로운 개념의 복합보(Hybrid & Integrated Beam)를 의미한다.

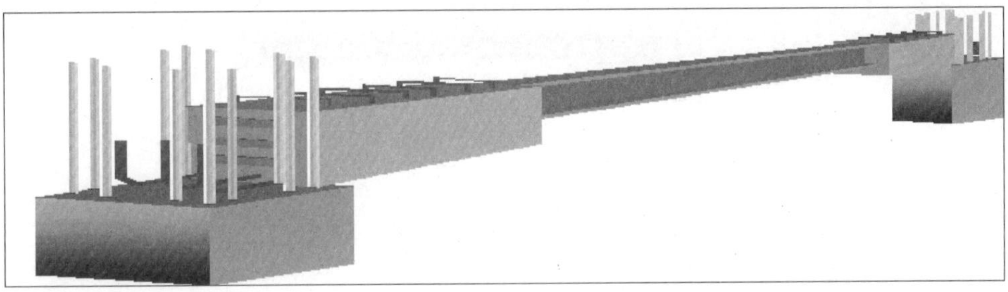

그림 10.7 HI-빔 개념도

2) HI-빔의 개념

HI-빔은 강재와 철근콘크리트의 장점을 결합하여 압축력이 강하며, 강성이 높은 철근콘크리트는 보의 단부와 기둥에 적용하고, 가볍고 장스팬의 확보가 유리한 강재는 보의 중앙부에 적용하여 합리적인 구조를 형성한다.

그림 10.8 구조별 비교도

2.2 HI-빔의 구조

1) HI-빔의 구조특성

① 보-기둥 접합부 : 콘크리트를 현장에서 타설함으로써 철골조 또는 SRC조와 같은 복잡한 접합방법을 생략하고, RC조와 동일한 강접합 골조로써의 접합성능 확보

② HI-빔 단부 : 큰 전단력과 모멘트가 작용하는 보의 단부 구간에 철근콘크리트를 사용함으로써 저비용으로 큰 내력을 갖도록 설계되었으며, 단부의 강성 증대로 처짐 및 진동에 대해 유리한 조건 확보

③ HI-빔 중앙부 : 작용력이 작고 정모멘트가 작용하는 보의 중앙부에 대해 철골조에 비하여 작은 단면의 H-Beam을 사용하였으며, 슬래브와 합성 효과 고려

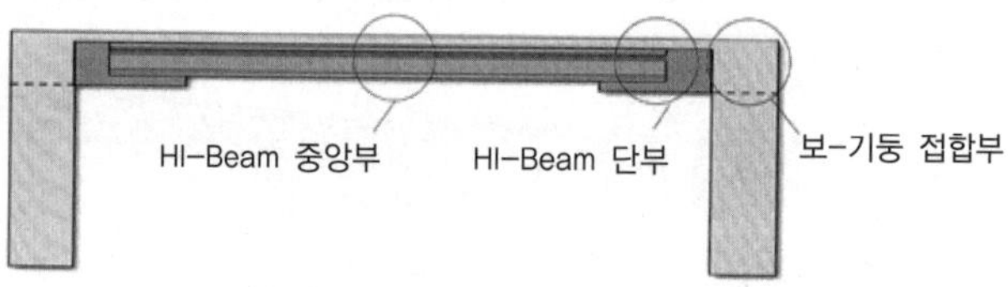

2) HI-빔의 구조형상

구조의 작용력에 따라 단면특성을 변화시켜 효율적으로 부재를 구성할 수 있다.

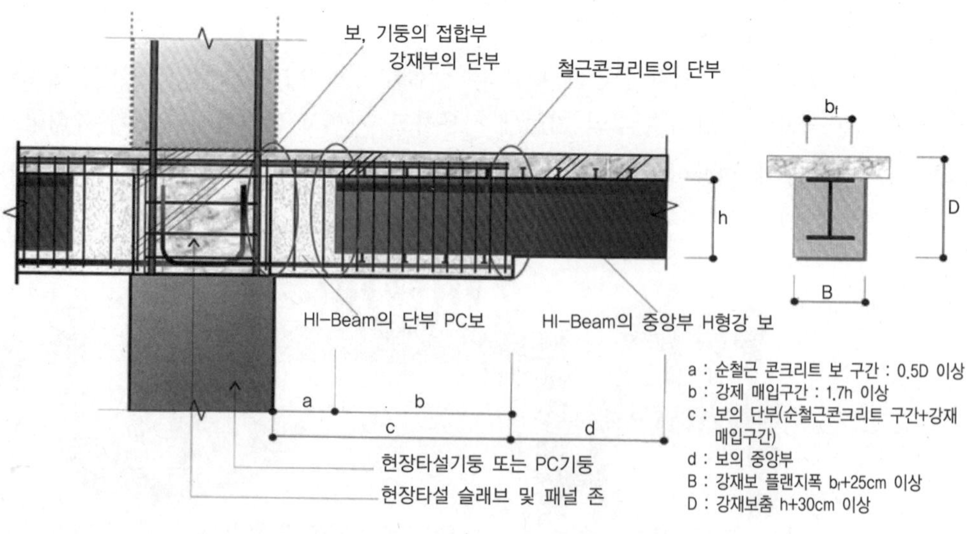

그림 10.9 HI-빔상세

3) HI-빔구조의 적용형식

건물의 용도 및 하중조건 등 건축계획에 따라 다양한 형태로 구조의 적용이 가능하다.

(a) HI-빔 + HI-빔

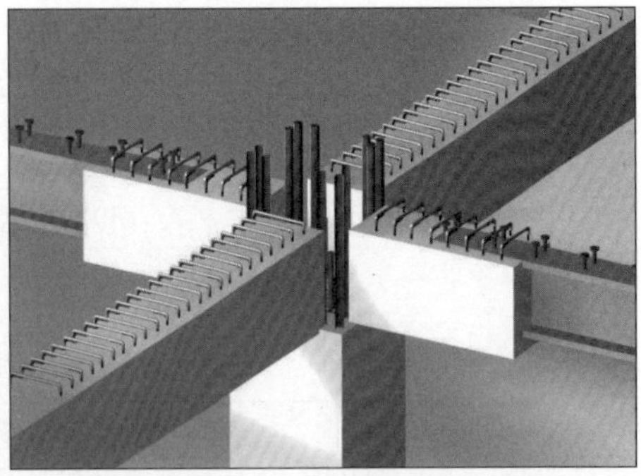

(b) HI-빔 + PC-빔

(c) HI-빔 + 스틸 빔

그림 10.10 HI-빔 수평, 접합 사례

2.3 HI-빔의 특징

1) 공법 특징

최적의 경제성, 공사기간, 품질확보 및 장스팬의 실현으로 건축물의 다양한 기능을 만족하고 공간활용성을 증대시키는 특징이 있다.

표 10.2 HI-빔 특징

구 분	특 징
장스팬	- 철근콘크리트조에서 12~25m의 장스팬을 구현 · 철골 및 철근콘크리트의 재료적 장점을 합리적으로 합성하고 철골보의 역학적 특성을 활용
경제성	- 구조의 최적화설계로 공사비 절감 · 철골조와 철근콘크리트조의 합성을 통하여 건물의 자중을 경감하고 부재를 슬림화하여 설계를 최적화
다양성	- 공법 적용의 다양성 확보 · 기둥과 보가 일체화되는 패널 존에서의 다양한 상세개발로 철골, PC 등의 부재를 사용한 효율적인 구조체를 형성
시공성	- 현장시공성 용이 · 철골보의 양단부를 PC화함으로써 RC기둥과의 접합에 대한 신뢰도를 높이고 현장 시공성을 제고

2) 적용 분야

수요자의 요구성능에 따른 건축 및 구조계획에 부합하고 공사의 특성 및 시공성에 따라 최적화된 시스템을 제공한다.

표 10.3 HI-빔 적용 분야

구 분	적 용 분 야
경제성	- 유통 및 판매시설
공 기	- 할인매장 및 공장 등 산업시설
초고층	- 40층 이상의 사무실 및 주거시설
장스팬	- 무주공간의 관람 및 전시시설
기능성	- 단순 기능의 주차장 건물 등
공간성	- 도심지 사무실 등

2.4 HI-빔의 시공

1) HI-빔의 제작 Flow

구 분	내 용	비 고
몰드제작		- PC성형용 형틀 준비
철골제작		- 철골제작공장에서 1차 제작 후 PC공장 이동
철근가공		- 철근배근계획에 따라 철근조립
PC제작		- 철골부재 및 철근조립부재 PC화 조립
콘크리트타설		
양 생		

2) HI–빔의 설치 Flow

구 분	내 용	비 고
부재반입		– 완성부재의 현장반입
부재양중	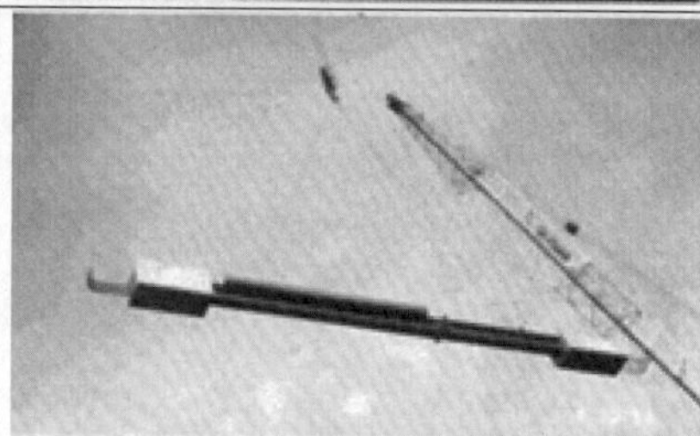	– 설치순서에 따라 양중 및 부재설치
부재설치		

3) HI–빔의 적용 사례

– ㅇㅇ우체국

〈HI–빔공법〉

기둥 : RC Column

보 : HI-빔 + Steel

슬래브 : KEM 데크

스팬 : 13.3m

용도 : 공공업무시설, 교육연구시설

규모 : B3/L13(29,719㎡)

위치 : 경상남도 밀양

- ㅇㅇ대학교

〈HI-빔 공법〉

기둥 : RC Column

보 : HI-빔 + Steel

슬래브 : KEM 데크

스팬 : 13.2m

용도 : 교육연구시설

규모 : B1/L5(12,215㎡)

위치 : 경상남도 밀양

3 PEB 시스템

3.1 PEB 시스템 개요

1) PEB 시스템의 정의

PEB 시스템은 Pre-Engineered Building System을 표현하는 구조시스템인데 원래의 어원은 Pre-Engineering Metal Building System에서 파생된 것으로 Metal Building System, Modular Building 및 Pre-Fabricated Building의 의미로도 사용되고 있으며, 초기에는 Metal Building System의 개념이 크게 부각되었으나 현재는 Tapered Member, 최적 철골 시스템 및 경제적 철골시스템의 의미로 많이 활용되고 있다.

그림 10.11 PEB 시스템 전경

2) PEB 구조의 개념

PEB 구조는 기존의 일정한 단면을 갖는 H-빔을 작용하는 응력분포에 따라 플랜지와 웨브의 두께와 폭을 변화시켜 최적의 변단면 설계로 소요강재를 절감하도록 하였으며, 자중 감소로 인하여 중소공간 및 장스팬구조물 등에 효율적으로 사용되도록 하였다.

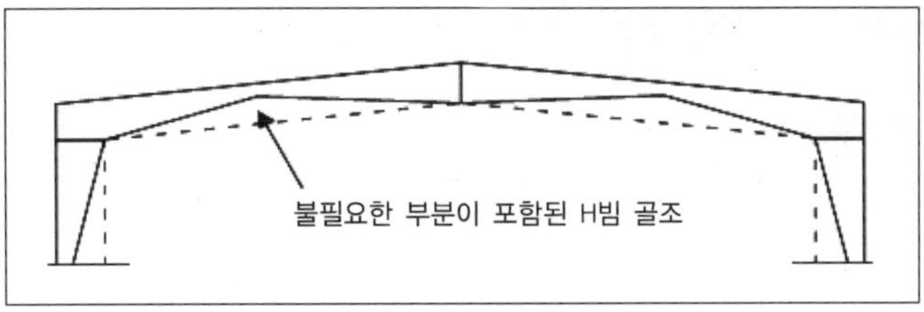

그림 10.12 PEB 구조개념

3.2 PEB 시스템의 특성

1) PEB 시스템의 장점

구 분	장 점
경제성	- 최적단면설계를 통한 부재의 경량화 및 강재물량 감소
안정성	- 정밀 구조해석을 통한 변단면의 폭조절 및 휨모멘트 발생 고려
공 기	- 전 부재의 공장제작 및 단순한 현장조립을 통한 공정 단축
공간성	- 공간설계 최적화를 통한 중소공간 및 장스팬 활용 제고

2) PEB 시스템의 단점

구 분	단 점
유연성	- 최적설계의 영향으로 본래 목적 이외의 용도로 활용이 제한적
적용성	- 좌굴영향으로 고층구조에 부적합 (3층 이상 적용 난이)
투명성	- 공장제작의 품질 확보를 위한 공정한 검사 및 검수 필요

3.3 PEB 시스템의 구조

1) PEB 구조형식

구 분	구조형태	특 징
Rigid Frame (RF)	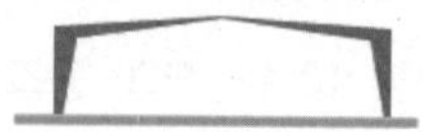	– 최대 90m 공간 확보 가능하며, 크레인 및 각종 부가하중 처리기능이 우수 – 용도 : 공장, 체육관, 격납고 및 창고
Standard Column with Crane (SCC)		– RF 또는 MF구조에 크레인 브래킷을 부착 별도의 크레인 기둥과 주행보를 생략 – 용도 : 중량물취급 공장,창고 및 판매장
Mezzanine Floor Frame (MFF)		– 공장내 사무실공간을 확보하는 경우나 2층구조로 건축 가능한 구조 – 용도 : 2층공장, 사무실 및 산업용 건물
Modular Frame (MF)	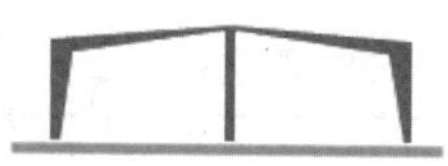	– 최대 240m 내부공간 확보가 가능하며, 공간의 크기를 자유롭게 분할 사용 가능 – 용도 : 물류센터 및 쇼핑센터
Uni Beam Frame (UB)	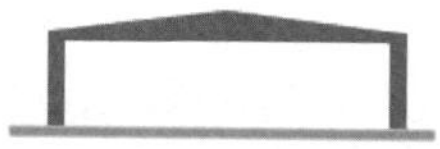	– 내부공간활용을 극대화할 수 있도록 Straight Column과 Uni Beam을 사용 – 용도 : 전시장, 학교 및 사무실
Single Slope Frame (SS)	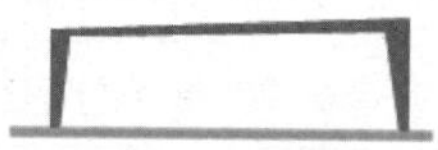	– 협소한 대지공간 활용 및 지붕을 평면으로 구성하는 단순구조물에 활용 – 용도 : 사무실, 휴게소 및 소매점

2) PEB의 구조적 특성

① PEB 시스템은 구조적으로 다음과 같은 특징에 따라 구조적 제한요소를 다수 갖고 있으므로 짧은 스팬 및 다층구조에는 적용하기 어렵다.

② 상대적으로 큰 웨브의 춤 : 적절한 플랜지 스테이를 사용한 좌굴방지시스템

③ 중도리의 강성 증대 : Z-형강 사용으로 단면성능 향상, 횡좌굴 방지효과

④ 연속스팬 시공 : 기둥간 간격증대, 타이-빔 생략 효과

⑤ 강접합의 제한 : Rafter-huanch, Rafter-rafter, Column-rafter접합 적용

⑥ 주각부의 핀지점 처리

4 CFT(Concrete Filled Steel Tube)

4.1 CFT의 정의

강관의 내부에 콘크리트를 충전한 구조를 콘크리트 충전강관구조라고 한다.

일반적으로 그림 10.13과 같이 기둥에 사용되는 경우가 많으며 축방향재, 예를 들면 트러스재, 프리스트레스재로 사용되는 경우가 있으며 보가 철골조인 경우가 많으나 SRC조, RC조인 경우도 있다.

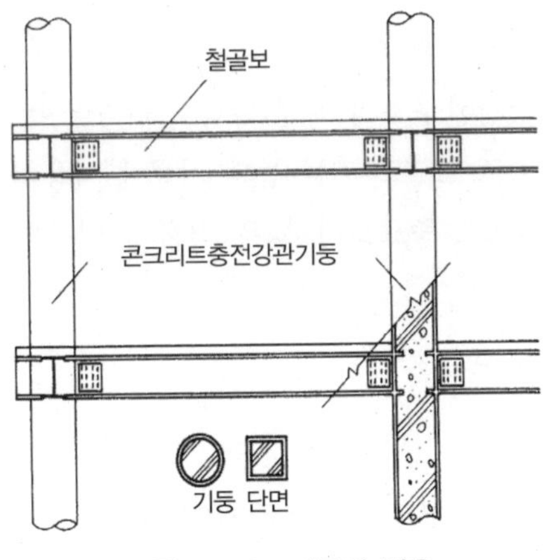

그림 10.13 기둥의 경우

4.2 구법의 특징

콘크리트가 강관에 의해 구속되므로 결국 틀이 끼워진 상태(콤파인효과)가 되기 때문에 콘크리트는 강도의 상승과 함께 위험한 파괴가 발생하기 어려우며, 강관은 국부좌굴이 일어나기 어렵다. 이 때문에 충전강관 콘크리트부재는 고내력, 고인성을 가진 고성능 부재가 된다. 또한 강관 내에 콘크리트가 충전되어 그 열용량이 크기 때문에 화재시의

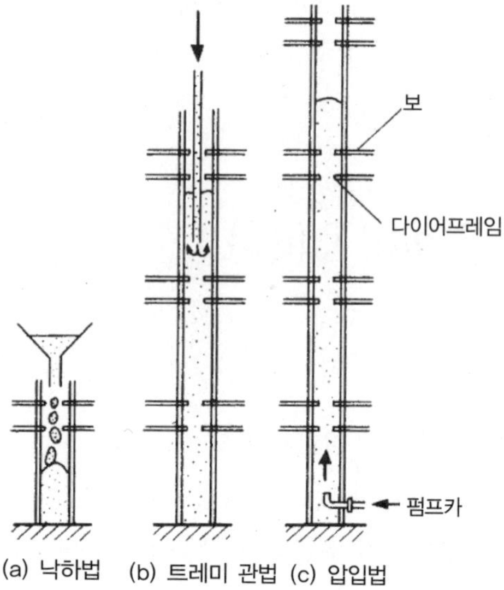

그림 10.14 콘크리트 타설 방법

안전성도 커진다.

콘크리트 충전 시공법으로는 그림 10.14에 나타난 것과 같이 (a), (b), (c) 3종류의 방법이 있으나 콘크리트 타설성능을 향상시키기 위하여 최근에 (b)트레미관법, (c)압입법이 주로 사용되고 있다.

(b) 트레미관법은 콘크리트를 1회에 15m 정도 타설하여 올리는 경우가 있다.

(c) 압입법은 콘크리트를 1회에 30m 이상 타설하여 올리는 경우도 있다.

(b) 및 (c)와 같이 1회에 타설하는 높이가 높은 경우에는 콘크리트의 침강, 블리딩 과다발생, 내부 다이어프레임 하부에 공극이 발생할 가능성이 있다. 이를 방지하기 위해서는 단위수량을 적게 하고, 물시멘트비를 낮게 하여 침강이나 블리딩을 줄여서 콘크리트를 타설할 필요가 있다.

콘크리트 충전강관구조의 최대 특징은 커다란 축력과 휨에 대한 변형성능이 높다. 따라서 대스팬의 구조, 초고층건물 등의 기둥에 사용하는 것이 가능하며, 높은 내진성능이 요구되는 사회적으로 중요도가 높은 건물 등의 구조부재로서 사용이 기대된다.

4.3 CFT 구조의 성능

1) 구조성능

① 충전되어 있는 콘크리트가 강관에 국부좌굴변형을 구속하여 좌굴에 따르는 강관의 내력저하를 방지한다.

② 콘크리트는 강관에 의하여 구속되어 있기 때문에 RC기둥이나 SRC기둥에서와 같은 균열에 의한 탈락이 없어 콘크리트강도가 높아진다.

③ 따라서 CFT 기둥은 높은 내력과 변형능력, 즉 최대능력 이하 큰 수평변형 영역까지 그 내력이 유지된다. 이와 같은 강관과 콘크리트의 상승 효과를 CFT기둥의 '컴파인드 효과'라고 한다.

2) 내화성능

① CFT 기둥은 강관 내부에 열용량이 큰 콘크리트가 충전되어 있기 때문에 엷은 내화피복으로 표면온도를 억제할 수 있다.

② 일정한 조건하에서는 내화피복 없이 가능하다.

3) 시공성

① CFT기둥은 콘크리트의 충전작업이 공정에 영향을 미치지는 않으며 RC구조에 비하여 형틀공사가 필요 없게 되어 공기단축이 가능하다.

② CFT기둥은 형틀재가 필요 없게 되어 자원이 절약되므로 지구환경의 보호에도 공헌할 수 있다.

③ CFT기둥은 강관 내의 콘크리트에 공극 없이 충전하는 것이 필수 조건이므로 유동성이 우수하고 블리딩이나 침하가 적은 콘크리트에 배합계획과 타설방법 연구 등의 콘크리트 충전기술이 개발되고 있다.

4.4 콘크리트의 초고층 수직압송(사례 1)

1) 공사개요

본 건물은 지상 36층, 높이 약 150m의 고층건물로 구조적으로는 지상에서 약 90m까지의 부분에 설계기준강도 600kgf/cm^{2}의 고강도콘크리트를 충전하는 충전강관 콘크리트 구조를 채용하여 건물의 강성을 높게 하였다.

콘크리트를 충전하는 강관기둥은 전부 39개로 기둥의 단면은 1변이 80~100cm의 □형과 직경 80~90cm의 ○형이 있다.

□형 기둥은 강관 내부에 다이어프레임이 설치되어 있는 형식으로 다이어프레임에는 직경 20~40cm의 범위로 구조상 가능한 크기의 콘크리트 통과구멍이 설치되어 있으며, ○형 기둥은 강관 외부에 다이어프레임이 설치되어 있는 형식이다.

〈건축개요〉

건축명칭 : 사잔타워
소 재 지 : 동경
주 용 도 : 호텔, 사무소, 점포, 주차장
구 조 : S조, SRC조, RC조
층 수 : 지하 4층, 지상 36층, 옥탑 1층
공 기 : 1994. 9 ~ 1998. 2

〈CFT기둥 개요〉

형상 및 치수 : □–800×800, ○–Ø800 (기본형상)
접 합 법 : □–내부 다이어프레임, ○–외부 다이어프레임
개 수 : □–32개, ○–7개
공 법 : 펌프 압입공법, 버킷공법

2) 시공계획

(1) 충전용 콘크리트 선정

표 10.4 배합

목표 슬럼프 플로우 (cm)	목표 공기량 (%)	물결합재 (시멘트)비 (%)	세골 재율 (%)	단위량(kg/m³)							
				결합재			물	육사 : 석회암계쇄사 = 5 : 5	석회암계 쇄석	고성능 AE 감수제	분리 저감제
				NC	BG	SF					
65	2.0	30.0	47.0	373	107	53	160	783	918	12.8	0.25

NC : 보통포틀랜드시멘트, BG : 슬래그석고계 결합재, SF : 실리카흄

충전하는 고강도고유동 콘크리트는 소요되는 압축강도와 높은 충전성을 확보하는 동시에 우수한 펌프빌리티를 갖춘 배합을 선정할 필요가 있다. 또한 현장이 동경의 신주쿠에 있어 가장 가까운 레미콘 공장에서 60분의 운반시간이 소요된다. 그러므로 충전용 콘크리트는 혼합에서 높이 90m의 강관기둥을 시공 · 완료하는 약 3시간 동안 슬럼프플로우를 유지하고 있어야 한다.

시공에 앞서 선정된 콘크리트가 강관기둥 내부를 밀실하게 충전할 수 있는지 확인해 볼 필요가 있다. 전술한 조건으로 여러 가지 시멘트를 이용하여 제조한 고성능고유동 콘크리트를 높이 80m의 수직압송 실험 및 모의기둥 충전실험을 하고 표 10.4와 같은 배합을 선정하였다.

시멘트는 보통포틀랜드시멘트, 슬래그고로계 조합재 및 실리카흄을 7 : 2 : 1의 비율로 한 고강도용 특수시멘트를 사용하였고 이는 본 공사용 콘크리트의 가장 큰 특징이다.

또한 AE 감수제로는 슬럼프플로우를 3시간 정도 유지할 수 있는 것으로 하였다. 이 배합은 설계기준강도 600kgf/cm²의 고강도콘크리트를 일반적으로 사용되는 펌프카로 높이 90m의 강관기둥을 1회에 시공하는 것을 가능하게 하였다.

그리고 압입에 의해 콘크리트의 슬럼프플로우가 저하된 경우에도 슬럼프플로우가 40cm 정도 확보되어 강관기둥 내부의 밀실충전이 확인되었다.

(2) 타설방법 선정

기본적인 강관기둥의 타설방법은 압입공법이다. 그러나 콘크리트 압입시 강관기둥에 미치는 측압과 강관기둥 용접부의 허용응력을 검토한 결과 원형기둥은 90m를 1회에 주입하는 것이 가능하나 각형기둥은 강관기둥접합부의 한계 때문에 중간부까지 주입이 가능하다. 따라서 각형기둥은 높이 30m에서 60m까지 시공하고, 남은 상층부를 강관기둥 1절(약 9m)마다 버킷으로 타설하는 것으로 하였다.

강관기둥을 버킷으로 타설하는 경우 다이어프레임 구멍에서 강관기둥 내부에 콘크리트의 자유낙하 높이를 관리하는 것은 상당히 곤란한 일이다. 여기서 미리 타설시간과 타설량의 관계를 파악하고 사진 10.4의 레자거리계를 타설용 호스에 부착하여 콘크리트 상부와 타설용 호스 선단의 거리가 50cm 이하가 되도록 관리한다.

사진 10.4 버킷용 레자거리계

(3) 강관기둥 내부의 고인물 처리

일반적인 형틀공사와 달리 높이 90m의 강관기둥을 건립하는 데 약 8개월의 시간이 소요된다. 이 기간 동안 강관기둥 내부에 고인 결로수 및 우수 등의 지수·제거방법에 관한 연구가 필요하다.

각 절의 강관기둥 상부의 다이어프레임 개구부는 건립 전 단계에서 얇은 철판으로

막아, 다음 절 강관기둥 건립 직전에 제거기간까지 우수 등의 침입을 방지한다. 또한 압입구(사진 10.5) 주변장치는 주입공사 당일에 강관 내부를 세밀히 확인하고 설치한다. 이때 내부에 물이 남아 있는 강관기둥은 압입구에서 펌프로 빼내는 작업(사진 10.6)을 해야 한다.

사진 10.5 압입구

사진 10.6 강관기둥 내부의 물제거

상층부의 각형기둥을 버킷으로 시공하는 경우에는 강관기둥 상단에서 전절의 콘크리트 상단까지 1절(약 9m)의 높이가 있어 상부에서 고인물을 제거해야 한다.

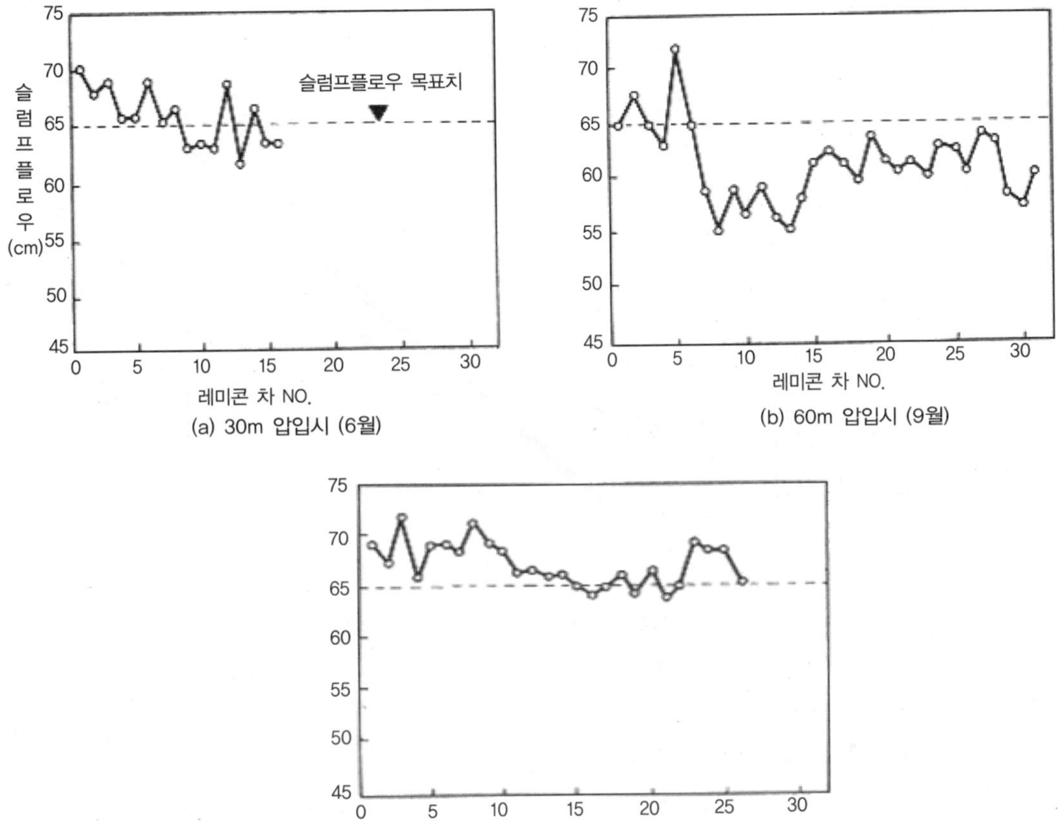

(a) 30m 압입시 (6월)

(b) 60m 압입시 (9월)

(c) 90m 압입시 (12월)

그림 10.15 하역시의 슬럼프플로우

3) 시공관리 및 품질관리 결과

(1) 슬럼프플로우

높이 30m, 60m 및 90m를 압입한 임의의 시공일에 레미콘 하역시의 슬럼프플로우 조사결과를 그림 10.15에 나타내었다. 수송시간이 60분 걸리는 어려운 공사에도 불구하고 하역시의 슬럼프플로우의 평균치는 64.1cm, 표준편차는 4cm로 비교적 안정된 콘크리트의 제조가 가능하였다. 또한 이 콘크리트는 혼합 후 3시간이 경과하여도 충분한 충전성을 확보하고 있다.

실제 압입시공시 압입 전후의 슬럼프플로우를 그림 10.16에 나타내었다. 기둥 상단의 슬럼프플로우는 하역시보다 10cm 정도 낮아지는 경우가 있었으나 충전성능을 확인하고 있는 슬럼프플로우 40cm 정도를 충분히 만족하고 있다.

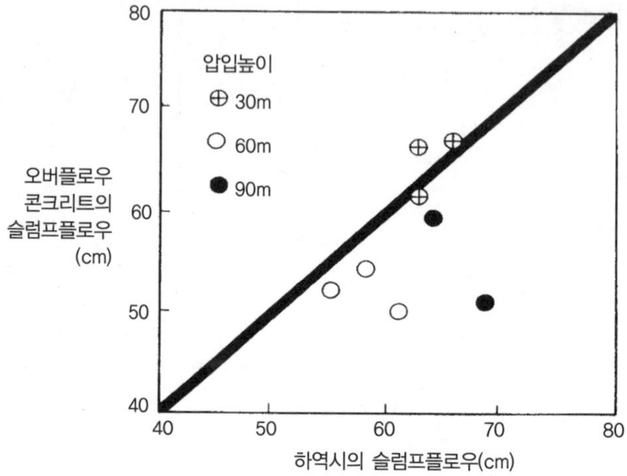

그림 10.16 압입 전후의 슬럼프플로우

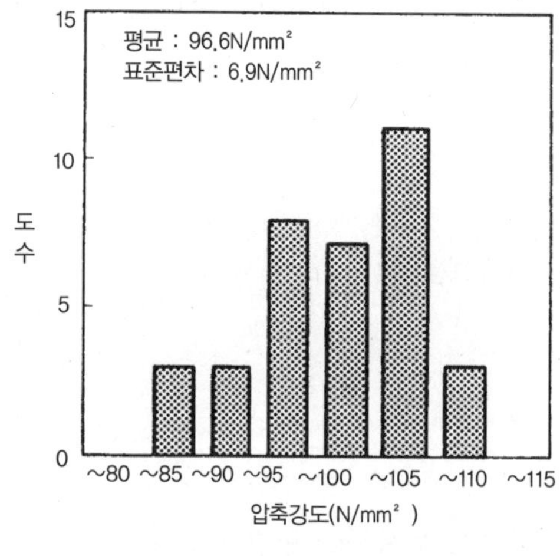

그림 10.17 압축강도의 변동

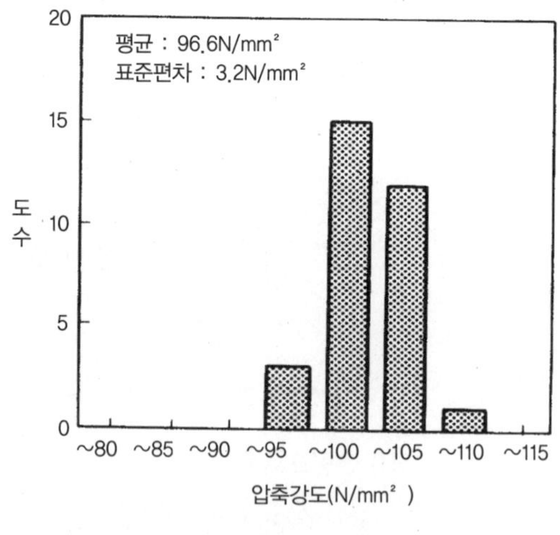

그림 10.18 압축강도의 1일 변동

(2) 압축강도

타설 전체기간 동안 품질관리를 위해 채취한 콘크리트의 압축강도 시험결과를 그림 10.17에 나타내었다. 표준양생재령 28일 압축강도의 결과에 의해 관리하였으며, 시험의 빈도는 타설일 또는 100m³로 하였다.

공사기간은 4월~12월로 비교적 장기간인 것에도 불구하고 압축강도의 변화계수는 7.1%로 적게 나타났다. 1일 타설한 콘크리트의 압축강도가 어느 정도 안정되어 있는지 조사한 결과를 그림 10.18에 나타내었으며, 하루의 압축강도 변동계수가 3.2%로 매우 적게 나타나고 있다.

압입 전 및 기둥 상부에서 오버플로된 콘크리트 표준양생압축강도를 조사한 결과 압입 후의 콘크리트는 압입 전의 콘크리트보다 강도가 약간 낮아지는 경향을 보였다.

(3) 결론

초고층 건물에서의 강관기둥 충전공사에 관한 일련의 계획 · 시공에 대하여 서술하였다. 이와 같은 구조형식의 건물시공이 가능하게 된 것은 고강도 · 고유동 콘크리트라고 하는 신기술이 기반이 되었다. 또한 실제 시공에서는 높은 품질을 확보하기 위하여 신기술의 활용과 함께 철저한 품질관리가 필요하다고 판단된다.

4.5 F_c = 800kgf/cm²의 초고강도 콘크리트의 압입시공(사례 2)

1) 공사개요

본 건물은 일본 오사카역 앞에 위치한 사무소, 호텔, 점포 및 전시장을 포함하는 복합건물이다.

〈건축개요〉
건축 명칭 : 하비스 오사카
소 재 지 : 일본 오사카
주 용 도 : 호텔, 사무소, 점포,
구 조 : CFT조
층 수 : 지하 5층, 지상 40층, 옥탑 1층
공 기 : 1993.12. ~ 1997.2.

〈CFT기둥 개요〉
형상 및 치수 : □-1,000×1,000
접 합 법 : 내부 다이어프레임
개 수 : 32개
공 법 : 펌프 압입공법

2) 충전공법 선정

초고강도 콘크리트 CFT 기둥의 시공실적으로는 F_c = 600kgf/cm²을 동경의 호텔시공에 적용하여 61.9m의 높이까지 타설한 예가 있다. 또한 관서지구에서는 원심형성 CFT 기둥(RUC 기둥)을 사용하여 설계기준강도 $F_c = 870\,\text{kgf/cm}^2$의 시공실적이 있다.

그러나 본 공사의 경우 33층, 지상 약 135m까지가 CFT구조로 되어 있고, $F_c = 870\,\text{kgf/cm}^2$의 설계기준강도와 함께 시공높이에서도 지금까지 실적이 없었던 것이었다.

따라서 콘크리트의 조합 및 시공법 선정을 위해 실내실험, 펌프압송실험, 실물크기 압입시공실험을 하였다. 그 결과 압입이 가능하고 소요구조체 강도를 가진 콘크리트의 제조가 가능한 것으로 확인되어 시공성, 충전성, 품질확보, 시공공정 등이 고려된 실리카흄을 이용한 콘크리트의 압입공법을 채용하게 되었다.

3) 콘크리트의 배합 · 압입계획

(1) 시공실험

시공실험은 압입 시공한 경우에 강관에 미치는 측압, 다이어프레임 하단의 충전성, 구조체콘크리트 강도, 배합계획상 필요한 각종계수 등을 파악하는 것을 목적으로 하였으며 콘크리트의 사용재료를 표 10.5에, 배합을 표 10.6에 나타내었다.

표 10.5 사용재료

시멘트	보통포틀랜드시멘트
세골재	혼합사
조골재	쇄석
혼화재	미분말 실리카흄
혼화제	폴리카본산계 고성능 AE 감수제

표 10.6 콘크리트 배합

배합 No.	W/(C+SF) (%)	s/a (%)	W (kg/m³)	단위량(kg/m³)			
				시멘트	실리카흄	세골재	조골재
1	35	50.5	175	450	50	833	841
2	28	46.0	175	547	78	713	852
3	23	43.3	170	628	111	630	841

1m당 미치는 압력손실의 관계를 나타내었다. $W/(C+SF)=23\%$의 콘크리트에서 토출량은 30m³/h, 수평압력손실은 약 0.2kgf/cm²로 나타나고 있다. 실험에 사용한 최대 토출압력 125kgf/cm²의 콘크리트펌프카는 수평환산거리 500m까지 압송이 가능하고 높은 곳의 압송도 가능하였다.

측압은 콘크리트 자중에 의한 압력과 거의 같았으며 다이어프레임 하단의 충전상황은 아주 양호하였다. $W/(C+SF)=23\%$의 콘크리트를 압입한 강관기둥에서 채취한 재령 4주의 코아공시체 시험결과를 그림 10.20에 나타내었다. 코아강도의 평균치는 재령

13일에서 $W/(C+SF)=23\%$는 643kgf/cm^2, 28%는 785kgf/cm^2, 23%는 1,031kgf/cm^{2}이었다.

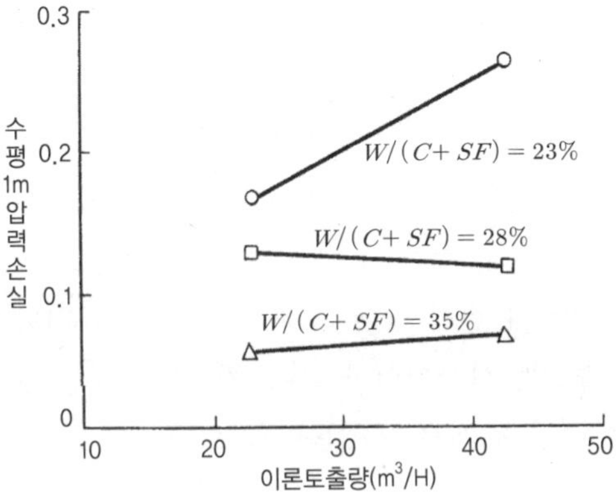

그림 10.19 관내압력 손실

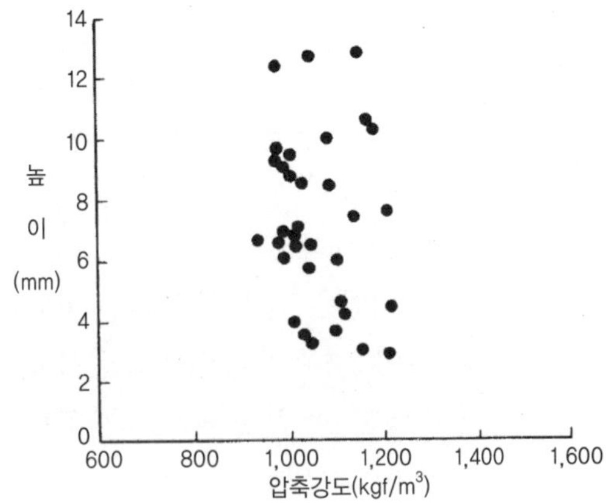

그림 10.20 코어강도

실물 크기 시공실험결과 $F_c = 800$kgf/cm^{2}의 초고강도 콘크리트라도 압입에 의한 시공이 가능하였고, 양호한 충전성을 나타내었으며, 소요 구조체강도 확보가 가능한 것이 확인되었다. 강관에 작용하는 측압은 거의 액압과 같이 보고, 1.3배의 안전율로 1회 타설 높이를 결정하였다.

(2) 배합계획

상기의 시공실험을 포함한 각종 실험 결과에서 아래 'New RC시공표준'의 산정방법을 기초로 하여 배합을 선정하였다.

$$F_{28} \geq F_c + S_o + K\sigma_0 \text{ 또한 } F_{28} \geq 0.9(F_c + S_o) + 3\sigma_0$$

상기 식에 각 계수를 대입하여 배합강도를 산정하였다. 이 결과 $F_c = 600$kgf/cm^{2}의 배합강도는 896kgf/cm^2, $F_c = 800$kgf/cm^{2}의 배합강도는 1.093kgf/cm^{2}였으며, 이에 의해 실시공된 콘크리트 배합을 표 10.7에 나타내었다.

표 10.7 실시공 콘크리트배합

Fc	W/(C+SF) (%)	SF 치환율	s/a (%)	단위량(kg/m³)					혼화제 (C×%)
				물	시멘트	SF	세골재	조골재	
600	31	8.7	48.6	175	516	49	782	841	1.8
800	23	9.6	42.2	175	688	73	613	841	2.1

(3) 압입계획

압입법은 설계기준강도, 강관의 판두께, 철골의 건립 등을 고려하여 그림 10.21에서와 같이 2종류의 패턴으로 실시하였다. 압입속도는 시공실험과 같이 콘크리트 상단의 상승속도를 1m/분을 목표로 하였으며, 기둥의 수가 32개로 타설높이를 고려하여 1일 2개에서 6개를 압입하였다.

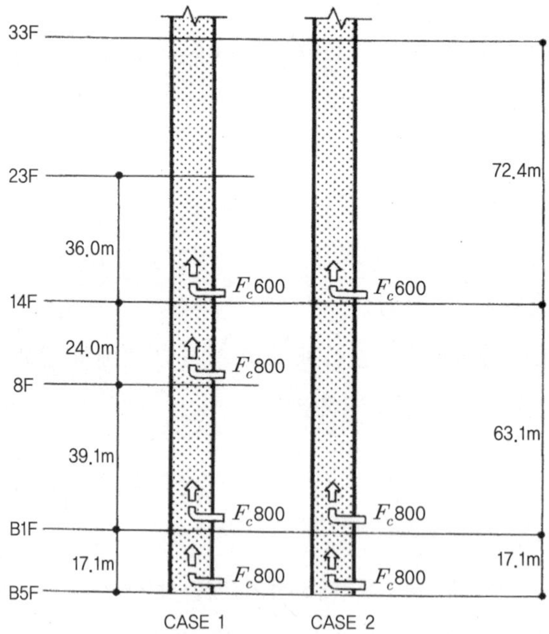

그림 10.21 압입개요

4) 콘크리트 제조

콘크리트의 제조관리에 대해서는 실리카흄의 품질관리에 특히 주의해야 한다. 보통의 시험성적서에 의한 품질 확인 외에 시공성에 미치는 영향이 크다고 여겨지는 실리카흄의 함수율과 밀실도를 세밀히 확인하여 실험관리하였다.

5) 시공결과

(1) 품질관리 시험결과

하역시 슬럼프플로우의 측정결과를 그림 10.22에 나타내었으며, F_c =600kgf/cm² 및 F_c =800kgf/cm² 모두 ±10cm의 관리치 내에 들어 있었다.

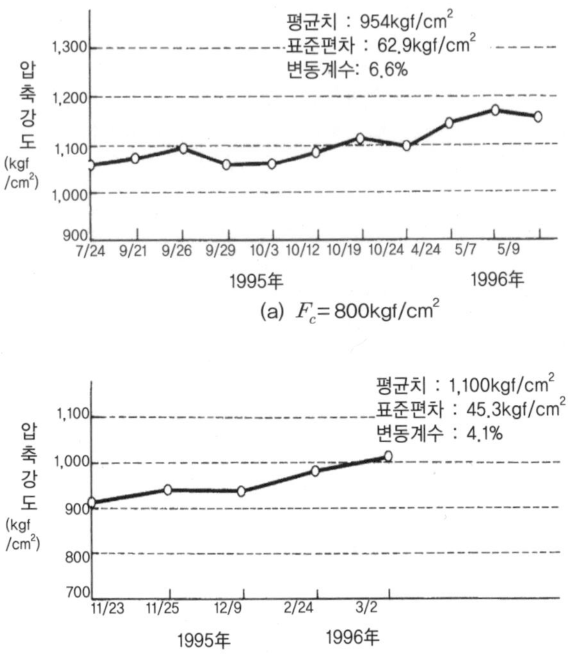

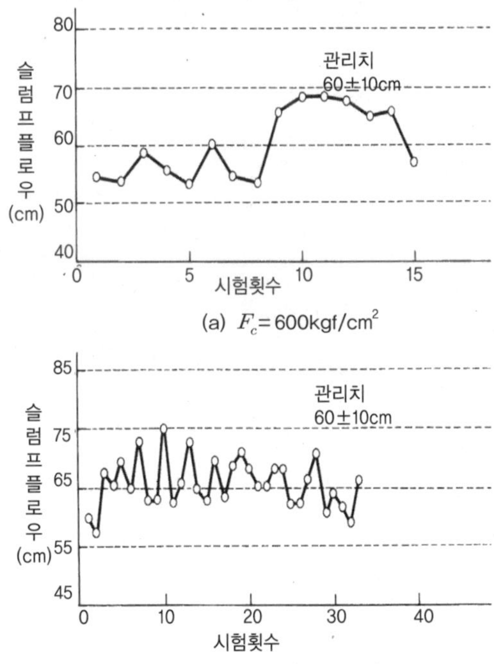

그림 10.22 슬럼프플로우의 측정결과

그림 10.23 압축강도 시험결과

구조체 강도관리를 위하여 표준양생공시체의 압축강도 시험결과를 타설일별로 종합한 결과를 그림 10.23에 나타내었다. 그림에서 1회의 실험결과에서 얻어진 표준편차와 변동계수를 나타내었다.

실험결과 관리치로 되어 있는

$F_c + S_o$ (F_c = 800kgf/cm² : 918kgf/cm², F_c = 600kgf/cm² : 748kgf/cm²)

를 충분히 만족하고 있다.

(2) 압입시 압력

주입시의 압력은 거의 액상과 같으며, 배관 1m당 압력손실 평균치는 수평배관에 대하여 F_c = 800kgf/cm²는 0.28kgf/cm²/m, F_c = 600kgf/cm²는 0.22kgf/cm²/m이다.

6) 결론

CFT구조는 많은 장점을 가진 구조형식이다. 신도시 하우징협회에서도 1996년도에 CFT구조심사를 개시하여 CFT구조 시공관리자제도를 시행하고 있어 이 공법의 채용이 증가할 것으로 예상된다. F_c = 800kgf/cm²의 초고강도콘크리트를 60m를 초과하는 높이에서 압입·시공하는 것이 가능하고, F_c = 600kgf/cm²에서는 135m까지 가능하였다.

제11장

현장시공 사례 #1
(IFC Seoul Project)

11 현장시공 사례 #1(IFC Seoul Project)

1 공사개요

1) 현장개요

세계적 금융기업 AIG의 자회사가 시행을 맡고, ○○건설 컨소시엄이 시공하는 IFC Seoul은 서울 여의도 도심지 내의 연면적 506,000m²의 규모로서, 첨단 인텔리전트 오피스 빌딩 3개 동과 5성급 호텔 1개 동, 판매 및 문화, 첨단업무시설이 밀집된 국제적 금융센터로 건립되었다.

구 분	내 용
공사명	International Finance Centre, Seoul (서울국제금융센터)
대지위치	서울특별시 영등포구 여의도동 23, 23-1번지
지역지구	일반상업지역, 중심지미관지구, 공공시설보호지구
건물용도	업무시설, 판매시설
대지면적	33,058m² (10,018평)
건축면적	15,597m² (건폐율 47.18%)
연면적	506,335m² (용적률 928.22%) (지상연면적 : 308,101m², 지하연면적 : 198,234m²)
조경면적	5,454m² (16.49%)
공개공지	8,701m² (26.32%)
도로현황	북측 80m(여의대로), 동측 50m, 남측 15m, 서측 8m
건물규모	오피스 29F, 32F, 55F (총 78,000평) 호텔 38F (23,000평, 434실) 리테일몰 B1~B3 (22,000평) 지하주차장 B4~B7 (25,000평, 주차대수 2,046대) 지하철 연결통로 (총연장 345m, 5, 9호선 여의도역 연결)
최고높이	284M (Tower B, 55F)
주요구조	Steel+RC+SRC

2) 공정

당 현장은 2007년 2월 토공사를 착공한 후, 2012년 8월 건축 및 마감공사를 완료하였으며, 전체 공사기간은 토공사를 포함하여 총 67개월(토공사 제외시 56개월)이 소요되었다.

(1) 흙막이공사

부지규모는 약 1만 평이며, 여의대로변에 면한 가로 200m, 세로 약 165m의 직사각형이다. 지하 7층(－40m)까지의 터파기를 위하여 부지경계선 외곽으로 지하연속벽(Slurry Wall, Diaphragm Wall) 153개(Panel)를 시공하였다. 이후 터파기를 진행하면서 지하연속벽에 어스앵커를 시공하였다. 터파기는 주변 증권건물들이 인접하여 어스앵커를 시공할 수 없는 관계로 부지 남서쪽 부분은 L모양으로 Top-down공법을 적용하였다. Top-down 공법을 지탱하기 위하여 초기에 RCD(직경 1500～2000mm) 파일 107개를 지하 41m 깊이로 시공하였다.

여의도가 과거 한강에 위치한 것에 따라 지반의 구성은 상부에 고운 모래(지하 1～2층), 중간부에 굵은 자갈(지하 3층), 하부(지하 4～7층)에 연암반, 경암반으로 이루어졌다.

총 터파기량은 950,000㎥이고 어스앵커는 4,860본이 시공되었다. 기타 적용된 공법으로는 King pile 및 토류판, 코너 스트럿, JSP, Soil nailing, Raker, 임시가설교량 등이 있다.

2007년 2월 지하연속벽공사를 시작으로 2008년 9월 Open-cut(순타구간)구간 토공사가 완료되었다.

(2) 철골공사

IFC Seoul 프로젝트에서는 각 동별 철골공사가 다음의 공정으로 진행되었다.

Tower A : 2010.05월 ～ 2011.09월 (약 16개월)

Tower C : 2009.08월 ～ 2010.12월 (약 17개월)

Tower B : 2010.03월 ～ 2011.10월 (약 20개월)

Hotel : 2010.02월 ～ 2011.04월 (약 15개월)

Retail : 2010.10월 ～ 2011.05월 (약 8개월)

(3) 마감공사

IFC Seoul 프로젝트에서는 각 동별 인테리어/마감공사가 다음의 공정으로 진행되었다.

Hotel 인테리어 : 2011.11월 ~ 2012.08월 (약 10개월)

Retail 인테리어 : 2011.01월 ~ 2012.12월 (약 12개월)

※ 상기 Hotel 및 Retail 일부구간을 제외하면, Core & Shell계약이므로 인테리어공사는 시공사의 Work scope가 아님.

2 철골공사

1) 동별 개요

당 현장에서 철골이 적용된 구간과 물량은 다음과 같다.

(단위 : TON)

Tower A	Tower B	Tower C	Hotel	Retail	Total
7,310	17,110	7,785	4,210	5,802	42,217

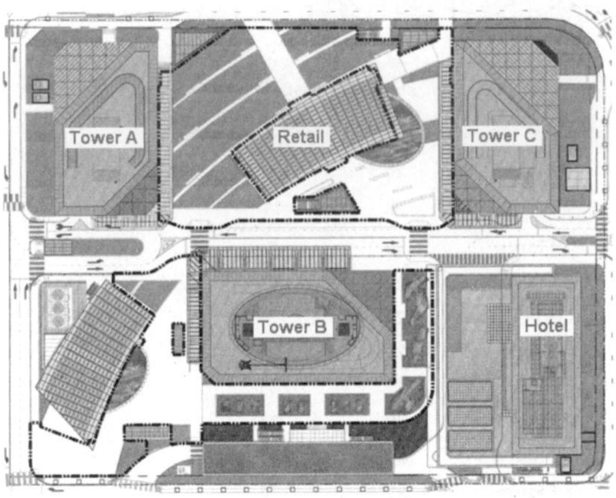

그림 11.1 평면도(동배치)

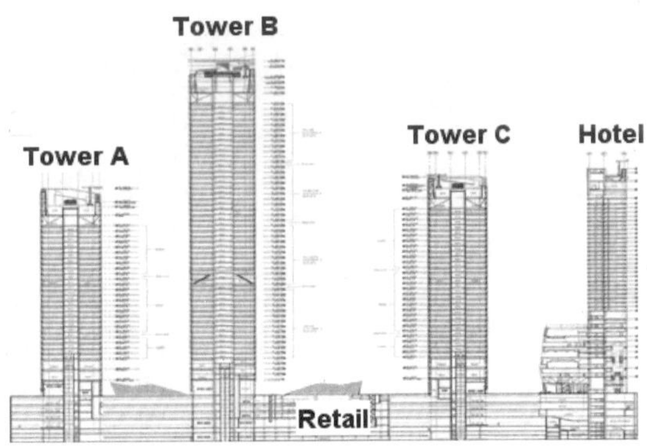

그림 11.2 주단면도(동배치)

2) Tower C 철골공사(코어선행 : 외주부 철골후행 공법 진행)

(1) 개요

타워 C동은 지상 32층, 지하 7층, 최고높이 186m로서 기준층 층고 4.5m, RC코어와 SRC 외주부 기둥 & Girder/Beam 으로 구성되어 있다. 내부코어가 외주부 철골(Column & Girder, Beam)에 선행하여 진행되며, 주요 Work Sequence는 다음의 도식과 같다.

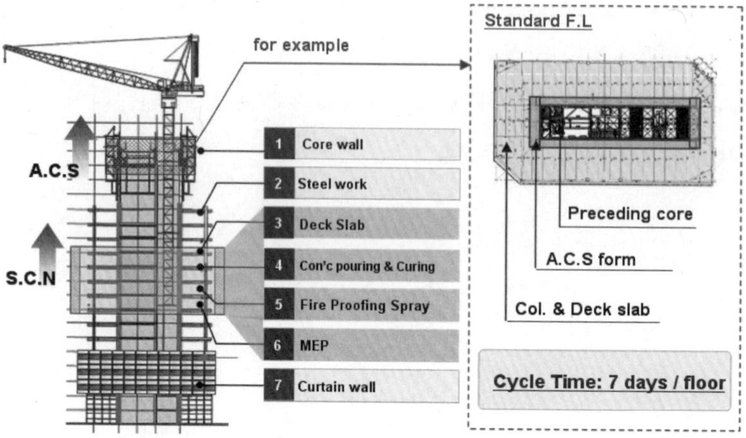

그림 11.3 Tower C 코어선행 Work Sequence

그림 11.4 공사진행 사진

(2) 물량

Tower C의 전체 철골물량은 7,785ton이며, 사용된 주부재는 Column 458EA, Girder & Beam 2,964EA임. 층별로 설치되는 철골 물량은 다음의 표와 같다.

Tier No.	Floor	Height (m)	Note	Number of member	
				Column	Girder&Beam
1	B5F ~B7F	12.0	3 Floors	20	-
2	B3F ~ B4F	14.0	2 Floors	20	11
3	B1F ~B2F	13.5	2 Floors	20	0
4	1F	13.5	1 Floors	20	0
5	2F	9.0	MECH (1 Floor)	20	136
6	3F	9.0	1 Floor	20	72
7	4F~ 6F	13.5	3 Floors	20	231
8	7F ~9F	13.5	3 Floors	20	223
9	10F ~12F	13.5	3 Floors	23	245
10	13F ~ 15F	13.5	3 Floors	23	274
11	16F ~ 18F	13.5	3 Floors	23	273
12	19F ~ 21F	13.5	3 Floors	23	249
13	22F ~ 24F	13.5	3 Floors	26	273
14	25F ~ 27F	13.5	3 Floors	25	266
15	28F ~ 30F	13.5	3 Floors	24	249
16	31F ~ ROOF	13.5	4 Floors	40	201
17	~ PH ROOF	11.0	2 Floors	51	158 (Brace 18)
18	~Parapet	6.0	1 Floor	40	103
Total		223.0 (B39+T184)		458	2,964 (Brace 18)

그림 11.5 List steel tier member

(3) 작업량 산정

고층구조물의 철골설치작업은 주로 장비(T/C)에 의해 이루어지므로 주요 부재에 필요한 작업소요시간 산정 및 T/C의 양중부하계산을 통해 철골 프레밍작업의 work cycle (예상작업주기)을 산정하여야 한다.

Description	Column	Girder & Beam
Rope installation	5 min	4~6 min
Liftting Member&Positioning	10min	5~6 min
Connection	15min	5~10 min
Rope Uninstallation	10 min	6 min
total	40min/time (1Piece)	20~30min/time

그림 11.6 주부재(Colomn, Girder & Beam) Lifting duration

철골 프레밍작업은 양중장비(Tower Crane)의 부하 및 연속적인 작업을 통한 효율성 증대를 위하여 기준층에 대하여 다음과 같은 Zoning을 통해 순차적으로 작업을 진행한다. 철골 Column은 3개 층을 1개 절로 하여 설치되며, Zone별 설치되는 물량에 따른 예상 작업주기를 산정하여 공사를 실시한다.

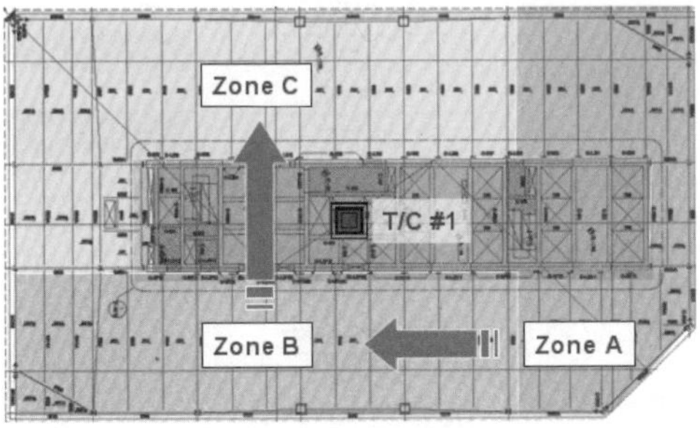

그림 11.7 철골 프레밍을 위한 평면 Zoning

Typical tier (3 Floors)		Quantity		Installation duration (hr)		Equipment
		Column	Gird /Beam	Column	Gird /Beam	
Zone	A	8 pcs	26 pcs*3	5	26	TC#1
	B	7 pcs	29 pcs*3	5	29	
	C	8 pcs	36 pcs*3	5	36	
Total		23	273	106 hr / 7.8 hr/day = 14 day		

그림 11.8 평면 zoning에 따른 작업주기 산정

(4) **철골 Framing**

철골 Framing 설치개념도 및 작업흐름도는 다음과 같다.

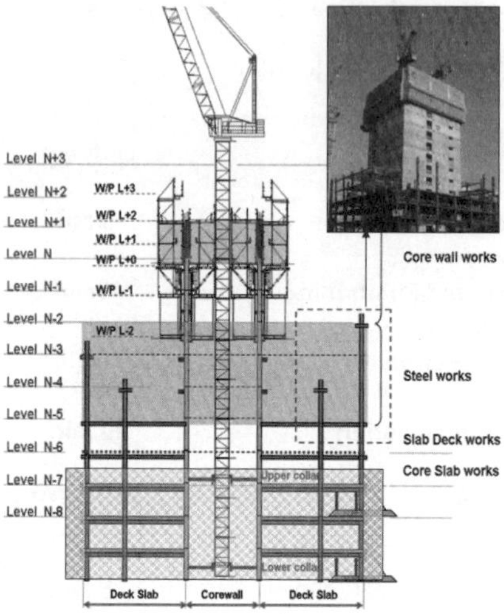

그림 11.9 외주부 철골설치 개념도

철골설치 작업흐름도는 지하구조와 지상구조로 나누어, 각각의 Process는 다음과 같이 진행된다.

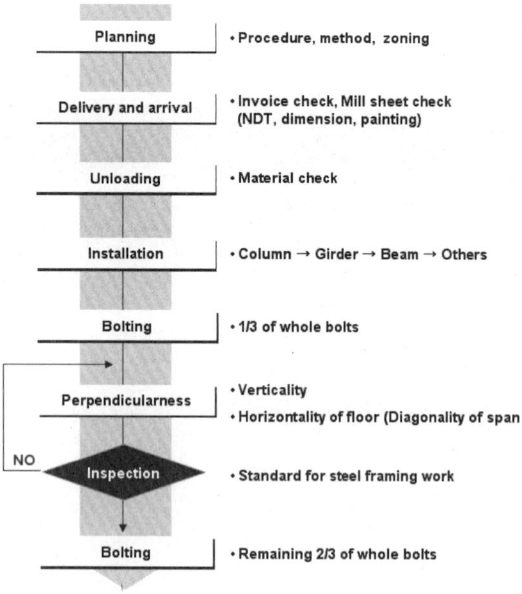

그림 11.10 상부구조(above ground process)

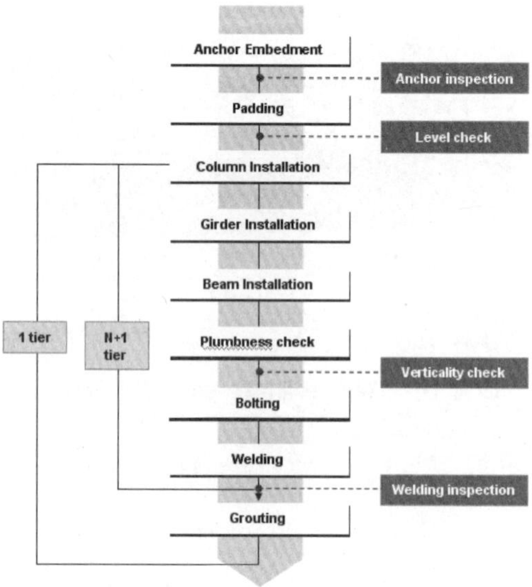

그림 11.11 지하구조(basement process)

(5) **측량계획(수직도 측량** : verticality check)

고층구조물은 시공오차의 최소화를 위하여 부재설치 전 수직도를 확인하며, 당 현장의 경우 입면구간의 경사부재 설치시 추가적인 수직도 확인을 실시하였다. 수직도 확인 개념도와 관련장비는 다음과 같다.(건물의 수직도는 ±50mm(Vertical tolerance)로 관리)

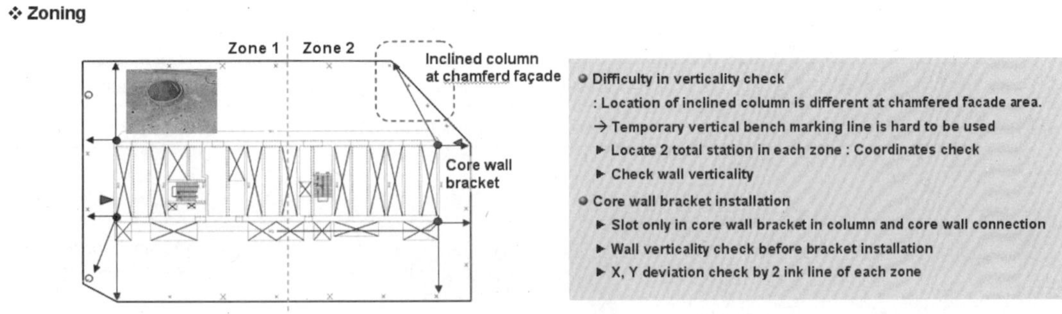

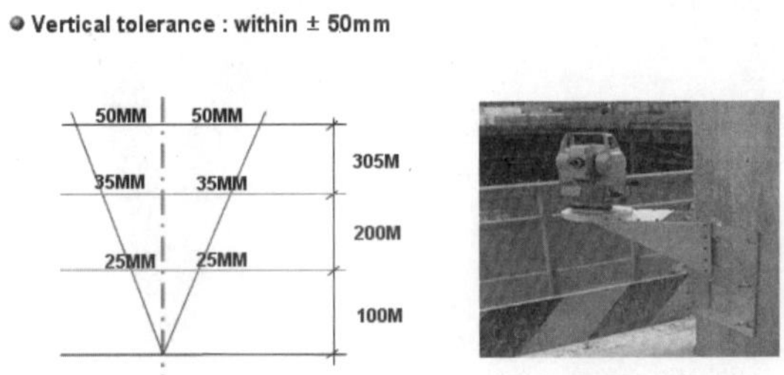

그림 11.12 Core wall bracket

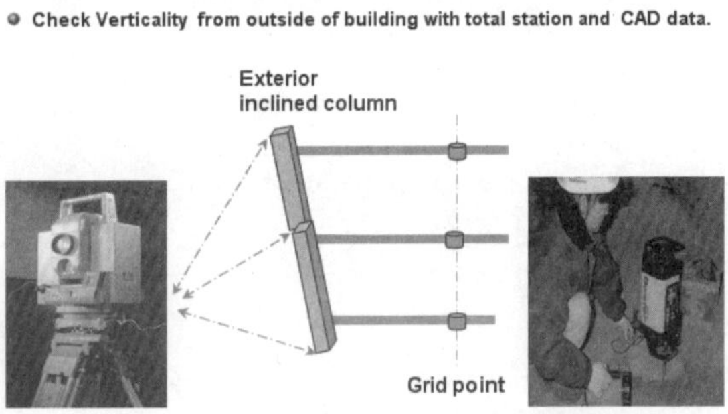

그림 11.13 survey for inclined column

① 기준점 설정이란?

- 평면(X, Y) 기준점 : 4개소 이상
  - 건물기초 및 철골구조물 설치의 기준이 되는 측점으로 공사완료시까지 유지관리 및 시공이 가능한 지점을 선정하여 견고하게 설치한다.(주기적인 확인이 필요함)
  - 국가 기준점에서 관측은 필요하지 않으나 지적경계와 연계하여 설치하여야 함.
- 높이(H) 기준점 : 2개소 이상
  - 층고를 결정하는 기준으로 평면기준점과 같이 지반 변형이 없고 견고한 지점에 설치한다.(주기적인 확인이 필요함)
  - 국가 수준점에서 관측은 필요하지 않으나 부지정지 높이 기준과 연계하여 설치하여야 함.

② 외주부 기둥 수직도 측량순서

- 기둥 1개 절(2개 층)을 설치 후 건물기준점을 이용하여 기둥수직도 검측시 광파기 기계를 이용하여 수직도를 검사한다.
- Column의 수직도 관리는 1개 절당 실시하며, 관리허용오차는 ±10mm로 관리하고, 한계허용오차는 ±15mm로 관리한다.

관리허용오차	기울기(e) ≤ h(높이)/1000	e≤10mm
한계허용오차	기울기(e) ≤ h(높이)/700	e≤15mm

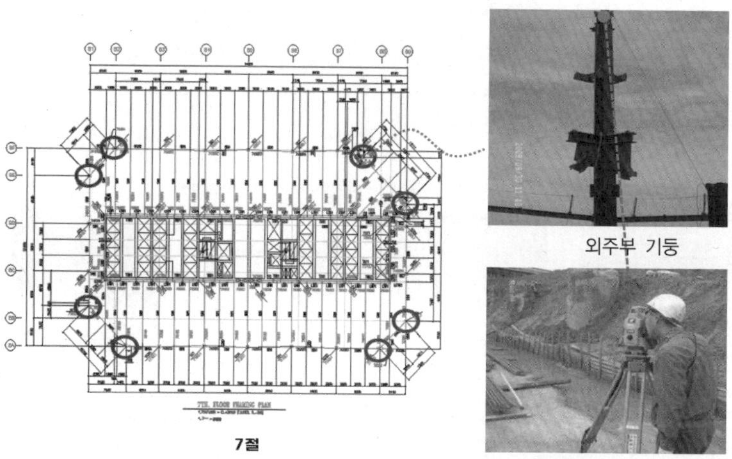

그림 11.14 Tower B 외주부 철골기둥 수직도 측량

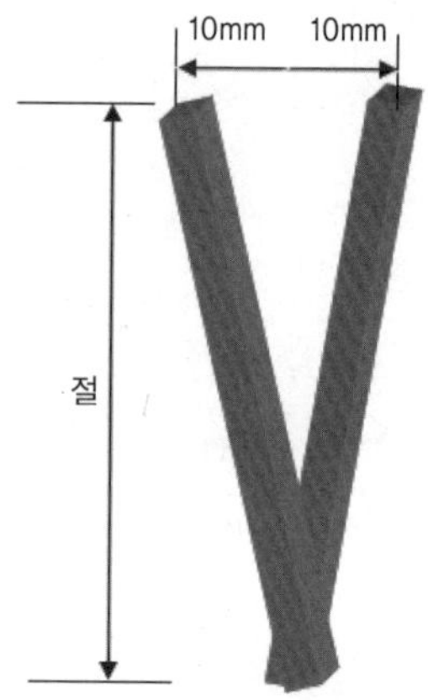

그림 11.15
기둥 1개 절 수직도관리

(6) 용접관리

철골부재 용접 일반사항(용접 적용조건)

구 분	내 용
적용기준	AWS D1.1-STRUCTURAL WELD CODE
용접방법	1 수동피복금속 아크용접 (SMAW) 2 플럭스코드아크용접 (FCAW) 3 서브머지드 자동아크용접 (SAW) 4 스터드용접
용접사 기량	AWS D1.1 요건에 따라 기량 시험에 합격한 자

용접재료표

모재 (Base Metal)	용접방법	용접재료	
		규격	명칭
SS400 SM520 SM570 SM570TMC	SMAW (수동피복금속)	AWS A5.1	E 7016 E 7028
	FCAW (플럭스코드아크용접)	AWS A5.20	E71T-1 슈퍼코드 81 (SM570 이상)
	SAW (서브머지드아크용접)	SAW (서브머지드아크용접)	S-777MX S-777MXH (SM570 이상) H-14 A-3 (SM570 이상)

① 용접사관리 (용접사 기량 TEST)

- 모든 용접사는 국가지정기술을 취득하고, 실무경험이 풍부한 기술자에 의해 시행되어야 함.
- 현장 용접사는 모두 기량 테스트를 통해 선발함.
- 자격증을 패용하도록 하여 현장에서 식별 가능토록 관리함.
- 각 용접 완료 부위는 용접사의 ID Number와 이름을 기재함.

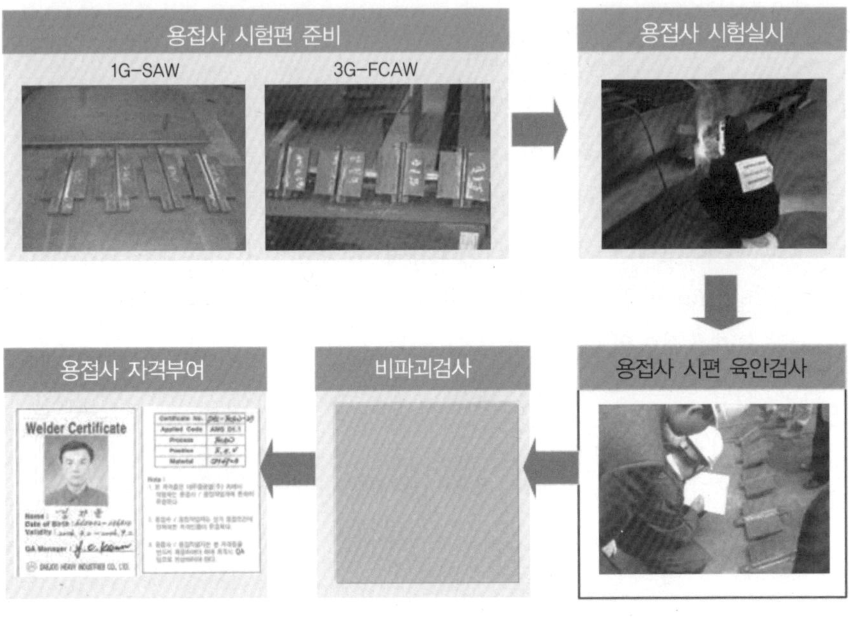

그림 11.16 용접사 기량시험 Flow

② **방풍막**

- 용접기는 CO_2 용접기 사용
- 용접불꽃비산방지를 위한 비산방지막 사용
- Column 용접시는 방풍막을 제작하여 사용
  (불꽃비산방지 : 화재예방, 바람 유입 방지, 결함방지)

그림 11.17 불꽃비산방지막(외주부기둥)

그림 11.18 방풍막 제작사진

③ **용접작업관리**

- 기상조건에 의한 작업제한
  - 눈, 비로 용접부가 젖었을 때, 습도 90% 초과, 풍속 6m/sec 이상시
  - 기온이 0℃ 이하일 경우 상온으로 상온으로 예열 후 용접
  - 기온이 0℃~15℃일 때의 용접시는 예열 후 용접
  - 예열온도 측정은 초크온도계를 용접선에서 100mm 떨어진 곳에서 확인
- 모재용접면의 이물질은 와이어 브러시로 제거, 수분/기름 등은 가스버너로 제거
- 용접실명제 실시
  - 각 용접완료 부위는 용접사의 ID number와 이름을 기재

두께별 예열온도	
3T~19T	0℃
19T~38T	10℃
38T~64T	66℃
64T이상	107℃

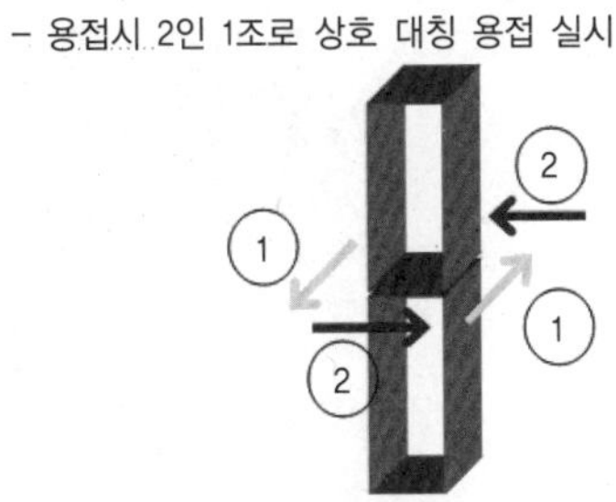

그림 11.21 Col+Col 용접순서

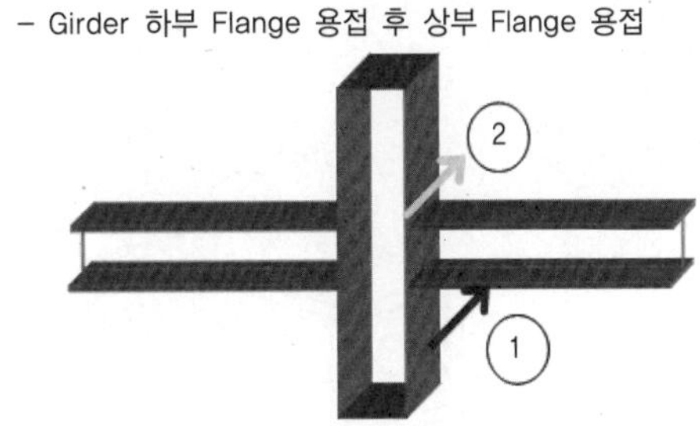

그림 11.22 Col+Girder 용접순서

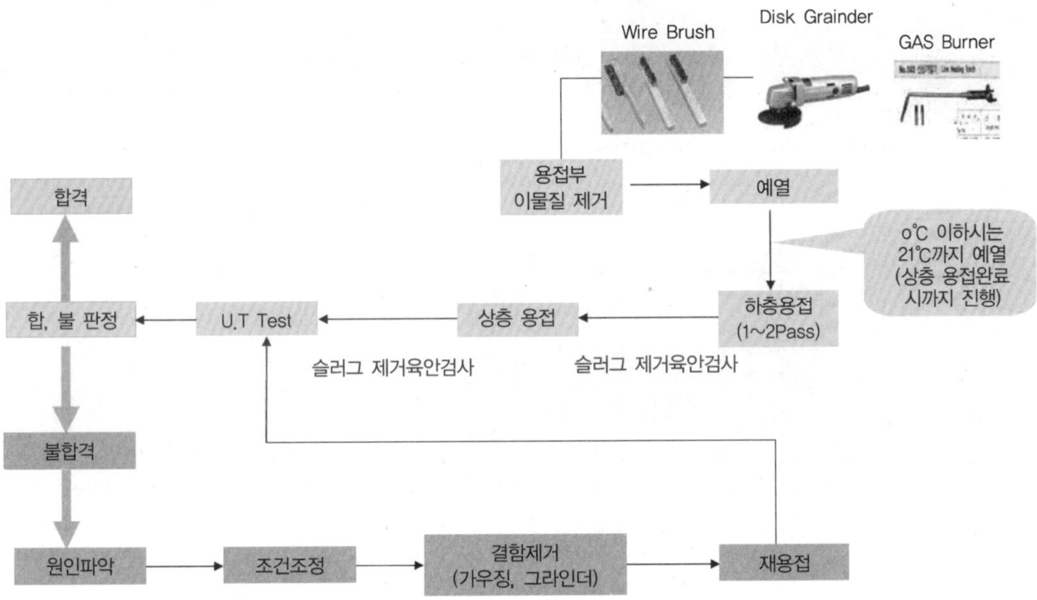

그림 11.23 용접부 Flow chart

당 현장에서 많이 쓰인 Mega box column과 철골구조 시스템에서 특별히 큰 하중을 견뎌야 하는 다중절점 부재(Multi-node member)에는 엄격한 용접관리가 필요하다.

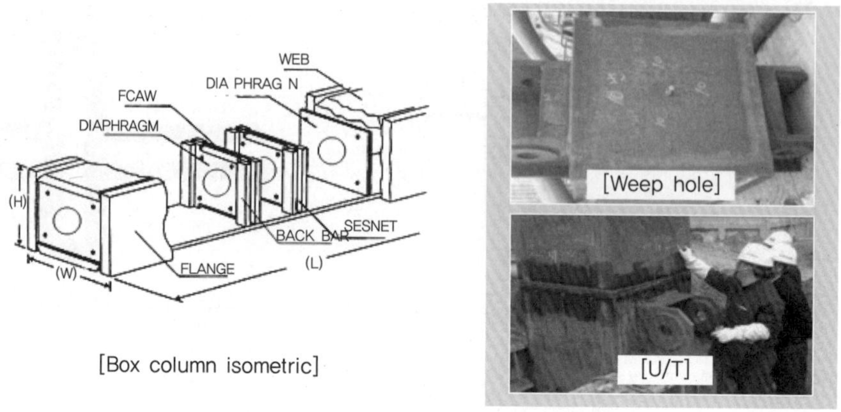

그림 11.24 Box column 용접

- To minimize welding defect, cover plate welding method shall be applied.

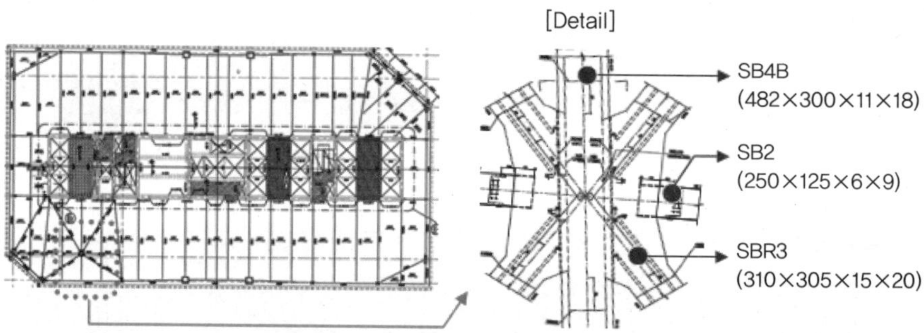

그림 11.25 Multi-node sector 용접

철골용접 부위 시험 종류

구 분	검사 구분	KS 기준	비 고
1. 비파괴검사	R.T(Radiographic Testing)	KS B 0845	용접사 기량 시험
	U.T(Ultrasonic Testing)	KS B 0896	공장 및 현장 완전 용입부
	M.T(Magnetic Particle Testing)	KS B 0213	공장 및 현장 용접부 표면

(7) Bolting 관리

① Bolting시공 일반사항

- Erection Bolt 체결시 Bolt 군에 대해 최소한 2개 이상 체결
- Bolt 체결부는 사전에 이물질 확인 및 제거
- Impaction은 plumbing 완료 후 실시
- Bolt hole의 이상 발생시는 reamer로 수정, 조치
- Bolt의 본체결은 우천시나 결빙시 중단
- Bolt는 절별 1회 매 입고시마다 축력계로 Bolt 축력 Test 실시

그림 11.26 볼트 축력 TEST

② T/S볼트

- 1군 체결은 중앙으로부터 가장자리 순으로 한다.
- 현장체결은 1차 조임→2차 조임(본체결)→육안검사 순으로 한다.
- 1차 조임은 Preset형 torque wrench 또는 옵셋렌치 등으로 부재의 밀착이 충분히 되도록 한다.
- 체결이 끝난 T/S 볼트는 육안으로 검사하며, Pintail의 노치부가 절단되어 있고, 볼트끝이 너트보다 나와 있는 것은 정확히 체결된 것으로 판단한다.

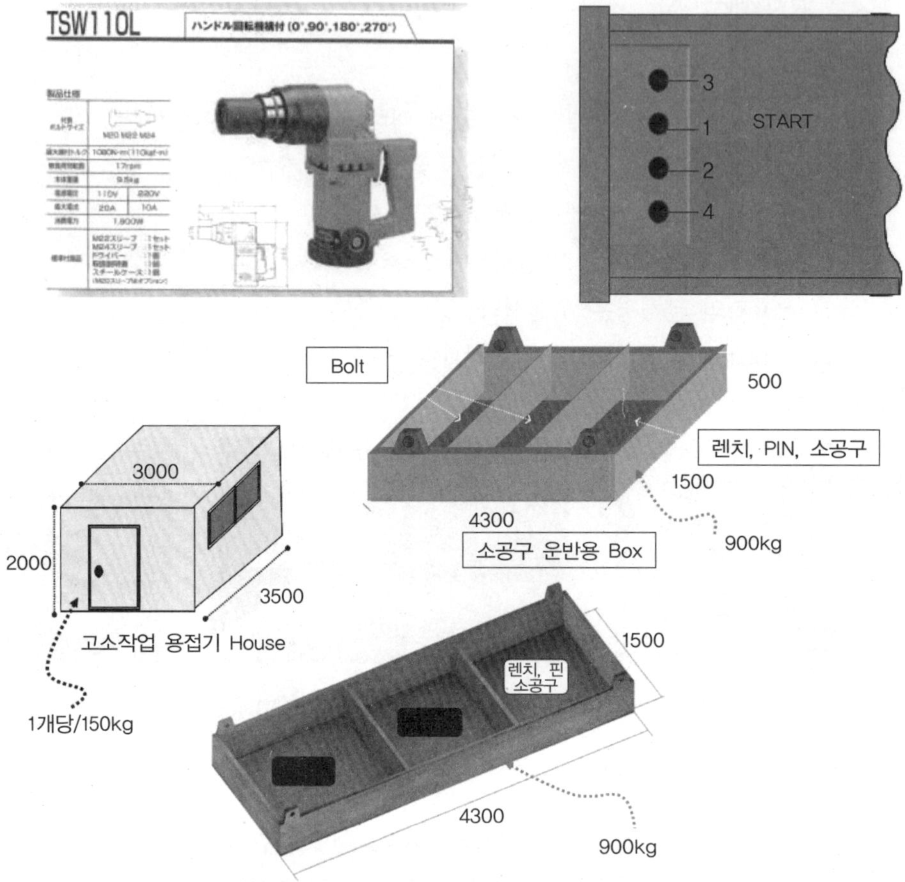

그림 11.27 T/S볼트 공구 및 관련공구함

③ A/C볼트(앵커볼트)

[앵커볼트 설치시 주의사항 : 앵커볼트 급각도 절곡 피함]

- 모르타르가 기초 콘크리트와 부착되기 쉽게 콘크리트면을 거칠게 하고 레이턴스나 먼지 제거
- 앵커볼트 머리부 보호 : 비닐 테이프나 기름칠한 천으로 보호
- 설치에서 철골, 조립까지의 사이에 녹이 발생하거나 나사선이 손상되지 않게 주의

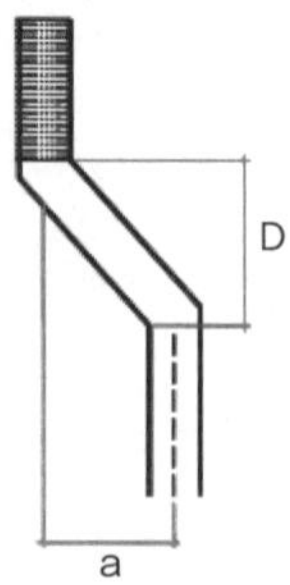

A/C볼트(앵커볼트)

[앵커볼트 설치시 정밀도 검사]

- 앵커볼트 위치 측정하여 철골정밀도 검사 (중심선과 앵커볼트 위치 사이)
- -3mm ≤ 관리허용오차 e ≤ +3mm
- -5mm ≤ 한계허용오차 e ≤ +5mm

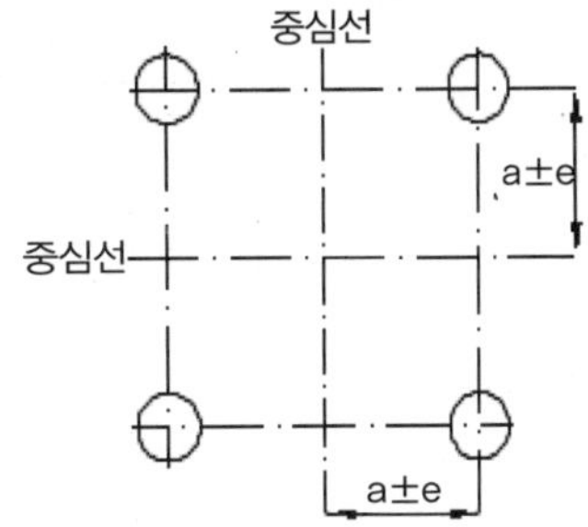

앵커볼트 설치시 정밀도 검사

[앵커볼트의 너트조임]

- 너트조임은 조립완료 후 장력이 균일하도록 실시
- 너트의 재고정은 콘크리트에 의해 매립된 경우를 제외하고 풀림방지를 위해 2중너트로 함.
- 본 현장에서 사용될 앵커볼트는 고정식 앵커볼트로 Bar chair에 용접으로 고정되어 콘크리트에 매설됨.

(8) 기둥 축소량 보정(Column shortening)

초고층구조물의 해석, 설계 및 시공분야에서 중요한 요소기술 중 하나가 수직부재의 축소량 예측 및 보정방법이라 할 수 있다. 일반 건축구조물과는 달리 초고층구조물에서는 수직하중 누적에 의한 수직부재의 탄성변형과 장기간에 걸쳐 나타나는 비탄성변형에 의해 수직부재 축소가 발생한다. 이러한 변형량을 사전에 예측하고 실 구조물 시공시 이를 적절하게 보정함으로써 건축구조물에 대한 사용성 및 구조적 안전성을 확보하여야 한다.

IFC Seoul과 같은 구조시스템의 경우, 부등처짐은 내부코어 벽체와 외주부 기둥 사이에서 주로 발생한다. 기둥부 중력방향 하중과 횡하중에 의해 부재단면이 결정되는 반면, 코어벽체는 횡하중에 의해 부재의 크기가 결정되기 때문에 횡하중에 대한 중력방향 하중비가 상대적으로 적은 경우가 대부분이다. 따라서 내부의 수직하중 부담이 상대적으로 큰 기둥과 수직하중 부담이 상대적으로 적은 코어벽체 간에는 뚜렷한 응력비 차이가 나타나며, 이러한 응력비의 차이는 부재간의 부등축소를 유발하게 된다.

이러한 수직부재 부등축소 현장에 의한 영향을 최소화하기 위해 구조설계단계에서 적용한 재료 성질을 고려하여 수직부재간의 부등축소량을 산정하고, 현장구조물에 설치한 변형률계 게이지를 통해 계측한 데이터를 비교 · 분석하는 시뮬레이션 과정을 수행하였다. 시뮬레이션 과정을 통해 실제 상황에 근접하는 부등축소량을 예측하였으며, 예측된 부등축소량이 구조물의 사용성/구조적 안전성에 심각한 영향을 줄 가능성이 있다고 판단되는 경우에는 현장의 시공 여건에 적합한 보정방안 및 보강안을 제시하여 적절한 조치를 취하였다.

① **축소량이란?**

수직하중하에서 발생하는 수직부재의 축소현상이다.

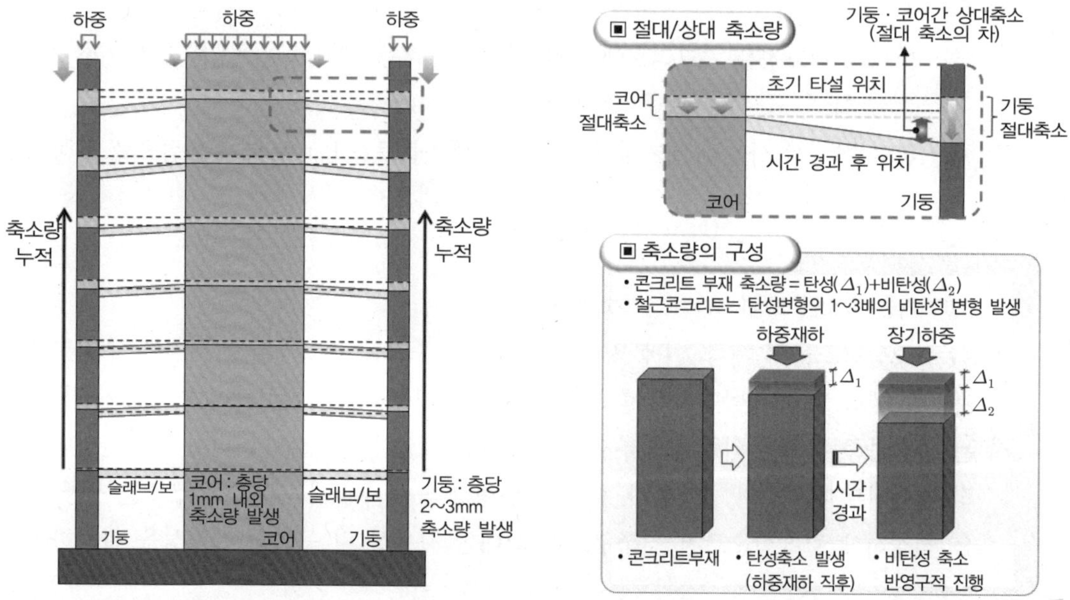

그림 11.28 축소량 개념도

부재의 특성 및 구조시스템 간의 강성 차이에 따라 수직하중에 대한 절대축소량 차이가 발생한다. 초고층 건물일수록 축소량 차이분(상대축소량)이 누적되어 부등축소에 따른 사용성 저하 및 구조안전성 저하 등의 문제가 발생할 수 있다.

- 저층건물의 특성 : 부등축소 발생 적음(저층건물)
- 초고층건물의 측성 : 코어-층당 1mm 내외의 축소량 발생, 기둥-층당 2~3mm 축소량 발생 → 고층부 축소량 누적으로 인한 문제발생(40층의 경우 △40~80mm)

② **축소량 차이로 인한 예상되는 문제점**

- 사용성 및 시공품질 저하 : 슬래브 구배 발생
- 마감재, 설비, 창호(커튼월) 변형 및 파손
- 수평부재 부가응력 발생 : 구조안전성 저하

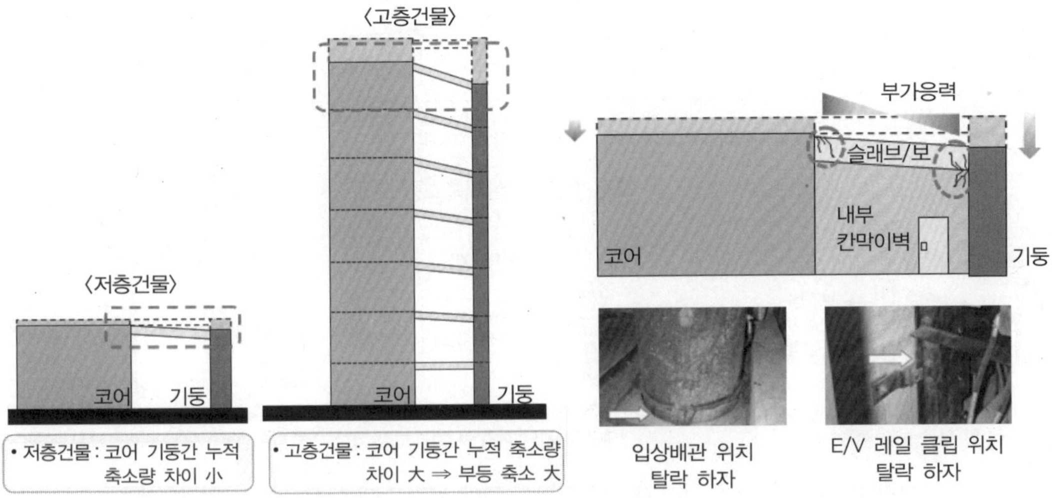

그림 11.29 축소량에 따른 예상 하자

③ **축소량의 발생변수**

- 부재의 특성 : 부재의 탄성계수 및 부재간 상대적인 강성 차이 등
- 기후 및 환경조건 : 온도 및 상대습도
- 시공공정 / 현장조건 : Master schedule, 설계하중 vs 시공하중, 시공오차 등
  - 여러 변수로 인해 설계단계에서 적용 가능한 이론식의 변동폭(하한값 대비 상한값의 차이)이 크며, 실제 발생되는 축소량은 주요 예측식에서 제시된 변동폭의 2배 수준으로 나타남.

    따라서 설계시 정확한 축소량 예측 및 반영이 불가하므로 현장 특성 및 환경에 맞는 재료시험 결과를 반영하여야 한다. 변형률 모니터링을 통해 실제 축소량을 검증하여야 한다.

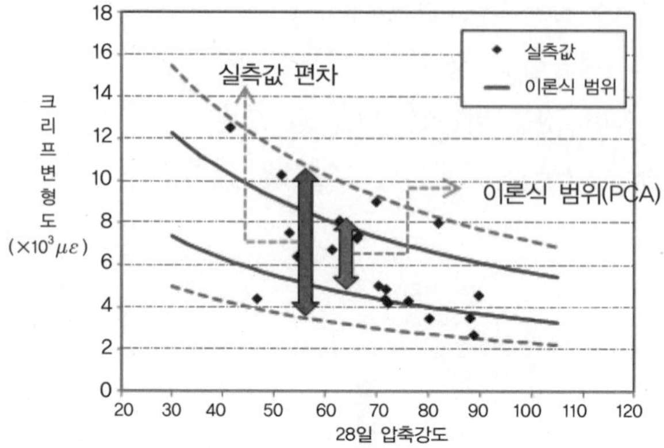

그림 11.30 실제축소량 분포

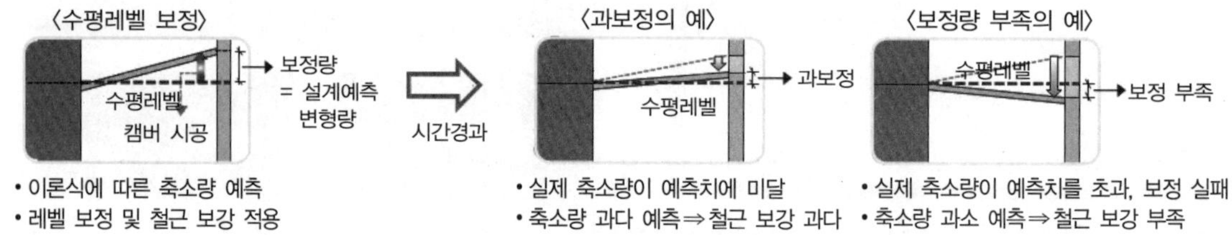

그림 11.31 이론식과 실제 축소량 차이로 인한 보정 과다 / 부족 현상 발생의 예

④ 축소량 계측

설계단계에서의 정확한 축소량 예측이 어렵기 때문에 실제 공사과정에서의 주요 축소량 발생 예상 부위에 대한 주기적 계측 및 보정이 필요하다.

- **Instrumentation : Each floor data ➔ Deviation management**
- **Correction : Displacement check in every 3 floor (about 13.5m)**
  ➔ Member length control comparing actual displacement with presumption

Period	Frequency
1 week after installation	Once per day
1 month ~ Completion	Once per week

⑤ **철골공사시 축소량 발생 주요 부위**

- 아웃리거 기둥과 주변부 기둥간에 큰 부등축소량 발생
- 외주부 기둥과 코어간 큰 부등축소량 발생

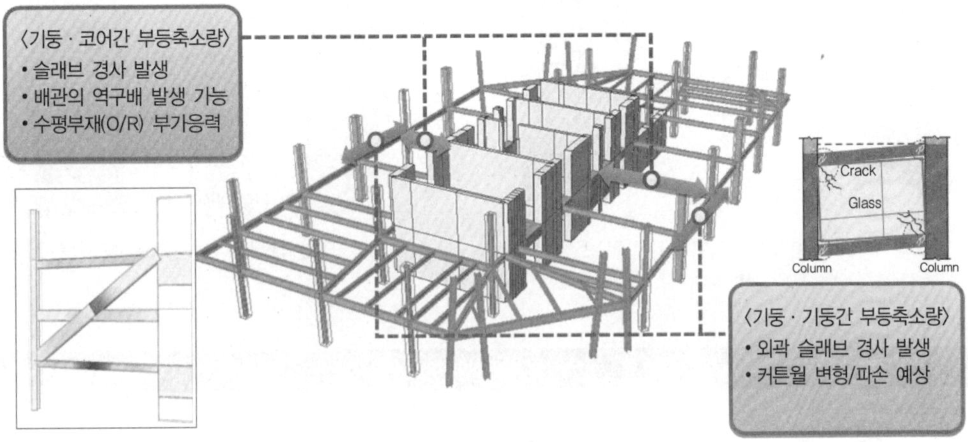

⑥ **철골공사시 축소량 보정방안**

(계획단계) : 사전 축소량 해석 수행을 통한 설계단계 반영

- 부재 크기 및 배치 조정(기둥 단면 변경 등)
- 부재길이 수정 : 공장제작시 축소량 예측분을 고려하여 제작 및 시공 도면상에 제작치수가 표기되어 관리되어야 함.

(공사단계) : 매립된 축소량 계측기를 통하여 축소량 추가보정(주기적 모니터링)

- 철판 설치 : 축소량 발생분 만큼 얇은 철판(Shim plate)를 설치하여 보정 시공오차 및 축소량을 고려하여 몇 개층에 1개소씩 보정함.
- 보강조인트 설치 : 초고층건물의 경우, 기둥-코어간 부등축소 문제로 인해 아웃리거 체결시 부재에 큰 부가응력이 발생하므로 부가응력을 흡수하기 위한 보강 조인트를 설치함.(Delay Joint, Adjustment Joint, Outrigger Damper Method)

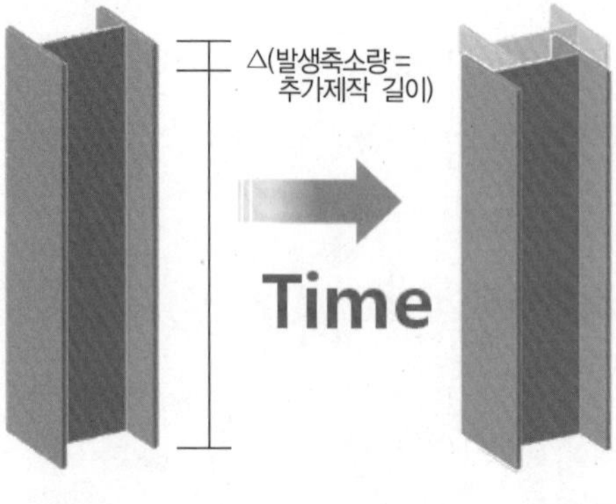

그림 11.32 설계시 반영(부재길이 조정)

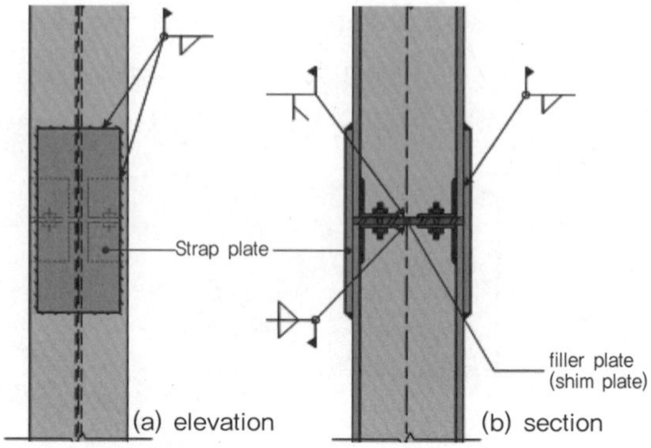

그림 11.33 철판으로 오차분 조정

Delay Joint(Oversize slot hole)	Adjustment Joint	Damper Method
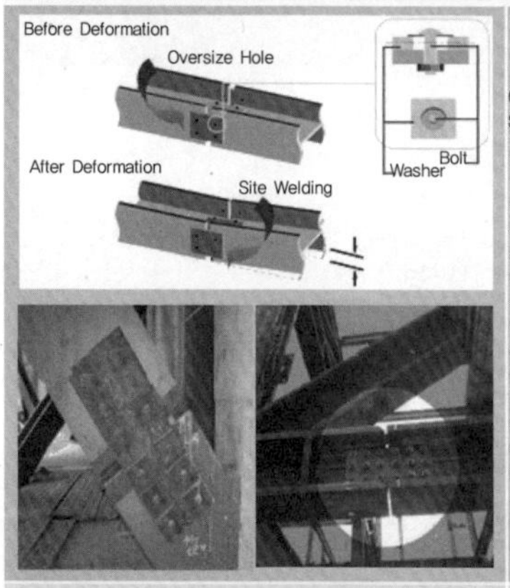	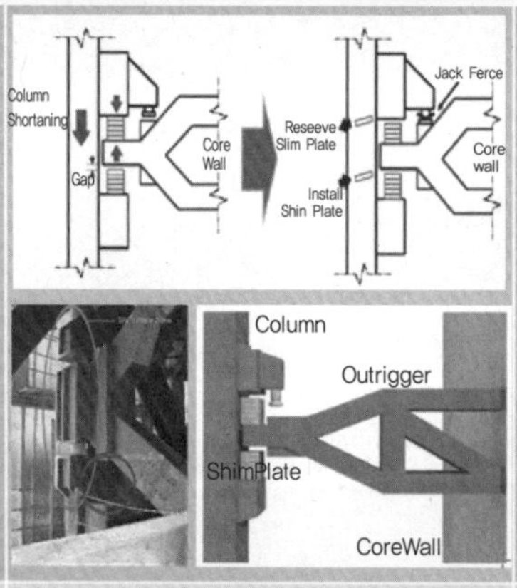	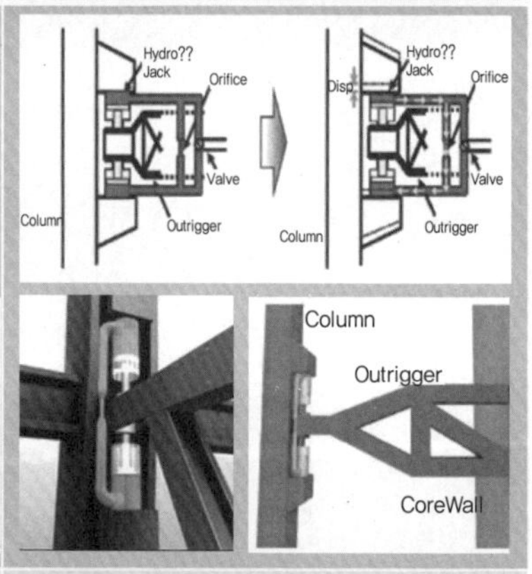
*진마오 타워(420.5m, 93층) 등 기존의 건축물에 자주 적용됨.	*목동 하이페리온(245m, 69층)	*송도 동북아무역센터(305m, 68층)
아웃리거 체결 시점을 골조 완료 이후로, 조정하여 아웃리거 부등변위 조절	시공 중 발생하는 부등축소에 따라, Sim plate를 설치하여 부등축소에 대응하며, 횡하중에 대한 아웃리거 거동 가능하게 함.	장기적인 축소량 변형은 댐퍼에서 흡수하며, 급격한 횡하중에 의한 변위 발생 시는 고정단으로 작동

그림 11.34 아웃리거 보강 조인트 설치 사례

(9) 안전 및 품질관리

- Construction management
  - 지정된 장소로의 철골 자재운반, 야적, 수직양중
  - 승인된 설치방법, Process에 따른 설치사항 확인 · 감독
- Quality control
  - 부재조립과정에서의 공장검수 실시
  - 수직도 확인(검수)
  - 적격의 숙련된 용접공(Qualified)
  - 현장용접을 위한 Ultrasonic test
- Safety management
  - 매층 안전방지망(추락방지망)
  - 교육된 신호수 배치
  - 적격한 방풍망(wind braker), 불꽃비산방지망(Spark screen)
  - 일일 현장 정리정돈 실시

• Protective net for wind & spark
• Safety railing & vertical safety net

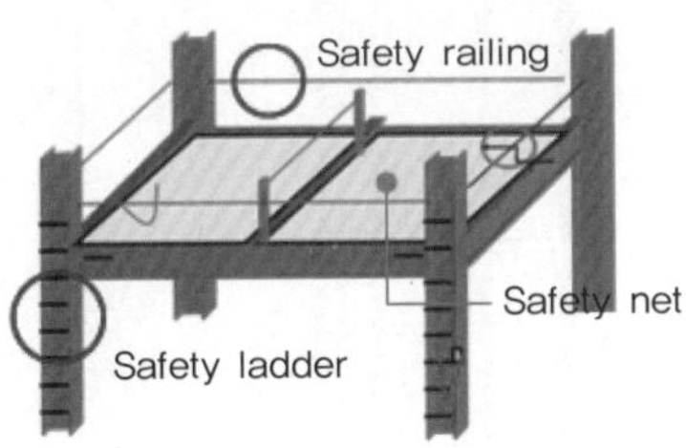

그림 11.35 추락방지 안전시설

• Non-destructive test(UT, MT)
• Welding house(high level area)
• Mark welder's name on welding point

그림 11.36 용접시 불꽃비산방지시설

- 관련법규와 규격(reference code and regulations)
  - 건축공사표준시방서
  - KS(Korean Standard)
  - JIS(Japan Industrial Standard)
  - AWS(American Welding Society)
  - SSPC(Steel Structures Painting Council)

- 우선순위(Priority)
    - 철골제작 사양서, Standard spec.
    - Shop drawing.

3) Tower B 철골공사(코어후행 : 외주부 철골선행공법 진행)

(1) 개요

타워 B동은 지상 55층, 지하 7층, 최고높이 284m로서 기준층 층고 4.5m, RC코어와 SRC외주부로 구성되어 있으며, 외부 커튼월 마감으로 구성되어 있다. 55층 중 22, 34, 45층에서 총 3회의 코어 평면 변화가 있으며, 20층에서 21층 및 54층에서 55층 두 번의 아웃리거층이 형성되어 있다.

1) Structure : RC core + steel structure
- Under ground-steel column
- Above ground-steel+Deck plate
- 20~21F, 54F-steel Outrigger

2) Floor height
- Typical, H = 4.5M
- 1F H = 13.5M
- B1 H = 7.5M
- B2~B3 H = 6.0M
- B4 H = 8.0M

3) Outrigger
- 20~21F & 54F, H = 9.0M

4) Core Wall section
THK = 400mm(Core in)
THK = 800mm(Core out)

5) Set-back in plan
: 3Times(22F, 34F, 45F)

6) Tower height
- Super : 284.0m
- Sub : -38.5m

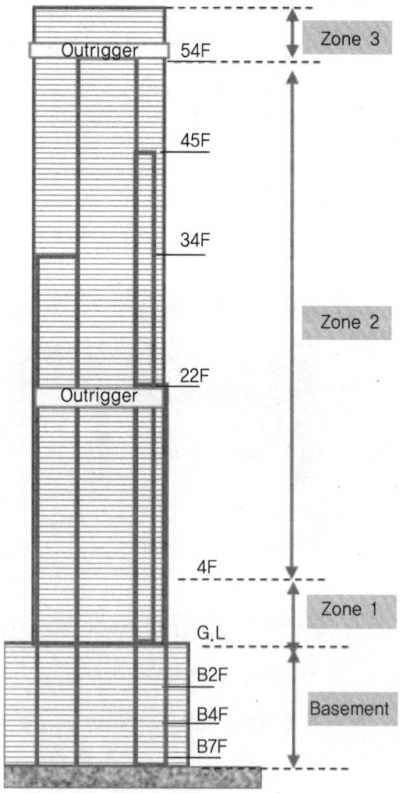

그림 11.37 Tower B 구조개요

그림 11.38 Tower B 조감도(55F, 284m 높이)

(2) 적용공법

타워 B동의 경우, 고층구조물에서 일반적으로 적용되고 있는 코어선행 - 외주부 기둥 및 보후행공법이 아닌 외주부의 기둥과 보가 선행후, 중심의 코어가 후행하는 형태의 공법이 적용되었다.

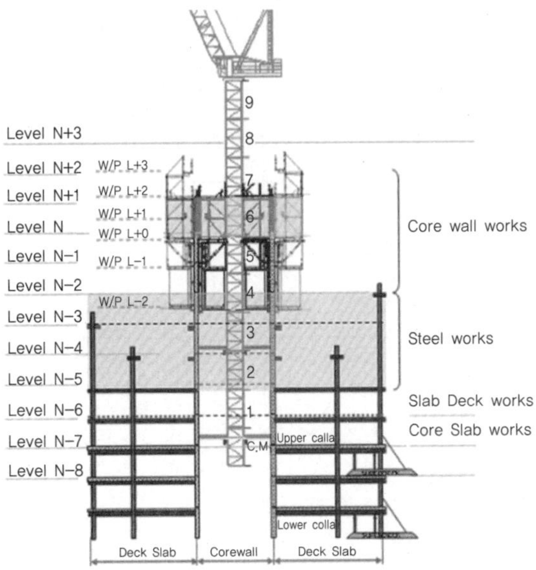

그림 11.39 Tower C(코어선행 외주부 후행)

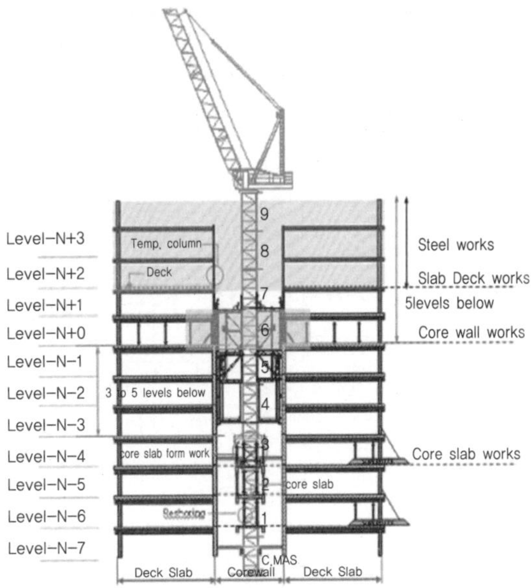

그림 11.40 Tower B(외주부 철골선행)

그림 11.41 공사진행 사진 1

그림 11.42 공사진행 사진 2

(3) Tower B 철골공사 스케줄(상부구조물)

자재반입부터 옥상층 헬리패드 철골구조물 설치까지 약 20개월이 소요된다.(outrigger 2개 층 포함)

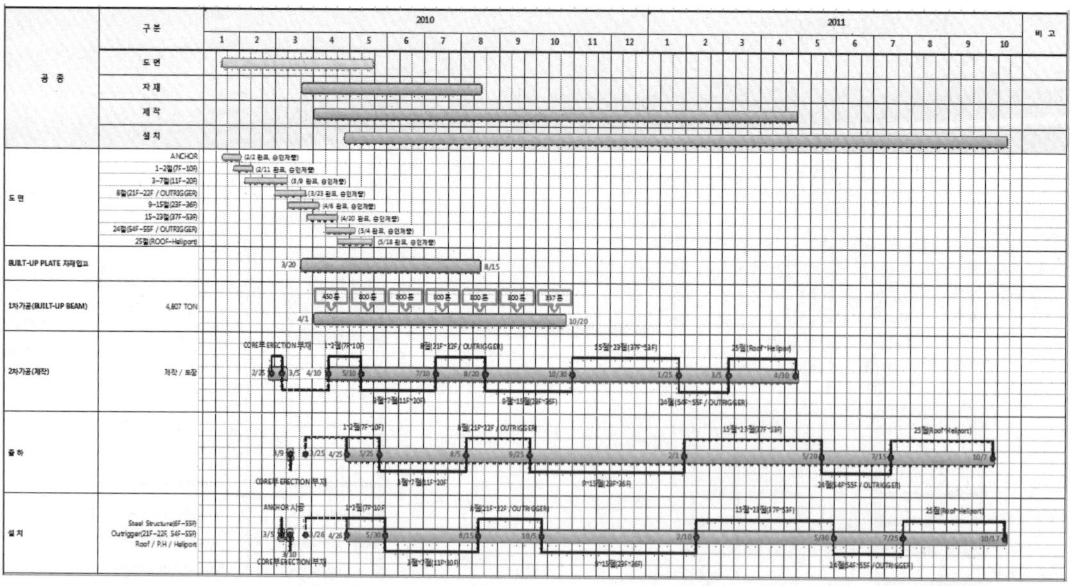

타워 B동의 선행공종인 철골공사에서 기준층 철골부재는 코어 내부 이렉션(erection) 부재를 포함하여 1개 층 기준으로 존별 평균 기둥 19부재, 거더빔 164부재 규모이다. 철골 설치에 소요되는 통상 공기를 적용시 1일 기둥 12부재, 거더빔 약 30부재로 환산시, 수직도 보기와 볼팅 · 용접을 포함하여 2개 층 1절 기준으로 1개절 당 약 11일 정도 소요되므로 1개 층당 약 5일 내지 6일 사이클로 공정이 진행되었다.

① **철골작업일 산정(1개절 - 1 Zone으로 구획)**

- 1일 설치부재 : 기둥 12pcs, 거더 & 빔 35pcs 기준
- 기둥설치 : 19pcs/절 ÷ 12pcs/day = 1.5day/절
- 거더/빔 : 164pcs/절 ÷ 35pcs/day = 4.6day/절
- 수직도 체크 : 1day/절
- 볼팅 및 용접 : 3day/절

→ 절당 약 11일 소요 (층당 5.5일 소요)

(4) Tower B 철골공사 주요구조 시스템

Tower B는 55층, 284m의 초고층 구조물로, 지진 및 풍하중 등의 lateral force에 효율적으로 저항하기 위한 구조 시스템인 아웃리거가 20~22층, 54~55층에 각각 설치되었다. 또한 최상부 옥상층에는 헬리패드 철골구조물이 설치되었다.

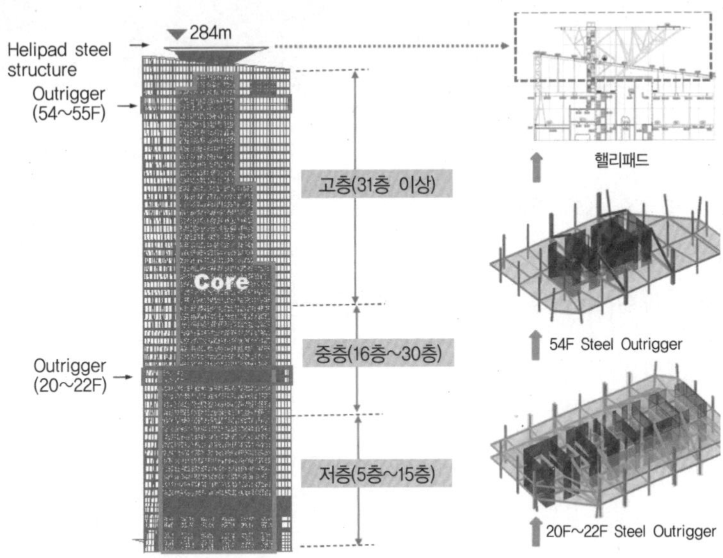

그림 11.43 Tower B 아웃리거 & 최상층 헬리패드

(5) 아웃리거(outrigger)

① 층높이에 따른 횡력저항구조 시스템

초고층 건물은 큰 건물 중량을 지지하기 위해 수직부재의 크기가 증가하며, 특히 풍하중에 대하여 저항하기 위한 횡력저항구조 시스템은 고층화할수록 급격히 증가하게 된다. 따라서 초고층 건축물의 구조설계 시 효율적인 횡력저항 시스템 선정이 경제성 확보를 위해 가장 중요하다.

층높이에 따른 골조 물량 비교(철골조)

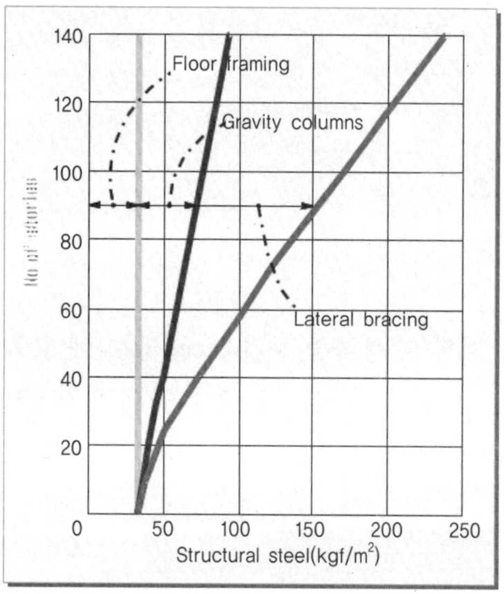

층높이 적합한 횡력저항구조 시스템

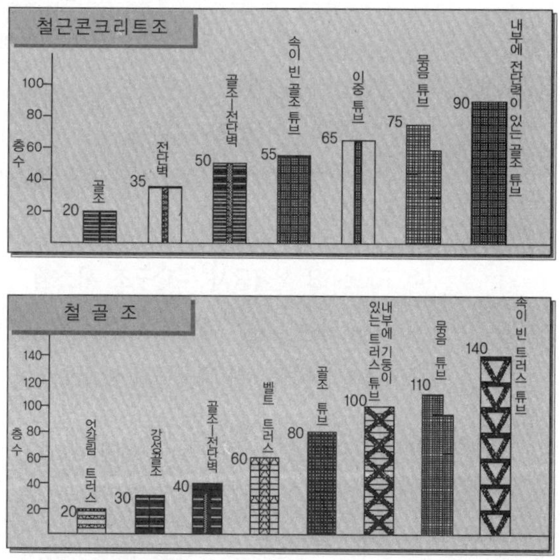

② 초고층 횡력저항구조 시스템 종류

초고층 건물의 횡력저항구조 시스템은 횡하중(지진하중 및 풍하중)에 대한 안전성, 진동에 대한 사용성, 경제성 등을 고려하여 선정해야 한다.

초고층 건물의 횡방향 하중

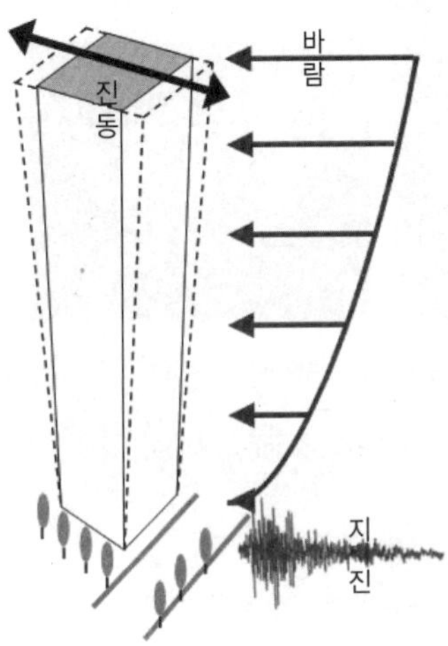

초고층 횡력저항구조 시스템의 종류

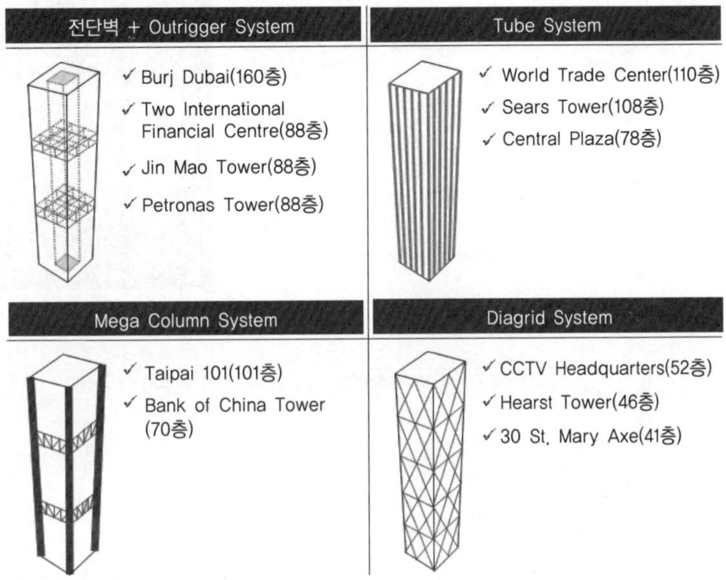

③ Tower B 아웃리거

지하 7층~55층까지 총 25개 절의 철골구조 중 20~22층(12~13절)에서 1차 아웃리거층이 형성되고, 4층(24절)에서 2차 아웃리거층이 형성된다. 아웃리거 시스템은 강성이 큰 벽체나 트러스로 내부 코어와 외곽기둥을 수평방향으로 연결한 구조시스템으로 적은 물량으로 건물의 휨변형을 억제하는 구조형식이다.

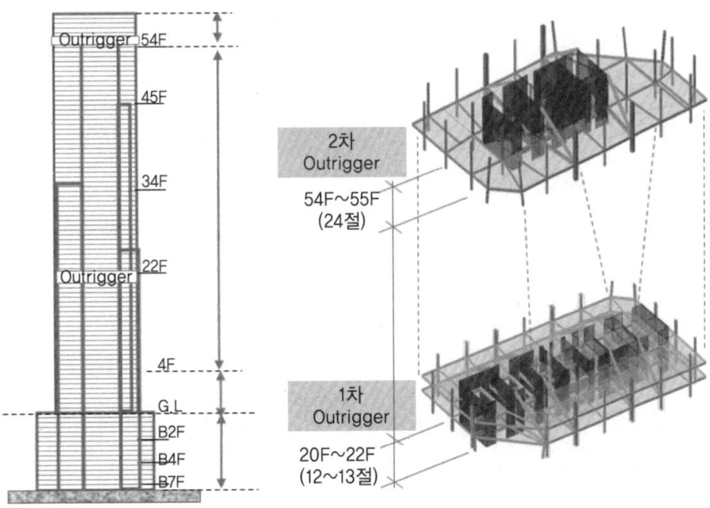

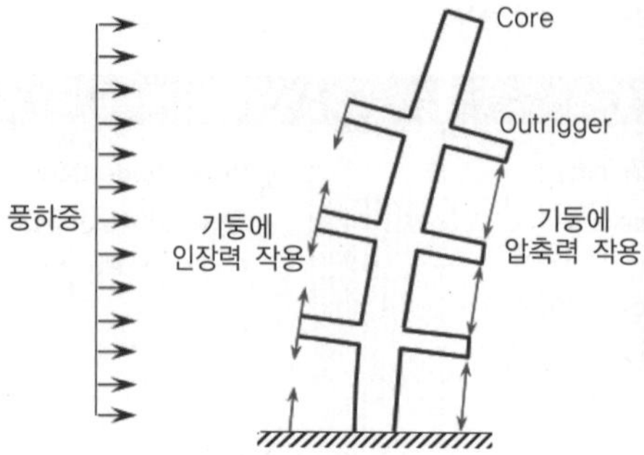

〈수평하중을 받는 아웃리거〉

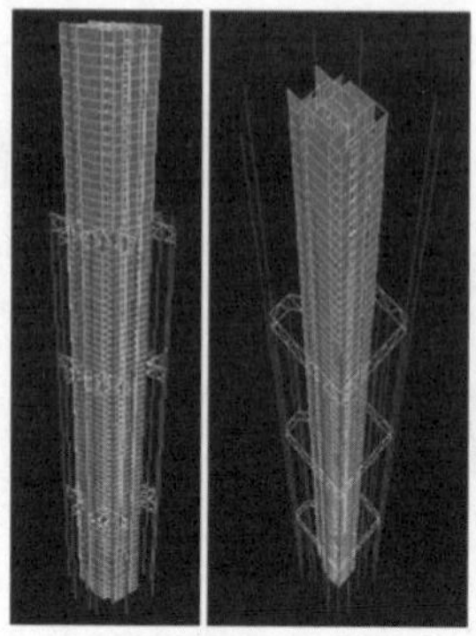

아웃리거 및 벨트 트러스 배치 예

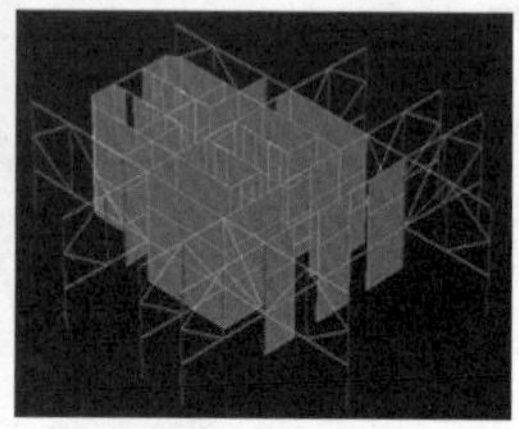

Outrigger Arrangement 예

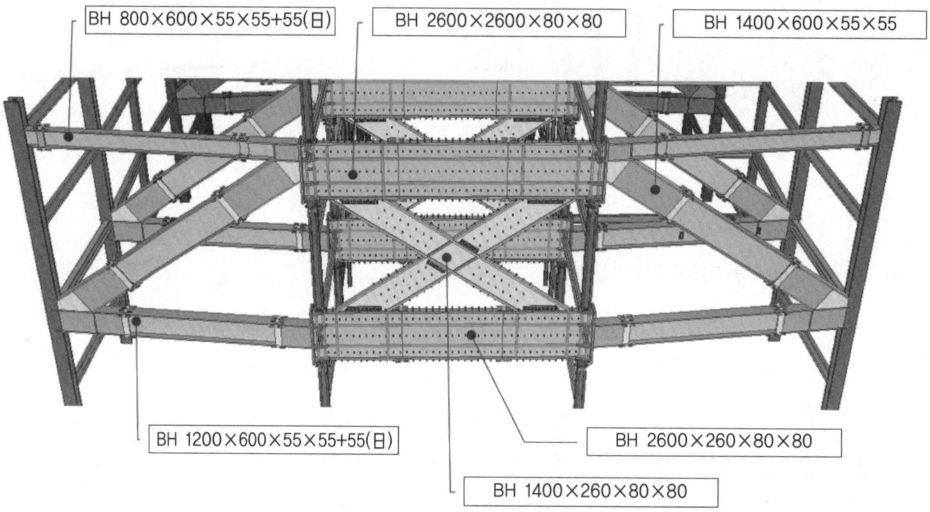

그림 11.44 아웃리거 부재규격

4개 열에 걸쳐 4세트의 아웃리거구조가 형성되며, 코어 내부는 H = 2,600 높이의 BH 거더 및 H = 1,400의 X형 브레이스가 매립되고, 외주부 20층 및 22층 슬래브에 H = 1,200, H = 800 규모의 박스거더로 구성된 아웃리거가 설치된다.

④ 아웃리거 분절 설치

현장 타워크레인 제원 및 하역장 위치를 고려하여 아웃리거부재 공장제작시 현장에서 양중, 설치가 가능한 최대 중량을 사전검토하고, 그에 따른 분절계획 수립을 통해 제작 및 입고한다.

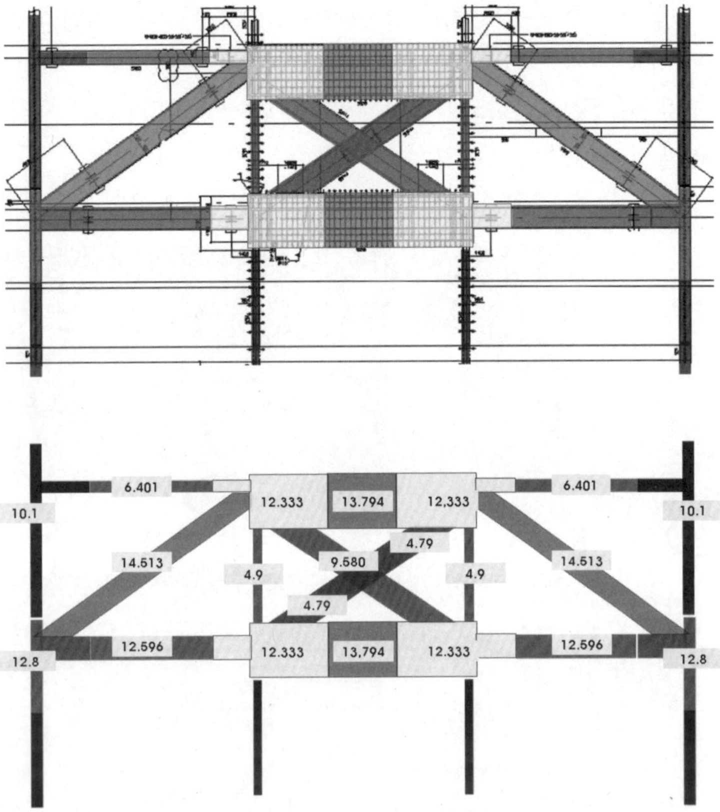

그림 11.45 부재별 중량 검토에 따른 분절계획

1차 아웃리거층은 12, 13절로 나누어 시공한다. 12절은 20층 레벨까지 3, 4, 6, 7열 열별로 '외주부 기둥→내주부 메가거더→외주부 박스거더' 순으로 조립하고 각 열간 일반 거더 · 빔이 조립되면 1차 수직조정 후 용접작업에 착수한다.

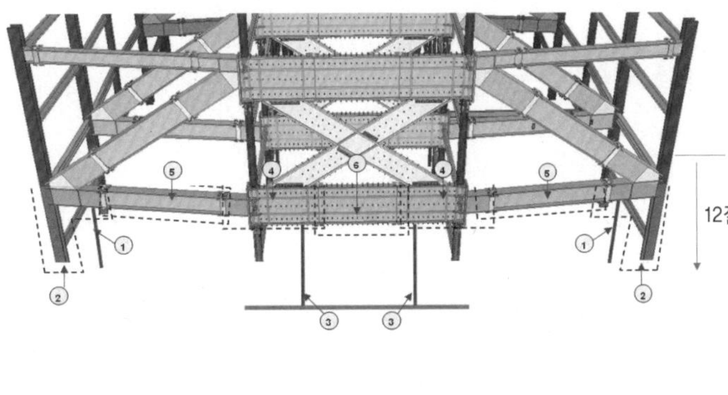

13절은 12절 수직도 조정 및 용접작업 착수 후 22층 레벨까지 3, 4, 6, 7열 열별로 '외주부 기둥→내주부 기둥→X-브레이스 내주부 메가거더→Diagonal Brace→외주부 박스거더' 순으로 조립하고, 각 열간 거더 · 빔이 조립되면 2차 수직조정 후 용접작업에 착수한다.

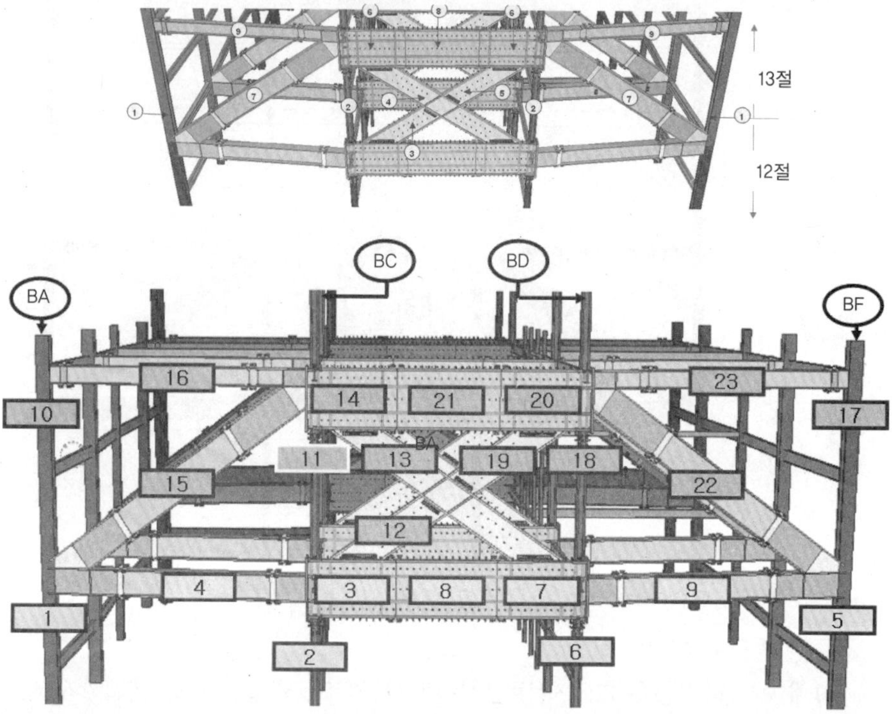

1. 12Tier외주부 기둥 설치(BA구간)
2. Core부 기둥 설치(BC구간)
3. 20층 M/Girder=4.1m 설치(BC구간)
4. 20층 Box Girder 설치(BA~BC구간)
5. 외주부 기둥 설치(BF구간)
6. Core부 기둥 설치(BD구간)
7. 20층 M/Girder=4.1m 설치(BD구간)
8. 20층 M/Girder=4.6m 설치(BC~BD구간)
9. 20층 Box Girder 설치(BA~BC구간)
10. 13Tier외주부 기둥 설치(BA구간)
11. Core부 기둥 설치(BC구간)
12. V/Brace=4.5m 설치(BC구간)
13. V/Brace=14.1m 설치(BC~BD구간)
14. 22층 M/Girder=4.1m 설치(BC구간)
15. V/Brace=14.1m 설치(BA~BC구간)
16. 22층 Girder 설치(BA~BC구간)
17. 13Tier외주부 기둥 설치(BF구간)
18. Core부 기둥 설치(BD구간)
19. V/Brace=4.5m 설치(BD구간)
20. 22층 M/Girder=4.1m 설치(BD구간)
21. 22층 M/Girder=4.6m 설치(BC~BD구간)
22. V/Brace=14.1m 설치(BD~BF구간)
23. 22층 Girder 설치(BD~BF구간)

⑤ 아웃리거 중량물 설치를 위한 고려사항

외주부 기둥 및 내주부 메가거더 설치시 자립도 확보 및 안전성을 고려하여 내외주부 기둥과 거더를 지지하는 템포라리 벤트를 선설치하고, 외주부 기둥 · 메가거더와 같은 아웃리거 부재가 설치되도록 shop.dwg 사전변경 및 공장제작 단계에서 선조치하여 현장 입고한다.

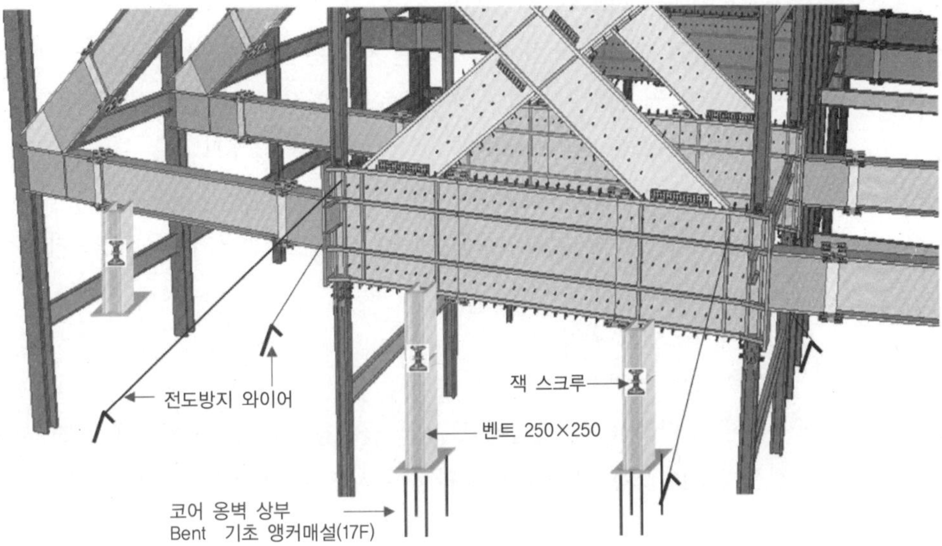

⑥ 아웃리거 설치시 유의사항

초고층 건물은 장기적으로 큰 중력 하중이 기둥 부재에 작용함으로써 수축하게 되며, 기둥 간격의 불균등, 코어벽체와의 강성 차이 등의 이유로 인한 부등축소량은 보와 슬래브에 2차 부가응력을 유발시킨다. 따라서 아웃리거(outrigger) 설계시 부등축소에 의한 부가응력을 고려하거나 부가응력을 흡수하도록 시공 중 조인트 설치계획이 필요하며, 적용되는 조인트로는 Delay joint와 Adjustment joint가 있다.

다만, 본 프로젝트의 경우 코어 내외측의 축소량이 비슷하여 부등축소에 의한 아웃리거 부재의 부가응력이 크지 않으므로 시공중에 조인트를 두지 않고 아웃리거설치시 본 접합을 실시한다.

[Column Shortening 보정을 위한 Delay Joint]

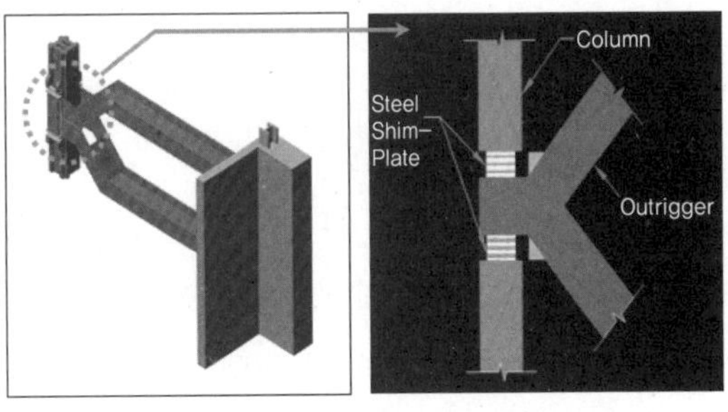

[Column Shortening 보정을 위한 Adjustment Joint]

⑦ 아웃리거 체크 리스트

- 메가거더의 접합부 용접에 간섭되는 철근은 커플러 이음타입으로 변경하여 접합부 용접 후에 커플러 이음을 실시함으로써 현장 압접 발생 방지
- 경사 브레이스를 임시 고정하기 위한 앵커를 슬래브 또는 철골에 적정 부위 사전 시공 사전 어셈블리 실시
- 턴버클 · 체인블록 · 와이어로프 · 유압 잭 · 산소절단기 · 용접기 · 가우징 장비 규격별 사전 준비
- 임시가설구조물 활용
- 조립순서를 작업자에게 사전 설명
- 조립시간 단축을 위한 슬래브 구간 골조를 최대한 설치층에 근접 시공
- 경사 브레이스는 체인블록을 활용한 사전 경사각도를 조절하여 조립시간 단축
- 아웃리거 하단 철골 거더 및 기둥 레벨을 최대한 정밀 시공
- 타워크레인 용량에 따른 부재 분할
- 박스형태의 부재 접합을 위한 커버플레이트 개소 및 사이즈 축소를 통한 현장용접 최소화
- 거더 및 브레이스에 작업자 통행용 사다리 및 수직 승강 시설, 구명줄 후크, 안전벨트 고리 반영
- 안전을 위해 작업자 통행로 상 스터드 볼트는 용접작업까지 완료된 후 후시공
- 부정형 부재 하역 및 임시 stock을 위한 하역 및 인양용 와이어로프 사전 준비 및 야적장 전반 사전 조성
- 박스거더 최종 아물림을 위한 가스 홀 유무 확인
- 용접기간 장기화에 따른 후속공사 지연 방지를 위한 조닝 검토
- 용접 게이지 활용 방안 및 가설 비계발판 활용방안 비교 · 검토 필요
- 수시 메가 부재의 수직 · 수평도 체크 병행 시공

⑧ 기대효과

코어구조 시스템은 코어만이 수평하중에 저항하지만 아웃리거가 설치되면 외부기둥과 코어가 일체화되어 건물의 휨강성이 증가되고 수평변위가 감소된다. 캔틸레버처럼 거동하는 코어의 모멘트를 감소시키고, 감소된 모멘트는 아웃리거를 통해 외부 기둥에 수직력을 발생시켜 구조물의 효율을 증가시키는 역할을 한다.

- 아웃리거와 함께 벨트 트러스 또는 벨트 월을 횡력저항 시스템으로 적용할 경우 구조물의 횡강성이 30% 정도 증가함.
- 아웃리거가 설치되는 층의 임대공간이 감소되므로 비주거 공간인 기계실 등을 활용함.

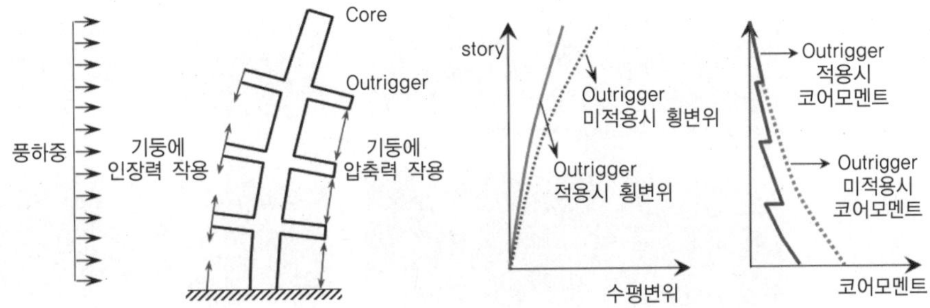

〈코어와 아웃리거와의 거동〉

⑨ 가설계획

아웃리거 부재의 용접 부위는 용접 부위의 경사, 높이, 부재형상을 고려하여 작업자의 안전과 방풍을 고려한 별도의 용접용 게이지를 사전 · 제작하여 사용한다.

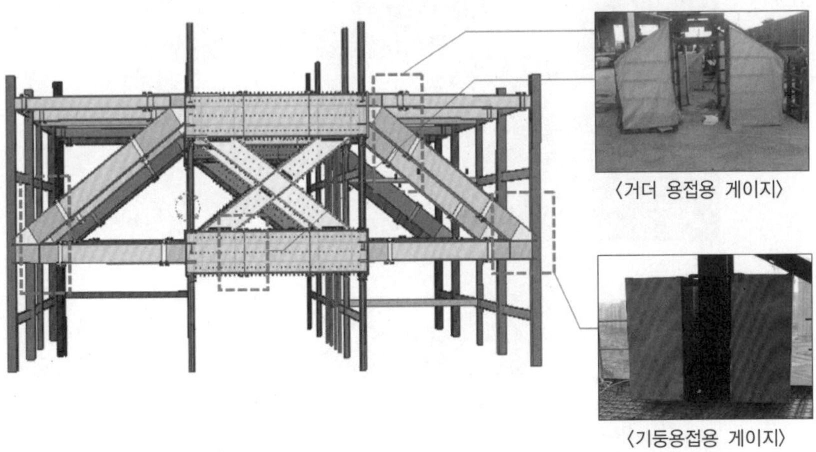

그림 11.46 아웃리거 용접용 게이지

⑩ 주요시공 사진

그림 11.47 코어 내부 아웃리거 메가 거더 연결설치 시공 사진

그림 11.48 코어 내부 아웃리거 브레이스 설치 시공 사진

그림 11.49 외주부 아웃리거 브레이스 설치 시공 사진

그림 11.50 아웃리거 설치완료 사진(20~22층 1차 아웃리거)

(6) Helipad **철골공사**

Tower B 최상층 Helipad는 철골구조로 되어 있으며, Helipad 철골물량은 총 240ton이다.

하부구조는 다중절점(Multi-node)를 가진 복잡한 형태의 철골 트러스로 되어 있으며, 3D 모델링을 통한 구조해석, 설치계획 시뮬레이션, 본설치 전 공장 가조립 등 사전 준비가 필요하다.

그림 11.51 Tower B 조감도

그림 11.52 옥상층 헬리패드 철골

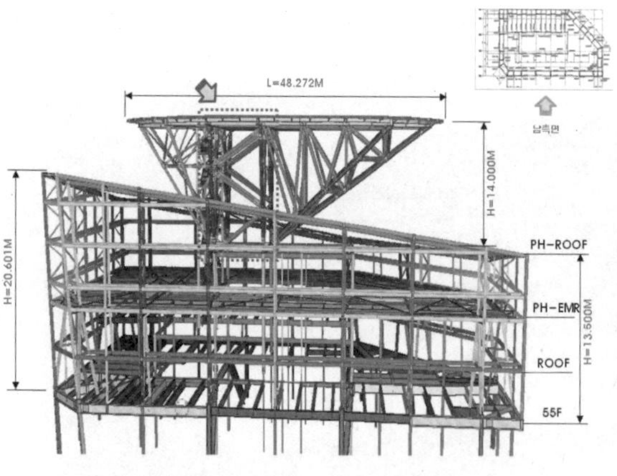

그림 11.53 Helipad 3D 모델링 1

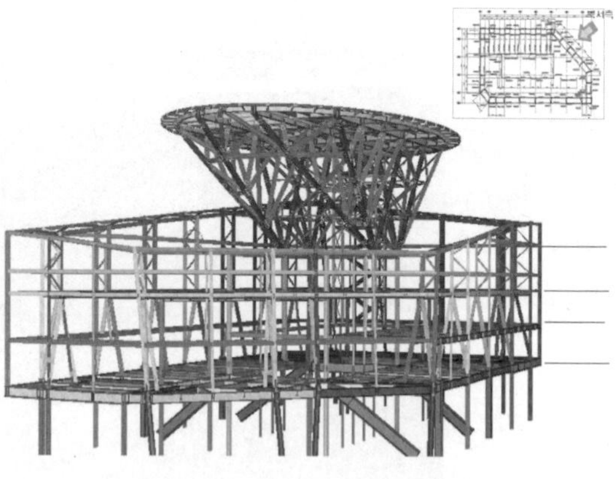

그림 11.54 Helipad 3D 모델링 2

① 하부 트러스 접합부 분석

② 헬리패드 설치용 가설벤트 위치 및 디테일 검토

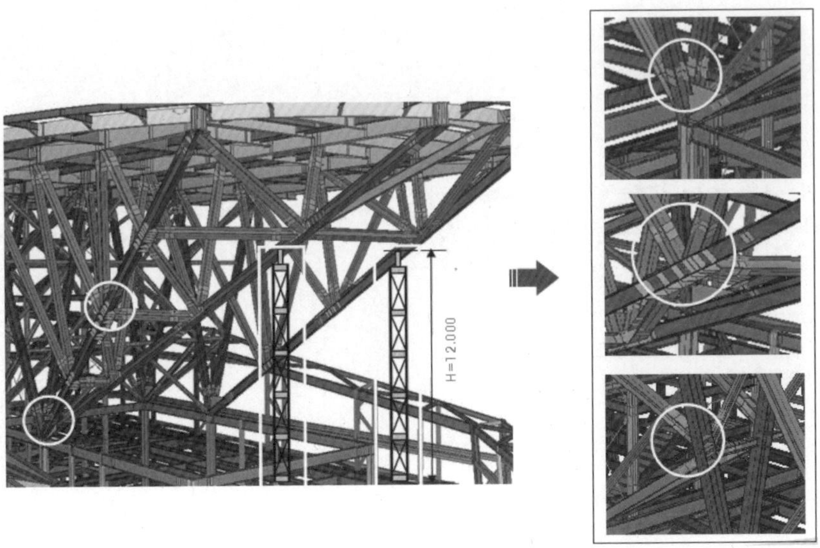

③ 본설치 전 공장 가조립 수행

Heliport 제작시 공장에서 가조립 후 출하 예정임

④ 헬리패드 철골 트러스 조립순서도

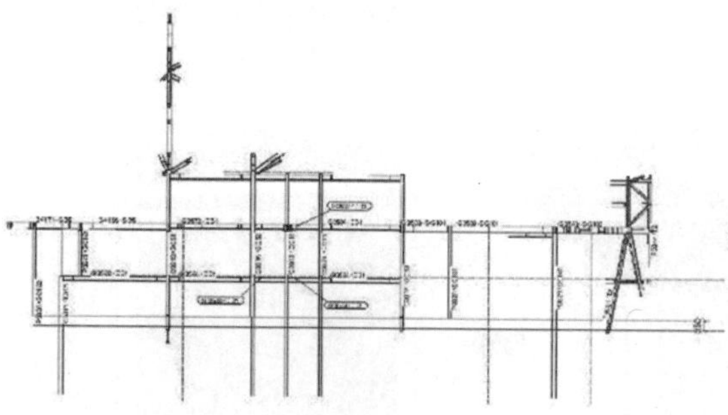

(a) 조립도 1

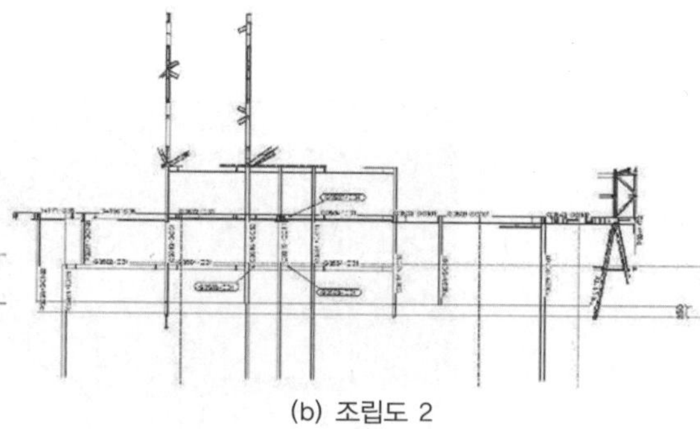

(b) 조립도 2

그림 11.55 조립 순서도

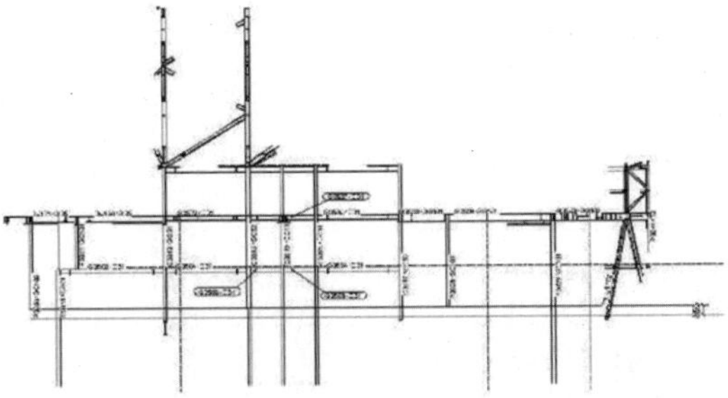

(c) 조립도 3

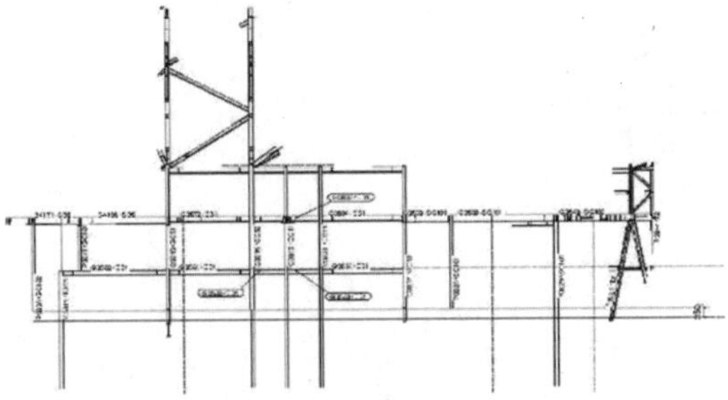

(d) 조립도 4

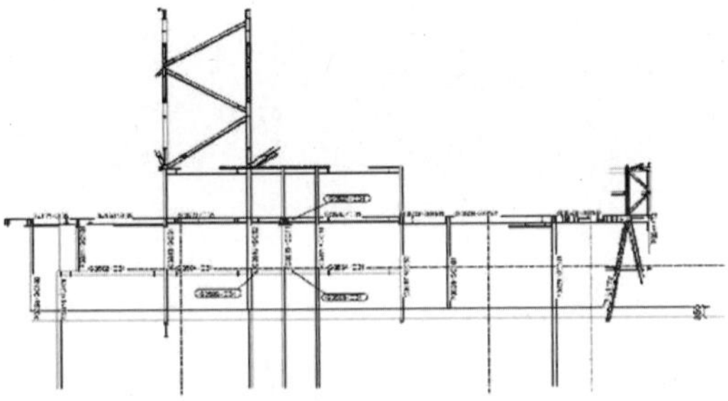

(e) 조립도 5

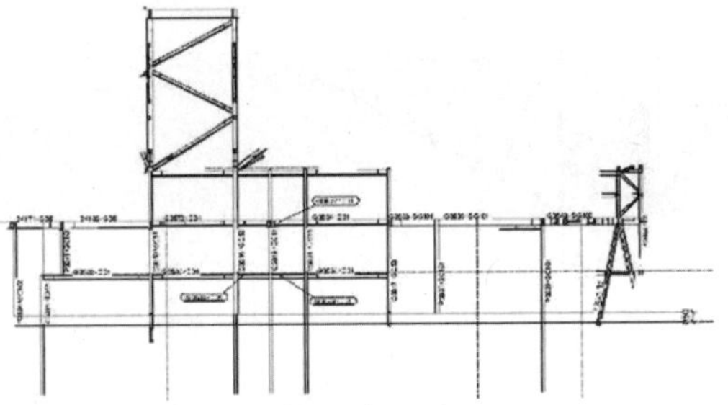

(f) 조립도 6

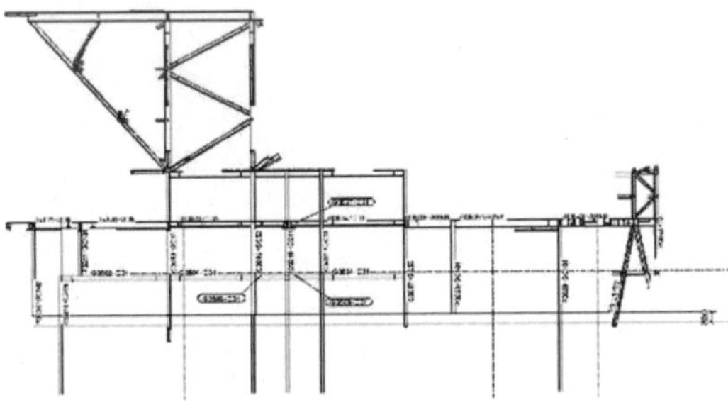

(g) 조립도 7

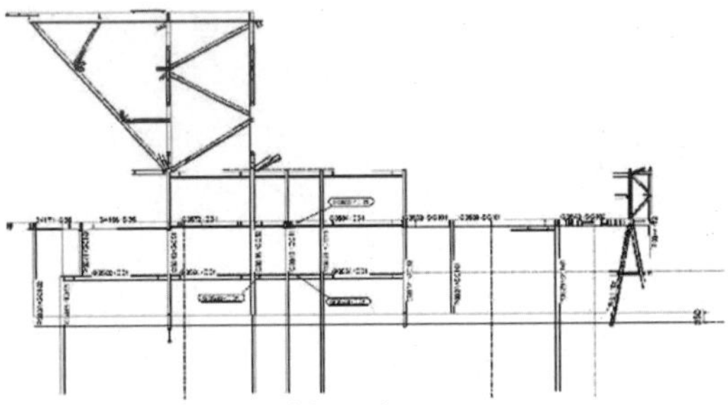

(h) 조립도 8

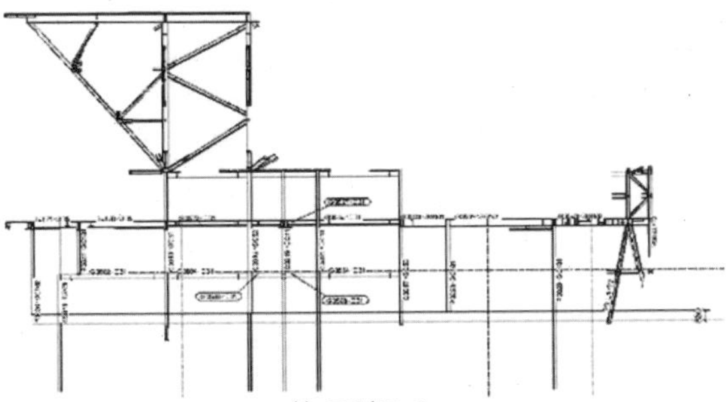

(i) 조립도 9

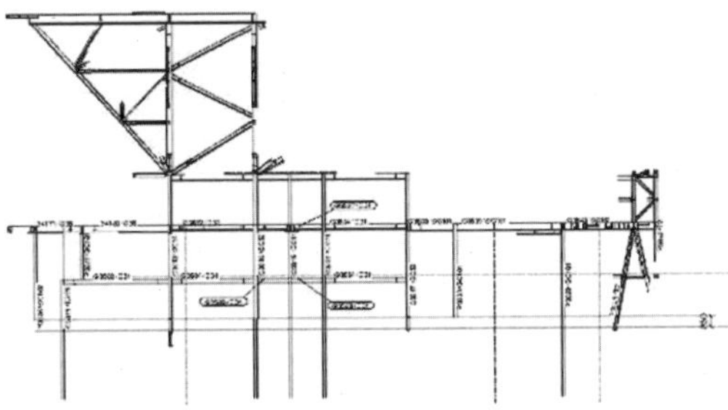

(j) 조립도 10

그림 11.55 조립 순서도 (계속)

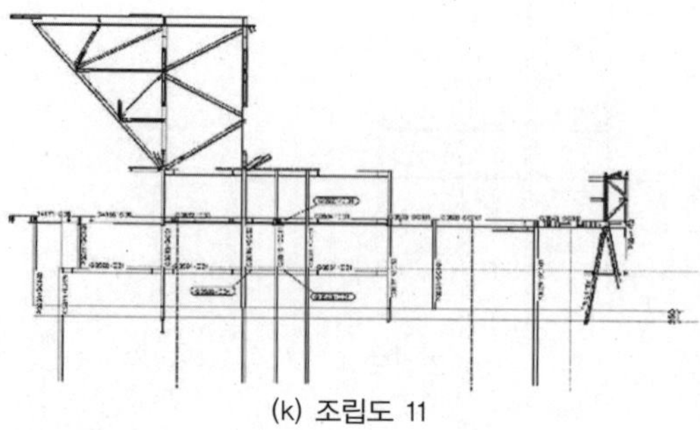

(k) 조립도 11

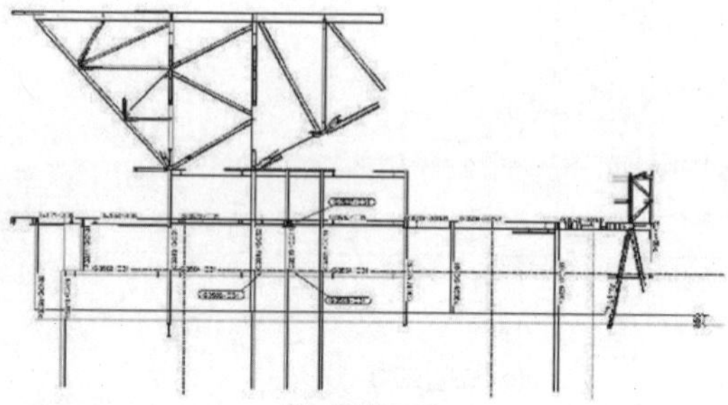

(l) 조립도 12

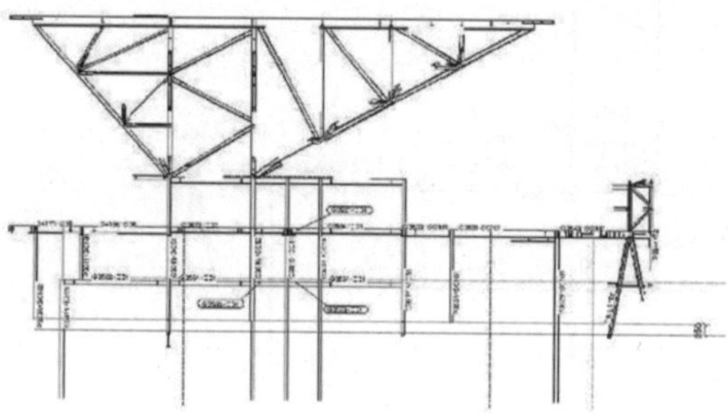

(m) 조립도 13

그림 11.55 조립 순서도 (계속)

제12장

현장시공 사례 #2
(오피스빌딩)

12 현장시공 사례 #2(오피스빌딩)

1 공사개요

1) 현장개요

당 현장은 서울의 최고 중심지 ○○시 ○○구 ○○동에 위치에 있는 최첨단 시설과 미국친환경인증(LEED) 골드(Gold) 등급을 취득한 오피스빌딩으로써 현장특성과 공사개요는 다음과 같다.

구 분	내 용	비 고
공사명	○○ ○○○○ 타워 신축공사	
대지위치	서울시 ○○구 ○○동 ○가 ○-○○번지 일대	
공사기간	2008.12.15~2011.6.30(30.5개월)	
건물용도	업무시설, 근린생활시설	
대지면적	4,693.6㎡(1,419.8평)	
건물규모	지하 6층, 지상 24층	
도로현황	전면 왕복 8차선, 측면 왕복 8차선	
건축면적	2,436.66㎡(737평)	
연면적	66,799.28㎡(20,206평)	
건폐율	51.91%(60% 이하)	
용적률	994.43%(1,000% 이하)	
주요구조	SRC조(철골철근콘크리트조)	
LEED등급	Gold 등급	

2) 공정

현장의 공정은 총 30.5개월로 철골공사는 2009년 4월~2010년 8월, 총 17개월이 소요되었다.

2 흙막이 토공사

1) 흙막이공사

본 공사의 흙막이공사는 CIP(Cast-in-place pile)공법과 토류판(timber 80mm)을 혼합하여 사용하는 흙막이공법으로써 흙막이공사 개요는 다음과 같다.

구 분	시공수량	작업깊이	투입장비	일일작업량	비 고
측면 파일공사	6,130M/199공 (30.8M/공)	25～35M CTC1,350/D450	DR 3600 1대, PD60천공장비 1대, 앵글크레인 1대	3～4공/일	
C.I.P공사	2,368M/320공 (7.4M)	6～15M CTC400/D600	PD60천공기1대	7～8공/일	
M.S.G공사	2,670M/413공 (6.5M/공)	5.5～8M	보링기 1대	25～26공/일	
P.R.D공사	1,383M/42공 (32.9M/공)	D800/1,000 /1,200 29～37M	DH608 1대 앵글크레인 1대	1.3공/일	
굴착공사	토사 : 27,973㎥ 풍화암 : 50,536㎥ 연암 : 30,068㎥	24.1～30.1M	백호우 5대 브레이커 2～3대 크램쉘 1～2대 덤프 10～15대	1,00～1,500㎥/일 800㎥/일 300㎥/일	

* C.T.C(Center to Center)

2) 흙막이 지지공사

본 공사의 흙막이 지지공사는 SPS(Strut as permanent system)공법을 적용하였다. 본 공법의 정의는 본 구조물용 철골기둥과 보를 이용한 흙막이벽체 지지공법으로 도심 근접시공에 적용할 경우 다음과 같은 효과가 있다.

① 인접구조물 근접시공 및 동시굴착에 따른 구조적 안전성 확보
② 흙막이 지지체 해체 공정 생략으로 주변 변위의 최소화
③ 지상, 지하 동시 시공에 의한 공기단축
④ 슬래브 선타설로 작업공간 조기 확보 및 주변 민원발생 최소화(저소음 · 저진동)

▮ 토공사 개요

구분	시공수량	작업깊이	투입장비	일일작업량	비고
측면 파일공사	8,130M/199공 (30.8M/공)	25~35M CTC 1,350/D450	DR-3800 1대 PD 80 1대 앵글크레인 1대	3~4공/일	
C.I.P공사	2,388M/320공 (7.4M/공)	8~15M CTC 400/D800	PD 80 1대	7~8공/일	
M.S.G공사	2,870M/413공 (8.5m/공)	5.5~8M	보링기 1대	25~28공/일	
P.R.D공사	1,383M/42공 (32.9M/공)	D800/1,000/1,200 29~37M	DH-808 1대 앵글크레인 1대	1.3공/일	
굴착공사	토사 : 27,973M^3 풍화암 : 50,538M^3 연암 : 30,088M^3	24.1~30.1M	백호우 5대 브레이크 2~3대 크램쉘 1~2대 펌프 10~15대	1,000~1,500M^3/일 800M^3/일 300M^3/일	

▮ 흙막이(SIDE PILE+C.I.P) 완료

▮ PRD 기둥 천공 및 근입 완료

▮ 근입완료된 PRO기둥 전경 모습

▮ 터파기/철골 및 데크 실제 모습

그림 12.1 토공사 현황

3 양중

양중이라 함은 무거운 물건을 끌어올리고 내리는 작업을 말하며, 공중에서 작업을 하므로 항상 위험한 요소가 있어서 사전에 충분한 검토와 준비가 필요하다. 즉 모바일크레인이나 타워크레인은 중량물을 인양하거나 하양하므로 장비의 제원, 사양 등을 치밀하게 확인하여 양중시 장비의 전도, 양중물건의 낙하나 비래 등의 사고가 발생하지 않도록 철저한 관리가 요구된다.

특히 철골공사에 있어서 양중은 장비뿐만 아니라 철골부재도 설계도서에 따라 무게를 확인하여 철골부재별로 어떻게 양중할 것인지 계획을 세워야 한다.

아울러 양중장비계획시 작업반경, 철골부재무게, 양중높이 등을 종합가설계획에 수립해 놓아야 한다.

철골공사 시에 양중장비의 계획수립은 다음과 같다.

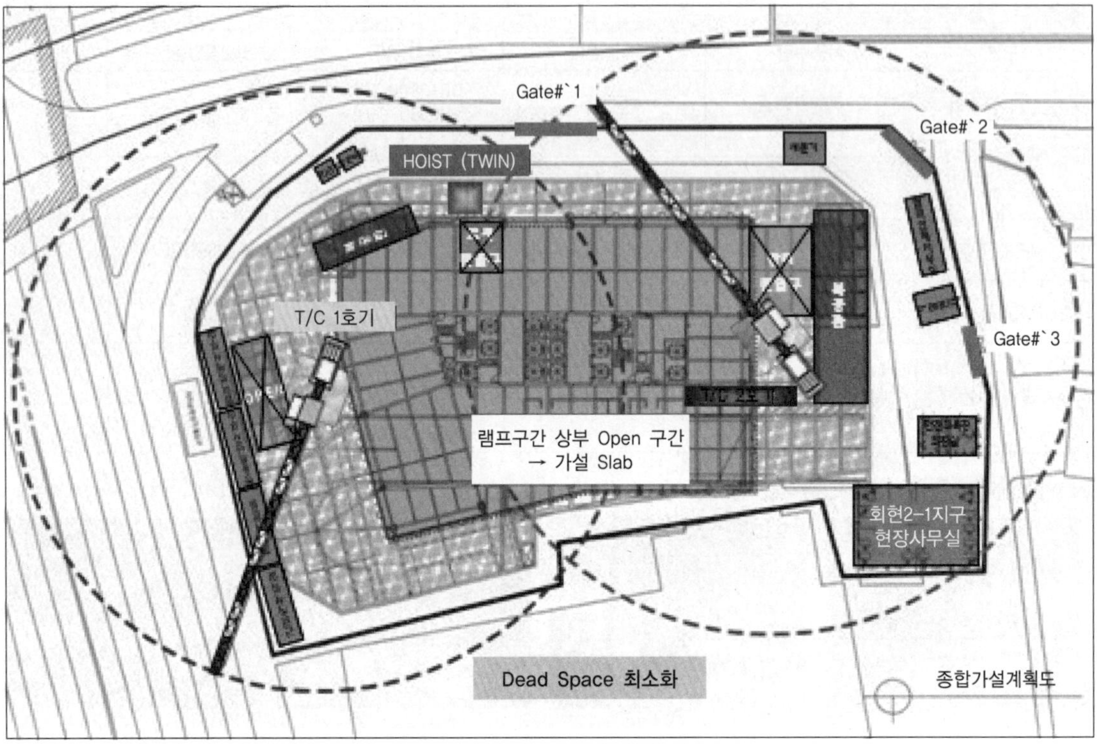

그림 12.2 가설양중 장비설치도

1) 양중장비의 종류 및 수량

모바일(Mobile)크레인, 타워크레인(T자형 Crane, Luffing Crane)의 종류와 작업반경과 공기에 따른 장비수량을 계획해야 한다.

2) 양중장비의 설치방법

타워크레인의 경우 설치하는 방법은 공사에 가장 효율적인 방법을 모색해야 한다. 즉 최하층 기초에 설치, 1층 바닥에 철골대형보로 보강한 후에 설치, 1층 건물 외벽쪽에 설치, 지상구조물(철골조, RC조)에 설치하여 구조물이 올라감에 따라 계속해서 3층마다 걸쳐 마스트를 고정시켜 텔레스코핑(Telescoping)하면서 올라가는 경우 등 공사의 특성에 따라 사전에 철저한 계획을 세워야 공기단축, 마감공사의 영향 등에 문제가 없다.

3) 본공사에 필요한 양중장비

- 타워크레인 : 12TON 규모의 러핑 크레인(Luffing Crane) 2대
- 트윈 리프트 : 2TON 규모의 트윈 호이스트(Twin Hoist) 1대
- 저층부는 타워크레인 설치 전에는 모바일 크레인을 주로 사용
- 타워크레인 설치방법 : 1층 철골보에 별도로 대형 철골보를 설치하여 마스트의 기초를 형성한 후에 타워크레인을 설치하여 골조공사가 끝나면 타워크레인을 철거한 후 보강을 위해 설치한 대형 철골보를 해체

4 철골공사

현장의 철골공사는 지하 PRD(Percussion Rotary Drilling)공법의 철골기둥과 지상의 일반철골기둥을 적용하였고, 보는 TU합성보(층고절감형보)를 적용하여 층고 및 원가절감에서 큰 효과를 거두었다.

본공사의 철골공사 및 데크플레이트 공사개요는 다음과 같다.

표 12.1 철골공사 및 데크플레이트 개요

<table>
<tr><th>구 분</th><th>부 재</th><th>위 치</th><th>시공내용</th><th>시공수량</th><th>비 고</th></tr>
<tr><td rowspan="2">지하층 철골</td><td>기둥</td><td>1F바닥~B6F</td><td>42개소
(암 근입깊이 4~7M)</td><td>880M</td><td rowspan="4">-TU 빔 : 2,440TON
-H 빔 : 2,870TON</td></tr>
<tr><td>거더/빔</td><td>1F
B1F~B5F</td><td>일반철골보
TU보+일반철골보</td><td>1,480TON
(310+1,170TON)</td></tr>
<tr><td rowspan="2">지상층 철골</td><td>기둥</td><td>1F~PH1F</td><td>15개소</td><td>820TON</td></tr>
<tr><td>거더/빔</td><td>1F~PH1F</td><td>TU보</td><td>2,130TON</td></tr>
<tr><td>데크플레이트
-TU DEEP 데크
-일체형 평데크</td><td>슬래브</td><td>B1F~B5F
1F
2F~PH1F</td><td>TU데크+일체형 평데크
일체형 평데크
TU데크</td><td>12,200m^2+4,260m^2
3,140m^2
39,668m^2</td><td>-TU데크 : 51,868m^2
-일체형 데크 : 7,400m^2
총 59,268m^2</td></tr>
</table>

■ 철골 및 데크공사 개요

구 분	부재	위치	시공내용	시공수량	비고
지하층 철골	기둥	1Fqkekr~B8F	42개소 (암 근입깊이 4~7M)	830TON	- PRD 기둥 작업 완료
	거더/빔	1F B1F~B5F	일반 철골보 TU보+일반철골보	1,430TON (310+1,170TON)	- TU 빔 : 2,440 TON - H-빔 : 2,870 TON 총 5,310 TON
지상층 철골	기둥	1F~PH1F	15개소		
	거더/빔	1F~PH1F	TU보		
데크 - Tu Deep 데크 -일체형 평데크	슬래브	B1F~B5F 1F 2F~PH1F	TU데크+일체형 평데크 일체형 평데크 TU데크	$12,200M^2+4,280M^2$ $3,140M^2$ $39,888M^2$	- Tu데크 : $51,888m^2$ - 일체형 평데크 : $7,400m^2$ 총 $59,288m^2$

■ PRD 기둥 조광작업

■ 1F 슬래브 H-빔 설치작업

■ Tu 보

■ Tu Deep Deck

그림 12.3 철골 및 데크공사 개요

4.1 코어선행공법

① 현장의 골조공사와 철골공사는 코어선행공법을 적용하여 지상층 골조공사에서 코어골조 외벽에 엠베디드 플레이트(Embeded Plate)를 매립하여 콘크리트를 타설하고, 외곽부의 철골공사는 위로 올라오면서 코어벽체에 철골보를 설치하고, 슬래브를 형성하는 방법으로 진행하였다.

② 코어벽체는 외곽부보다 6층 정도 먼저 올라가면 철골이 뒤따르는 공정으로 시공되었고, 철골공사가 완료되어 지상층 슬래브 골조공사가 완료되면 외벽에 커튼월 공사가 뒤따르는 형태로 공사가 진행되었다.

③ 코어 선행공법을 채택한 이유는 고층건물을 지상으로 축조하는 과정에서 건물의 안전성을 도모하기 위해 먼저 건물의 코어(Core) 골조공사를 진행하여 외부의 철골공사 및 골조공사 과정에서의 붕괴사고 등을 예방하고 슬래브 위에 다른 작업용 도구 및 재료를 올려놓아 공사의 원활을 기하기 위함이다.

■ 코어 선행공법

- 코어 외곽부의 철골/데크 작업보다 3개 층 선행작업 진행
- 자재운용계획
  - 코어 외부 : R.C.S Form (Unit 약 14set)
    내부 : AL Form
  - ELEV. 내부 : A.C.S Form (Unit 약 4set)
  - 계단실 : AL Form
- System Form 자재로 빠른 설치, 해체 가능, 안전한 작업공간 제공

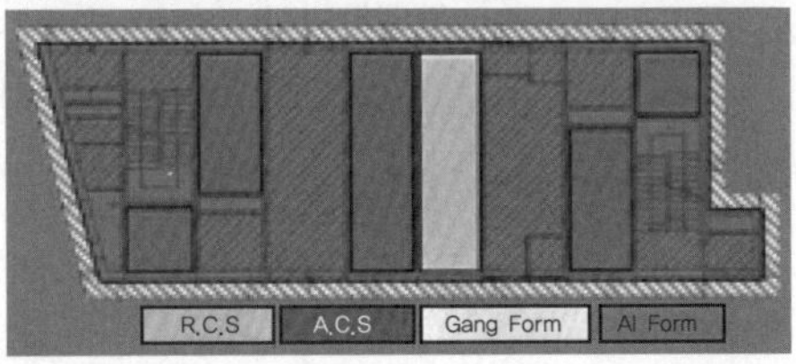

■ R.C.S Form

■ A.C.S Form

■ Gang Form

■ AL Form

그림 12.4 코어 선행공법

4.2 철골적용공법

철골적용공법은 일반적으로 적용되는 철골 H-빔공법이 아닌 새로운 신기술의 TU합성보공법과 TU데크공법을 적용하였다.

TU합성보는 층고절감형 공법으로 보 속에 철근이 거의 안 들어가 골조공사시 공사원가가 약 15% 정도 절감되며, 공기도 단축된다.

일반 RC보 보다는 400mm, H-빔보보다는 약 150mm 정도의 층고절감 효과가 있으며, 철골 TON수도 감소되는 것으로 확인되었다.

TU합성보의 시공시 유의사항은 다음과 같다.

① TU합성보는 철판두께가 6~12mm 정도이므로 절곡기계(Bending Machine)의 한계로 보의 길이에 따라 절곡 가능 여부를 검토해야 한다.

② 보의 처짐에 대비하여 보의 중앙부 치켜올림(Camber)을 해야 하는데 용이하지 않으므로 제작시부터 검토를 해야 한다.

③ 기둥에 TU합성보 브래킷을 부착하여 현장에 반입하여 시공하는 경우 TU합성보와 잘 맞지 않아 조립시 어려움이 발생할 수 있으므로 정확한 시공과 실측을 해서 제작해야 한다.

④ 탑다운공법으로 공사를 진행할 경우 지하층으로 내려갈 때의 TU합성보는 처짐을 예방하기 위해 상부 슬래브(보 위치)에 행거(hanger)를 설치하고 TU합성보 작은보(beam) 부분에 매달아야 한다. 단, 큰보(girder) 부위는 매달지 않으므로 처짐 발생이 없다.

⑤ 지상으로 철골공사가 올라가는 경우에는 빔 부분에 잭서포트(Jack Support)를 설치하여 슬래브 처짐을 예방해야 한다.

4.3 철골TU보 및 TU데크공법

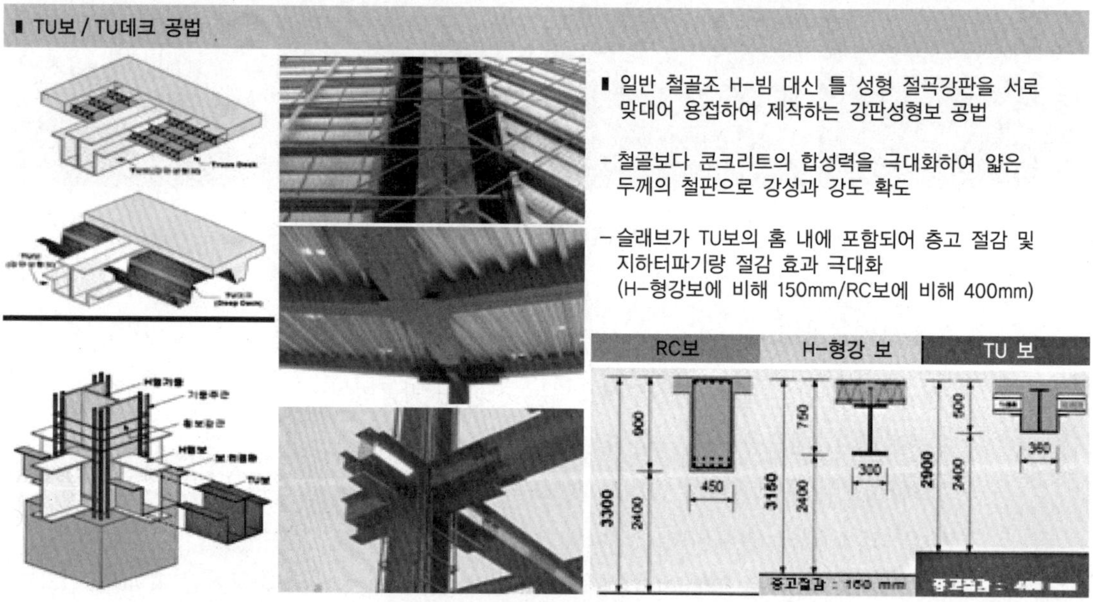

그림 12.5 Tu보공법

5 커튼월공사

5.1 개요

도심 고층건물의 외장공사는 알루미늄과 유리에 의한 커튼월로 설계되어 시공되는 경우가 대부분으로 커튼월공사는 매우 중요한 공종이다.

건물의 외관뿐만 아니라 단열, 누수, 냉방 등 여러 가지 영향을 주는 마감공사이기 때문에 하도급공사 발주시부터 사전에 충분한 검토와 계획이 필요하다.

커튼월공사는 전문성을 요하는 공종으로 건축현장기술자들의 기술능력으로 시공되는 경우도 있지만 커튼월 컨설턴트업체에 용역을 주어 모든 절차에 자문을 받아 시공하는 것이 바람직하며, 최근에는 별도로 컨설턴트업체에 용역을 주어 시행하는 경우가 많다.

건물의 커튼월공사 개요와 특징은 다음과 같다.

① 공법 : 유닛 시스템공법(생산공장에서 알루미늄 프레임과 유리를 취부한 후 현장에서 유닛 단위로 시공하는 공법)

② AL-바 : 200mm AL-바(PVDF-3COAT)

③ AL-시트 : THK3.0 AL-시트 패널

④ 앵커 : 엠베디드 앵커 타입(Embeded Anchor Type)

⑤ 단열형태 : 폴리우레탄(아존) 서멀브레이커(Polyurethane(Azon) Thermal Breaker)

5.2 적용공법

건물에 적용하는 공법은 Factory Glazing Aluminum Unit System으로 장단점은 다음과 같다.

1) 장점

- 공장제작을 통한 고품질화
- 현장작업 최소화를 통한 공기단축
- 내부작업으로 인한 안전성 확보
- 내부 인테리어 작업 병행 실시

2) 단점

- 공장에서 준비기간이 다소 증가
- 부재 대형화로 인한 현장의 운반 및 스톡공간 확보 필요
- 공사비가 다소 증가

3) 현장에서 준비사항

Hoist 및 타워크레인 사용시 간섭시간을 충분히 고려하여 배정해야 된다.

- Hoist 사양 및 세대 진입시 안전문 크기 검토 요망
- 자재스톡 공간 확보

5.3 커튼월 Mock-up Test

① 커튼월의 목-업 시험은 커튼월 시공 절차 중 반드시 필요한 것으로 정부 공인기관에서 현장시공 전에 시행해야 한다.

② 커튼월업체가 정해지기 전이라도 커튼월 컨설턴트업체에 자문을 받아 어떤 방법으로 시험해야 할 것인가 사전에 면밀히 검토하고, 계획을 세워야 한다.

③ 커튼월업체가 정해지면 목-업 시험 일정을 잡고 계획서를 작성하여 감독 및 감리단에 승인을 득하고, 커튼월제작을 위한 AL-바압출, AL-시트압연 등을 해야 한다.

1) Mock-up Test 목적

① 신축예정 건축물과 같은 조건에서 커튼월의 성능평가

② 도면과 비교하여 설치순서 확인 및 시공상의 문제점 검토

③ 도면상의 체크가 불가능한 부분에 대한 설계보완

④ 커튼월의 올바른 시공절차 지향, 설계자의 워크맨십 확인, 교육적 효과

2) Mock-up Test 요구성능

① 설계자가 의도한 건축물의 환경조건에서 건축도면에 요구하는 커튼월의 성능 평가

② 커튼월 제작·조립·설치에 이르기까지의 문제점 파악 및 검토

③ 설계도면상 체크가 불가능한 부분의 대안 수립

즉 Mock-up Test를 통하여 커튼월의 풍하중에 조립벽의 구조적 정확성(구조성능), 물의 누출을 제어하는 효율성(수밀성능), 누기의 저항성(기밀성능)을 검증 확보

3) Mock-up Test 실시 위치에 따른 분류

① 외부 커튼월에 대한 목-업시험은 디자인 측면의 검토를 위한 Mock-up과 성능검증을 위한 시험소성능시험(Laboratory Performance Test), 그리고 현장설치 초기에 현장에서 기밀·수밀성능을 검토하는 현장성능시험(Field Test)이 있다.

표 12.2 커튼월 Mock-Up Test

구 분	시험소성능시험	현장성능시험 (Field Test)	Site Visual Mock-up
목 적	설계된 커튼월의 요구성능 검증	현장에 설치된 커튼월에 대한 성능검증시험	설계 초기 디자인 검토
시험 위치	승인된 목-업시험소 (공인기관)	저정된 현장 부위	지정된 현장 부위 혹은 협의된 임의의 별도 장소
검토성능	구조, 수밀, 기밀, 층간변위, 지진, 내화, 차음, 단열 등	수밀·기밀 성능 확인	조인트, 글레이징 장식 바, 도장상태 등 커튼월 디자인 확정
시험체 크기	3Bays(칸) 1Story(층)	3Bays(칸) 1Story(층)	지정·협의한 크기

② 현장성능시험(Field Test)

현장성능시험은 시험소성능시험보다 정확성이 떨어지고, 수행하기 어려운 경우가 발생되기도 하지만 실질적으로 정확한 커튼월성능을 평가할 수 있다.

현장성능시험 부위 선정시 개폐창 부분을 포함하여 설치될 개폐창의 기밀·수밀 성능을 검증하여야 한다.

③ 현장성능시험(Field Test)방법

현장에서 모든 시험을 공인기관에서 하는 목-업시험과 같이 할 수는 없지만 대부분 시험이 가능하다. 다만, 결로저항시험을 하기 위해서는 커튼월 및 창호 외부의 온도를 겨울철 온도처럼 조정해야 하는데 쉽지 않으므로 −196°까지 온도를 내릴 수 있는 액화질소를 사용하는 방법이 있다.

액화질소가스는 무색·무취 가스이지만 밀폐된 장소에서 사람이 마시게 되면 질식사고를 일으킬 수 있으므로 안전전문가에게 자문을 받아 사용하는 것이 바람직하다. 액화질소 가스를 사용하기 위해서는 커튼월 및 창호 외부에 단열재(압출법 보드판 사용)로 방(Chamber)를 만들어 방 속에 액화질소 가스를 뿜어넣어 온도를 조절할 수 있다.

4) 목 – 업시험 항목

우선적으로 시험해야 할 성능은 기밀성 · 수밀성 · 구조성능이며, 추가성능으로 층간변위 · 단열성 · 차음성 · 내화성능 등을 시험할 수 있다.

① 기밀성 시험(내부로의 누기, 외부로의 누기시험)

- 정압(Static Pressure) : (ASTM E 283)

② 수밀성 시험(물의 관통시험)

- 정압(Static Pressure) : (ASTM E 331)
- 동압(Danamic Pressure) : (AAMA 501.1)
- 맥동압(Cyclic Pressure) : 일본기준(JIS)

③ 구조성능 시험(ASTM E 330)

- Design Load Test : ±50%, ±100%, 정압(Positive Pressure), 부압(Negative Pressure)
- Proof Load Test : ±75%, ±150%, 정압(Positive Pressure), 부압(Negative Pressure)

④ 층간변위 시험(풍하중, 지진하중에 대한 변위성능시험)

- 좌우변위(AAMA 501.4)
- 상하변위(시험기준 없음, AAMA 501.4 수평층간변위 시험방법 응용)
- 내외변위(시험기준 없음, AAMA 501.4 수평층간변위 시험방법 응용)

⑤ 열순환 시험(Thermal Cycling Test : AAMA 501.5)

- 혹한조건(Cold Condition)
- 혹서조건(Hot Condition)

5) 올바른 목 – 업시험

① Test 부위가 합리적일 것 : 현행 배연창의 경우 목-업시험 부위가 포함되어야 한다.

② Mock-up 부위에 대한 시험항목과 기준이 명확하고, 건축물에 합당해야 한다.

③ 시험항목과 기준을 달성할 수 있는 Mock-up Shop Dwg를 작성 · 검토하여야 한다.

④ Mock-up 시험체의 제작 및 시험소에서 설치 : 반드시 공장제작 및 시험소에 설치할 때 참관하여 실제로 제출한 도면대로 설치되고 있는지 확인하여야 하고, 시험 실시전 어떠한 선시험조치도 이루어져서는 안 된다.

⑤ Mock-up Test는 형식적 행위가 아닌 성능의 문제점, 시공 가능성, 개선사항 확인 등 실질적 시험이 되어야 한다.

제13장

현장시공 사례 #3
(실내체육관)

13 현장시공 사례 #3(실내체육관)

1 공사개요

1) 현장개요

경기도 ㅇㅇ에 위치한 ㅇㅇ실내체육관은 연면적 82,961m², 최대경간 127m, 최대높이 51m의 규모로 아시아 최대 규모의 실내체육관이다.

현장개요는 다음과 같다.

구 분	내 용
공사명	ㅇㅇ실내체육관 신축공사
대지위치	경기도 가평군 ㅇㅇ면 ㅇㅇ리 산 ㅇㅇㅇ번지 외 ㅇㅇ필지
지역지구	관리지역, 시설용지지구, 자연보존권역
건물용도	문화 및 집회시설
대지면적	137,489.0m² (41,590.422평)
건물규모	지하 3층, 지상 4층
건축면적	20,372.93m² (6,162.811평)
지상연면적	39,021.21m² (11,803.916평)
건폐율	14.82%
용적률	21.81%
주요구조	철근콘크리트조+파이프 트러스 철골조

2) 공정

당 현장의 공정은 총 44개월(설계변경기간 포함)로 철골공사는 2010년 6월~2011년 2월에 실시하였으며, 총 8개월이 소요되었다.

(1) 흙막이공사

현장 부지는 비교적 넓어 기본적으로 오픈 컷공법을 적용하였으며, 북측은 인접 건물의 영향으로 토류판 H-파일 흙막이공법(어스앵커 병행)을 적용하였다.

흙막이공사는 H-파일 6,005m, 508공 시공하였으며, 토류판 8,122m^2, 어스앵커 22,494m 시공하였다.

(2) 철골공사

127m 경간의 아치형 철골트러스를 사용하여 5000평의 대공간을 위한 무지주공법을 적용하였다. 철골설치는 500ton과 300ton 크레인을 이용한 지상조립과 와이어와 대차를 이용한 lift-up & launching공법을 적용하였다. 철골은 총 4,908ton의 철골이 투입되었으며, 그 중 roof truss는 3,352ton, space frame은 1,308ton이 투입되었다. 철골공사는 shop dwg. 작성 · 승인 및 공장제작을 거쳐 현장에서 지상조립 후 설치하였으며, 하부 지붕설치, 상부 지붕설치, 무대철골설치 순서로 진행하였다.

(3) 마감공사

외벽은 알루미늄 커튼월과 사비석 40mm 오픈줄눈시공법을 적용하였으며, 지붕은 외국제품 KAL-ZIP시스템을 적용하였다.

2 철골공사

1) 철골구조

> 5,000평의 대공간 지붕을 위한 구조로 127m의 아치형 철골트러스를 사용하여 무주공간을 구축하였다. 철골설치는 300ton 크레인을 동원하여 지상조립하였고, 인양과 런칭을 위한 가설벤트를 설치하여 인양 유압잭에 의한 Life-up & Launching 공법을 적용하였으며, 공법의 특성상 특성상 내부 가시설이 적기 때문에 타공정과 병행작업이 가능하여 공기단축을 할 수 있었다. 그러나 이 공법은 대규모 작업이 필요하여 이동 동선이 원활하지 않아 공사에 어려움이 많았다.

2) 개요

(1) 공정

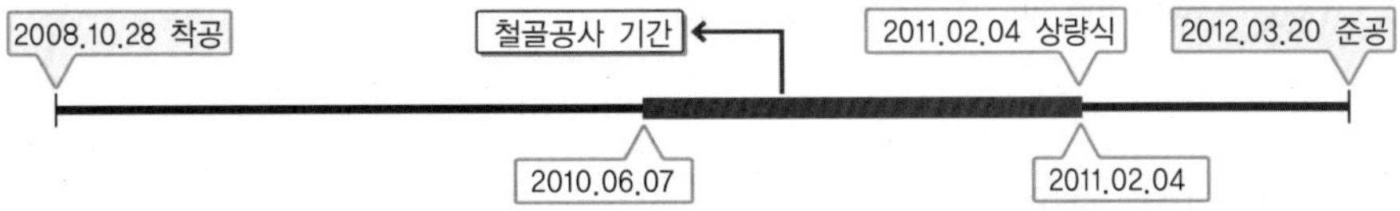

그림 13.1 추진경과

사진 13.1 아치형 철골트러스

(2) 공사범위 및 자원투입 현황

① 공사범위

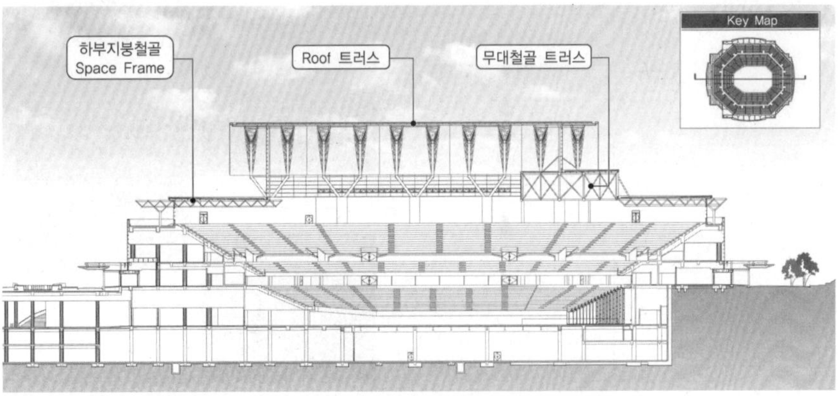

그림 13.2 단면도

표 13.1 자재

구 분	수량(Ton)
Roof Truss	3,352
Space Frame	1,308
Canopy	48
Cat Walk	200
계	3,908

표 13.2 인원

구 분	2010		2011		계	비 고
	3/4	4/4	1/4	2/4		
철골조립공	80	98	104	102	384	
용접공	24	36	40	34	134	
도장공	10	40	50	37	137	
비계공	60	79	80	98	317	
계	174	253	274	271	972	

표 13.3 장비

구 분	수량	사용기간
Hydro Crane 100Ton	1	2010.6~2011.2
Cralwer Crane 300Ton	1	2010.9~2011.2
Cralwer Crane 500Ton	1	2010.10~2011.2
Hydro Crane 500Ton	1	2010.10~2011.2

그림 13.3 양중장비

(3) 철골공사 Process

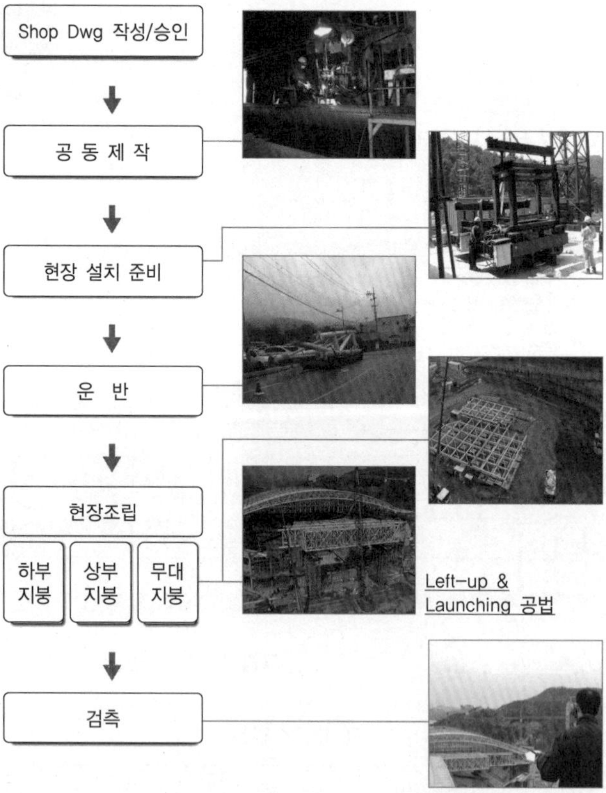

그림 13.4 철골공사 절차

3) 공장제작

① 공장방문 2회

- 2010.4.29 : 유진건철
- 2010.5.06 : 대덕기연, 제이에치

② 점검항목

- 생산 시설 및 품질관리 이행상태 확인
- 자재 보관 상태 확인
- 보관 및 벤딩작업 상태 확인 등

그림 13.5 공장현황

(1) 공장제작 Process

① SAW PIPE(Built-up pipe) 제작

② 고주파 BENDING(상부 트러스)

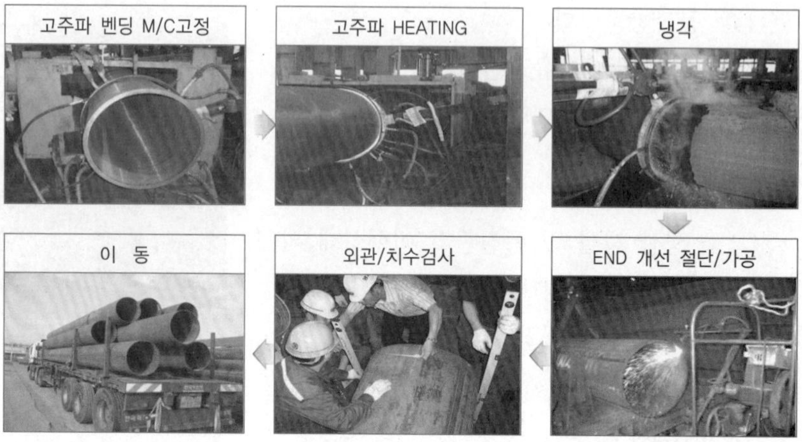

③ 상부 트러스 Block 제작

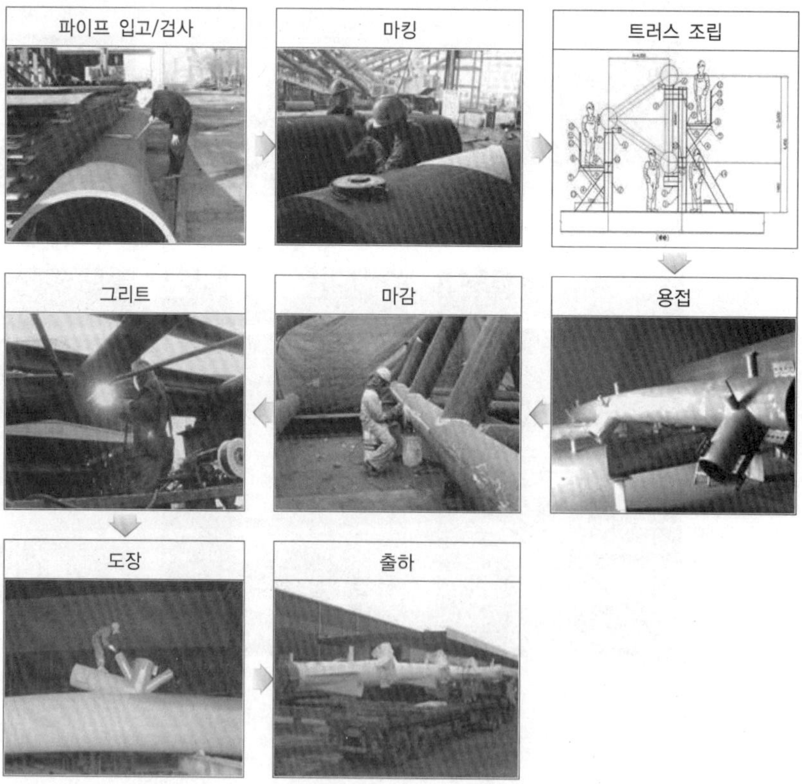

4) 현장 설치 준비

지붕 철골의 설치를 위하여 300ton급 크레인과 대량의 철골트러스 부재가 반입되어야 했기에 현장내 철골운반 및 조립을 위한 가설도로와 작업 전반이 필수적이었다.

작업전반은 Space frame형태의 하부지붕과 Main Truss 상부지붕, 무대철골 Truss로 구분하여 계획하였다. 가설도로는 설계상 계획된 순환형 주도로를 따라 잡석포설과 무근콘크리트를 타설하여 구축하였다.

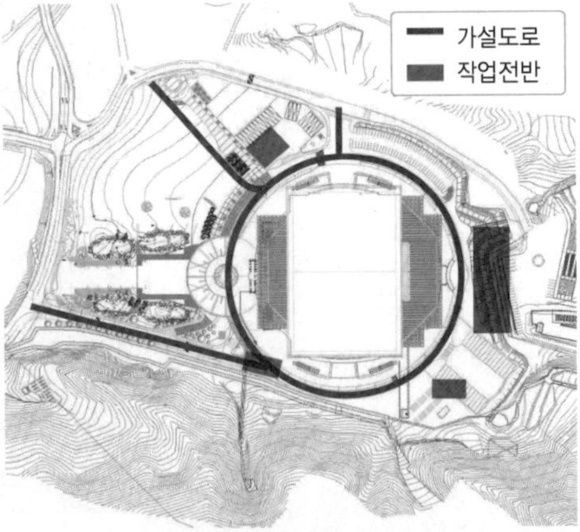

5) 하부지붕 철골 설치

(1) 프로세스

가설벤트 및 런칭레일 설치

↓

하부트러스 가조립 및 취부 용접

↓

하부지붕철골은 Space Frame구조로 설계되었으며, 전면 하부지붕 철골은 지상에서 블록화하여 선조립한 뒤 Life & Launching공법을 적용하여 설치하였다.

블록조닝은 최대양중한계를 고려하여 40ton이 넘지 않도록 정면 10EA 블록으로 계획하였다. 각 블록을 가조립한 뒤 300ton 크롤러 크레인을 사용하여 인양하고, 대차를 이용해 정위치로 이송하였다. 대차를 통한 이동속도는 3min/m로 1개 블록 설치시 평균시간은 3시간 소요되었다.

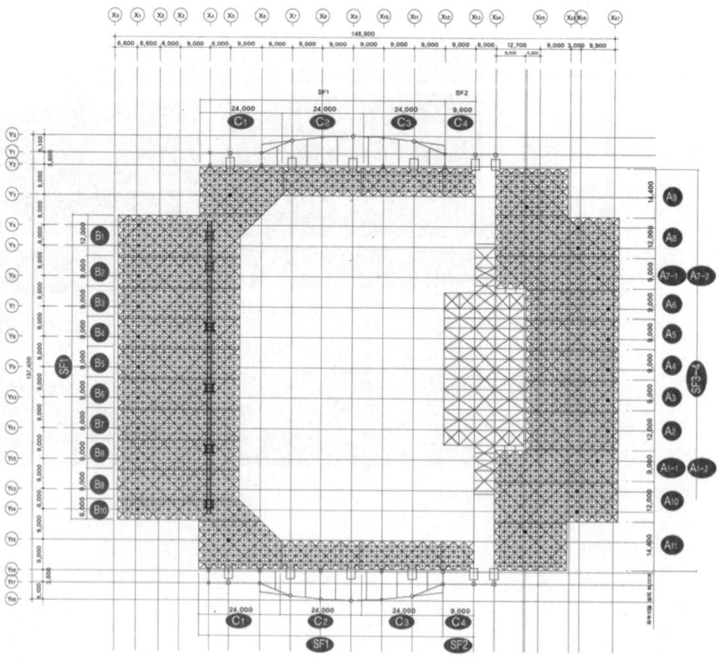

6) 상부지붕 철골 트러스 설치

(1) Process

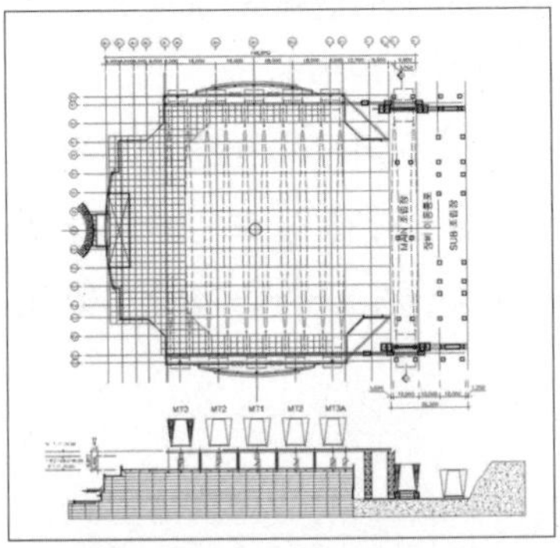

메인 트러스 설치 레이아웃

가설벤트 및 런칭 레일 설치

↓

상부 트러스 가조립 및 용접

- 300Ton 이동식 크롤러 크레인
- Mass Truss 조립 후 하부 부재 조립

↓

강선 인장

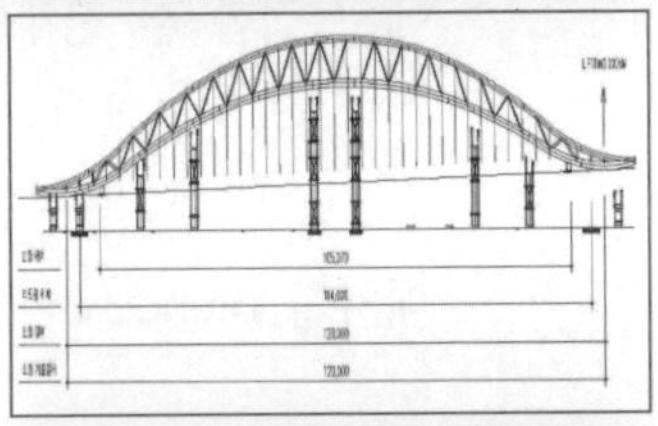

- 추력에 의한 변형량 30% 인장
- 한쪽 방향만 인장
- MTl~MT3 : 0.6"×15가닥
- MT3A : 0.6"×19가닥

↓

인양(Lifting)

- 인양타워 : 300Ton×4ea
- 상층속도 : 10cm/min
- 1Cycle(40cm) : 10분
- 총 소요시간(24m) : 10시간

↓

대차에 안착 후 런칭

- 유압잭 : 100Ton×2ea
- 반력대의 유압잭으로 밀어 이동
- 이동속도 : 5분/1m

↓

브레이싱 용접

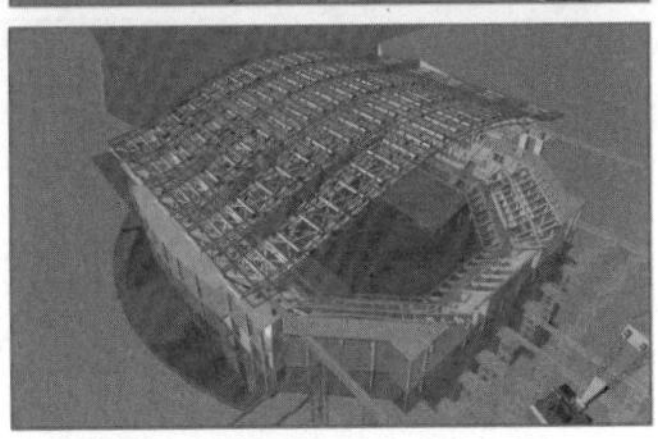

상부지붕철골은 메인 트러스로서 아치형 트러스구조로 총 5개의 블록으로 구분하여 설치하였다. 상부지붕철골은 하부지붕과 달리 127m의 매우 긴 장경간이므로 트러스를 인양하기 위한 life타워를 별도로 구축하였으며, 트러스 추력에 의한 변형을 보정하기 위해 인양 전 강선인장을 실시하여 인양 후 발생할 변형을 최소화하였다.

강선을 이용한 인장과 대차를 이용한 이송은 많은 시간이 소요되므로 하절기에 착수한 철골공사는 동절기까지 계속되어 철골공사의 중점사항인 용접작업 시 보양관리가 필수적이었으며, 지정된 공기를 준수하기 위해 야간작업을 병행하여 공사를 진행하였다.

7) 무대철골 트러스 설치

무대 철골 트러스는 총 5개 블록으로 나누어 지상 조립장에서 인양 후 5블록을 인양하여 공중에서 접합 후 전체를 대차로 런칭하였다.

1, 2, 5 블록을 지상에서 선조립 후 인양한 뒤 3, 4 2개 블록을 공중에서 조립하여 세팅 완료 후 대차를 Launuching하였다.

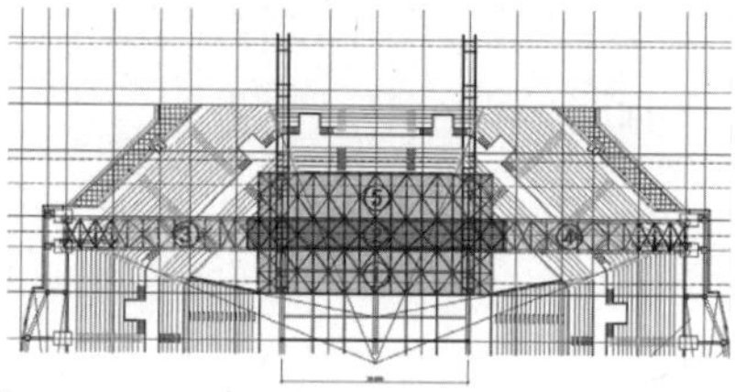

블록조닝계획

(1) Process

가설벤트 및 런칭 레일 설치

↓

상부트러스 가조립 및 용접

↓

강선 인장

인양(Lifting)

3 개선사항

1) 지상조립장

철골트러스는 이동가능한 블록으로 공장에서 1차 조립하여 투입 후 현장에서 2차 지상조립하여 상부 설치하는 것으로 지상조립장의 확보 및 이동식 크레인의 주행로 확보가 중요하다고 하겠다.

2) 기능공 확보

제관, 용접, 인양, 이동, 설치 등에 따른 적정한 시기의 기능공 확보가 필요하다고 하겠다.

부록

1 공장인증 심사기준

<table>
<tr><td colspan="9">1. 공장개요
① 교량, 건축분야 중복 계산할 수 있다.
② (5), (6)항에 대한 보유인력은 공장심사시 인력의 유동성을 감안하여 심사일 현재 근무인원에 대하여 재산정 적용한다.</td></tr>
<tr><td rowspan="2">구분</td><td rowspan="2">항 목</td><td rowspan="2">단위</td><td rowspan="2">배 점</td><td colspan="2">교 량 분 야</td><td colspan="2">건 축 분 야</td><td rowspan="2">심사 기준</td></tr>
<tr><td>상한점</td><td>필수점</td><td>상한점</td><td>필수점</td></tr>
<tr><td rowspan="7">가. 공장개요</td><td>(1) 공장부지 면적</td><td>m²</td><td>1/1,000m²</td><td>1급 60
2급 30
3급 20
4급 10</td><td>1급 30</td><td>1급 50
2급 24
3급 15
4급 10</td><td>1급 30</td><td>• 합법적인 절차에 의해 실제 공장부지로 사용하고 있는 면적을 기준한다.
• 1년 이상 계속적인 임차부지는 포함시킨다.
• 분공장 또는 야적장은 신청공장 소재지를 기점으로 직선거리 30km 이내에 소재하여야 한다. 단, 관리가 일체화되어야 한다.</td></tr>
<tr><td>(2) 제품가공작업장 면적</td><td>m²</td><td>1/100m²</td><td>1급 75
2급 50
3급 30
4급 10</td><td>1급 50
2급 40
3급 20
4급 5</td><td>1급 75
2급 50
3급 30
4급 10</td><td>1급 40
2급 30
3급 10
4급 4</td><td>• 제작공정이 수행되는 옥내작업장을 말하며 도장장, 도장전처리 작업장 등을 포함한다.
• 건축물대장에 등록 및 사용이 허가된 건축물이어야 한다.
• 기둥과 지붕이 있는 가건물로서 2면 이상의 외벽이 있는 것은 포함시키나 시트 등으로 임시로 가린 것은 제외한다.
• 창고, 사무실, 식당 등 지원시설의 면적은 제외한다.</td></tr>
<tr><td>(3) 가조립장 면적</td><td>m²</td><td>1/100m²</td><td>1급 30
2급 20
3급 10
4급 5</td><td>1급 20
2급 15
3급 7</td><td></td><td></td><td>• 바닥면은 콘크리트 또는 동등 이상의 재질로 견고하고 평탄하게 포장되어 침하가 없는 견고한 구조로 되어야 한다.
• 교량 2급 이상은 연속교 조립을 하나 이상의 경간단위로 할 수 있도록 100m 이상 길이가 확보되어야 한다.
• 가조립용 정반 설비가 있어야 한다.
※ 교량 분야에만 적용한다.</td></tr>
<tr><td>(4) 계약 전력</td><td>kw</td><td>1/50kw</td><td>1급 40
2급 25
3급 12
4급 5</td><td>1급 20
2급 15
3급 8</td><td>1급 24
2급 15
3급 10
4급 5</td><td>1급 12
2급 9
3급 5</td><td>• 최근 전력사용 요금청구서 또는 영수증에 의한다.</td></tr>
<tr><td>(5) 공장 종업원수</td><td>인</td><td>0.2/인</td><td rowspan="2">1급 60
2급 40
3급 20
4급 10</td><td rowspan="2"></td><td rowspan="2">1급 60
2급 40
3급 20
4급 10</td><td rowspan="2"></td><td>• 공장내 상근하는 정사원에 한한다.
• 종업원 명부, 국민연금, 건강보험, 고용보험 가입명부 등의 관련증빙서류에 의한다.
• 복수 업종(조선 등)의 공장은 교량, 건축 구조물제작 관련 인원에 한한다.</td></tr>
<tr><td>(6) 상근하는 사내외주 기능공수</td><td>인</td><td>0.2/인</td><td>• 공장내 상근자이어야 하며, 출근일보 또는 임금지불명세서 등 관련서류에 의한다.
• 최근 1년간 근무일이 100일 이상 경과된 근무자를 기준으로 하며, 1일 8시간을 기준한다.
• 복수 업종(조선 등)의 공장은 교량, 건축 구조물제작 관련 인원에 한한다.</td></tr>
<tr><td>(7) 연간 가공실적</td><td>톤/년</td><td>1/150톤/년</td><td>1급75
2급50
3급20
4급10</td><td>1급 32</td><td>1급 75
2급 50
3급 20
4급 10</td><td>1급 32</td><td>• 최근 3년간 연평균을 적용한다.
• 조업기간 3년 미만 신설공장의 경우 실적물량에 3년 미만은 90%, 2년 미만은 80%, 1년 미만은 70%를 각각 적용·산출한다.
• 당해 공장에서 가공된 것에 한하며, 다음 식에 의한다.
– 교량 분야 : 교량 + 0.6(건축, 철탑) + 0.2(공장설비, 기타)
– 건축 분야 : 건축 + 0.6(교량, 철탑) + 0.2(공장설비, 기타)
• 1급은 신청 분야의 가공실적이 필수점을 초과하여야 한다.
• 기타의 실적은 신청등급 분야에 유사한 제작물에 대해서만 산정한다.</td></tr>
</table>

1. 공장개요

구분		항 목	단위	배 점	교량 분야 상한점	교량 분야 필수점	건축 분야 상한점	건축 분야 필수점	심사 기준
가. 공장개요	(8)	부자재 전용 보관창고 면적	㎡	0.2/㎡	1급 15 2급 5 3급 5 4급 5		1급 15 2급 5 3급 5 4급 5		• 용접재료, 볼트, 공장용 공구, 도료의 보관창고에 한한다. • 별동의 경우에는 가건물의 외벽 및 지붕이 있어야 한다. • (2)항의 일부인 경우에는 명확히 벽으로 구획되어 있어야 한다. • 임차시설의 계약기간은 인증신청일을 기준으로 1년 이상이어야 한다.
	(9)	조업 년수	년	1/년	1급 7 2급 6 3급 5 4급 4	1급 1	1급 7 2급 6 3급 5 4급 4	1급 1	• 당해 공장의 공장등록일을 기준으로 한다. • 공장이전으로 공장소재지가 변경된 경우에는 종전 소재지의 조업기간을 합산할 수 있다. • 교량 분야는 철강재설치공사업 등록 이전의 조업기간은 포함하지 아니한다. 다만, 교량 분야 3, 4급의 경우는 예외로 한다. • 월단위 조업기간을 연수로 환산하여 소수점 첫째자리(사사오입)까지 표시하며 공장신설 후 최초 1년은 만 11개월을 초과하여야 한다.
		판정 기준점			1급 242 2급 147 3급 60 4급 26		1급 198 2급 102 3급 40 4급 20		
비고		* 3항(가조립장 면적) : 건축분야 제외							

2. 기술인력

가. 관리기술자

① 관리기술자는 정사원으로 제작품의 설계, 검사, 자재관리, 품질관리 및 생산관리 등에 대한 업무를 수행하는 자를 말하며 외주자, 비상근자는 포함할 수 없다.

② 동일인의 복수의 자격은 당해 항목에서 하나만 유효하다.

③ (1)~(5)항은 동일인의 복수자격 소지에 대하여 2개 항목까지 중복 계산할 수 있다.

④ (3)~(5)항 비파괴 분야 인력은 외부 전문검사인력이 용역계약에 따라 공장내 상주하는 경우 이를 인정한다. 다만, 교량, 건축 각 1급의 경우는 정사원으로 필수점을 만족한 경우에 이를 추가 인정한다.

⑤ 동일인을 구분2. 나(기능자)와 중복시킬 수 없다. 단, (3)~(5)항〈비파괴검사기술 · 기능자〉은 (2)항〈용접기술자〉과 중복계산되지 않은 경우, 구분 2. 나의 (1)항〈용접관련 기능자〉과 중복계산이 가능하다.

⑥ (6)~(9)항은 동일인에 대하여 2개 항목까지 겸무 할 수 있다.

⑦ 교량, 건축 분야 중복 계산할 수 있다.

구분		항 목	등급	단위	배 점	교량 분야 상한점	교량 분야 필수점	건축 분야 상한점	건축 분야 필수점	심사 기준
가. 관리기술자	(1)	강구조 관련 기술자	특급 고급 중급 초급	자격	10/자격 7/자격 5/자격 3/자격	1급 110 2급 75 3급 40 4급 25	1급 40 2급 30 3급 10 4급 5	1급 110 2급 75 3급 40 4급 25	1급 40 2급 30 3급 10 4급 5	• 건설기술관리법 시행령 제4조 관련 별표 1의 강구조 분야 건설기술자에 해당하는 자 • 국가기술자격법에 의한 토목 · 건축 · 기계 · 금속 분야의 자격 취득자 : 토목 · 건축구조기술사, 건축사, 토목 · 건축기사, 토목 · 건축산업기사, 건설기계기술사, 일반기계 · 건설기계기사, 생산기계 · 건설기계산업기사, 금속가공기술사, 금속기사, 금속재료 · 표면처리산업기사
	(2)	용접 기술자	특급 고급 중급 초급	자격	10/자격 7/자격 5/자격 3/자격	1급 110 2급 70 3급 40 4급 20	1급 40 2급 30 3급 10 4급 5	1급 110 2급 70 3급 40 4급 20	1급 30 2급 20 3급 10 4급 5	• 건설기술관리법 시행령 제4조 관련 별표 1의 용접 분야 건설기술자에 해당하는 자 • 국가기술자격법에 의한 기계 분야, 용접 분야 자격 취득자 : 용접기술사, 용접기사, 용접산업기사
	(3)	비파괴 검사 기술자	특급 고급 중급 초급	자격	10/자격 7/자격 5/자격 3/자격	1급 50 2급 40 3급 20 4급 10	1급 10 2급 5	1급 50 2급 40 3급 20 4급 10	1급 8 2급 5	• 건설기술관리법 시행령 제4조 관련 별표 1의 비파괴검사 분야 건설기술자에 해당하는 자 • 국가기술자격법에 의한 금속 분야 자격 취득자 : 비파괴검사기술사, 비파괴검사기사, 비파괴검사산업기사 * 인원표기시 해당 비파괴검사 종목을 병기한다.
	(4)	비파괴검사 기능자 (UT, RT)		자격	5/자격					• 국가기술자격법에 의한 금속 분야 자격증 취득자 : 비파괴검사 기능사(UT, MT, PT, RT) • 공인된 국내외 단체가 발행한 비파괴 분야 자격 취득자(LEVEL Ⅱ이상 포함)
	(5)	비파괴검사 기능자 (MT, PT)		자격	3/자격					
	(6)	제작도 작성 혹은 검사 담당자		인	2/인	1급 20 2급 15 3급 10 4급 5	1급 10 2급 6 3급 2	1급 20 2급 15 3급 10 4급 5	1급 10 2급 6 3급 1	• 설계도서를 검토하고 공장 작업도면(shop drawing)을 작성하거나 외주도면에 대한 검사업무 수행자

2. 기술인력									
구분	항 목		단위	배 점	교 량 분 야		건 축 분 야		심사 기준
					상한점	필수점	상한점	필수점	
가. 관리 기술자	(7)	제품검사 담당자	인	2/인	1급 10 2급 8 3급 6 4급 4	1급 6 2급 4 3급 2 4급 1	1급 10 2급 8 3급 6 4급 4	1급 4 2급 3 3급 2 4급 1	• 제작품의 품질확보를 위한 검사업무 수행자
	(8)	자재관리 담당자	인	2/인	1급 8 2급 6 3급 4 4급 2	1급 4 2급 3 3급 1 4급 1	1급 8 2급 6 3급 4 4급 2	1급 4 2급 3 3급 1 4급 1	• 자재의 입고, 보관 등에 대한 관리업무 수행자
	(9)	품질관리 담당자	인	2/인	1급 10 2급 8 3급 6 4급 4	1급 6 2급 4 3급 2 4급 1	1급 10 2급 8 3급 6 4급 4	1급 4 2급 3 3급 2 4급 1	• 공장의 전반적인 품질관리 업무를 계획 및 수행하는 자로서 품질관리 분야의 경력이 3년 이상인 자 • 국가기술자격법에 의한 산업응용(품질관리) 분야의 자격취득자(공정관리 또는 품질관리기술자, 품질경영기사, 품질경영산업기사)로서 경력이 2년 이상인 자
	판정기준점				1급 150 2급 105 3급 45 4급 23		1급 140 2급 93 3급 40 4급 18		
비고	* 1항~3항: 필수점을 만족하는 경우에 한하여 기술사 5점/인, 기사 3점/인, 산업기사 2점/인 가산가능 * 6항~9항: 겸무자의 경우에는 1점/인으로 계상								

나. 기 능 자

① 동일인을 구분 2.가와 중복시킬 수 없다. 단, (1)항〈용접관련 기능자〉은 구분 2.가 (3)~(5)항〈비파괴검사기술 · 기능자〉가 (2)항〈용접기술자〉와 중복계산되지 않은 경우, 구분 2. 가의 (3)~(5)항〈비파괴검사기술 · 기능자〉과 중복계산이 가능하다.

② (1)항 내지 (3)항은 동일인에 대하여 서로 중복 계산할 수 없으며, (4)항 및 (5)항은 (3)항에 중복 계산이 가능하다.

③ 동일인에 대한 동일 종류의 자격은 하나만 유효하다.

④ 사내 외주자는 최근 1년간 공장내 실근무일수가 100일이 경과된 자에 한하여 포함시킨다. 〈신설〉

⑤ 교량, 건축 분야 중복 계산할 수 있다.

구분	항 목		단위	배 점	교 량 분 야		건 축 분 야		심사 기준
					상한점	필수점	상한점	필수점	
나. 기능자	(1)	용접관련 기능자 • 기능장 • 기능사	자격	2/자격 1/자격	1급 90 2급 65 3급 20 4급 10	1급 40 2급 25 3급 6 4급 2	1급 65 2급 40 3급 20 4급 10	1급 25 2급 15 3급 4 4급 2	• 국가기술자격법에 의한 용접기능장 (2점) 및 용접기능사 (1점) • 건설관련 협회의 인정기능사 (1점) • 공인된 국내외 용접관련 단체가 발행한 자격 취득자 (0.5점) • 최근 1년 이내에 감리(감독)자 입회하에 용접공 기량시험을 실시하고 시편을 공인기관에 의뢰하여 합격판정을 받은 자 (0.3점)
	(2)	강구조관련 기능자	자격	2/자격	1급 30 2급 25 3급 20 4급 10		1급 30 2급 25 3급 20 4급 10		• 강구조관련 기계, 토목, 건축, 금속 분야의 국가기술자격법에 의한 기능사 (2점) • 강구조물 설계, 제작, 시공 분야 업무를 5년 이상 수행한 자로서 건설관련 협회의 강구조 분야 인정기능사 (2점)
	(3)	그외 생산관련 기능자	인	0.5/인	1급 15 2급 10 3급 6 4급 6		1급 15 2급 10 3급 6 4급 6		• 가스절단, 프레스, 변형 제거, 도장, 조립, 크레인 운전사, 크레인 수신호사로 실무에 종사하고 있는 자. • 기능 무자격자도 포함한다.
	(4)	크레인 운전사	자격	0.2/자격	1급 4 2급 3 3급 2 4급 2		1급 4 2급 3 3급 2 4급 2		• 건설기계관리법에 의한 기중기 및 지게차 조종사 자격 취득자
	(5)	크레인 수신호사	인	0.2/인	1급 4 2급 3 3급 2 4급 2		1급 4 2급 3 3급 2 4급 2		• 외부기관(업체 포함) 또는 사내교육에 의한 자격취득 후 크레인 수신호사 경력 6개월 이상인 자 • 사내교육에 의해 크레인 수신호사로 자격 부여(임명)된 경우 수신호사관리규정이 있어야 한다.
	판정 기준점				1급 70 2급 49 3급 16 4급 10		1급 52 2급 34 3급 14 4급 10		

3. 제작 및 시험설비									
① 교량, 건축 분야 중복 계산할 수 있다. ② 제작 및 시험설비는 자사 소유를 원칙으로 한다. 다만, 임대차계약에 의거 1년 이상 임차 사용중인 것을 포함한다. ③ 모든 제작설비 및 시험설비는 기능이 정상적으로 작동되어야 하며 활용하고 있어야 한다.									
구분	항 목		단위	배 점	교 량 분 야		건 축 분 야		심사 기준
					상한점	필수점	상한점	필수점	
가. 제작용설비기기	(1)	원형 또는 벤드절단기 • H형강 절단폭 : 650㎜ 이상 450㎜ 이상 기타	대	10/대 8/대 5/대	1급 25 2급 20 3급 15 4급 10		1급 30 2급 25 3급 15 4급 10	1급 10 2급 8	• H형강, 기둥 등 절단폭의 최대치수를 파악하여 평가한다.
	(2)	• 이동식 자동가스절단기 • 개선가공 전용기 • 대형 자동가스절단기 • NC형 대형가스절단기	대	5/대 10/대 10/대 10/대	1급 60 2급 45 3급 30 4급 15	1급 40 2급 15	1급 60 2급 45 3급 30 4급 15	1급 35 2급 15	• 개선가공 전용기는 마감면의 거칠기가 200S 이하로 가공할 수 있는 것만 계산한다. • plasma 절단기는 대형 자동가스절단기로 본다.
	(3)	• 직립 천공기 • 레이디알천공기 • 거더 레이디알천공기 • 자석식 전기천공기 • 3방향 다축천공기 (H형강용) • NC형 겐트리천공기	대	2/대 3/대 3/대 2/대 10/대 10/대	1급 60 2급 45 3급 30 4급 15	1급 30 2급 12	1급 60 2급 40 3급 25 4급 15	1급 20 2급 10	• 직립천공기 : 16Φ 이상인 것 • 레이디알천공기 : 30Φ 이상인 것 • 거더 레이디알천공기 : 30Φ 이상인 것 • 자석식 전기천공기 : 16Φ 이상인 것 • 3방향 다축천공기 : 16Φ 이상인 것(H형강용) • NC형 겐트리천공기 : 12Φ 이상인 것
	(4)	• 프레스(100톤 이상) • 플랜지 교정기	대	5/대	1급 10 2급 10 3급 10 4급 5	1급 5 2급 5	1급 10 2급 10 3급 10 4급 5	1급 5	• 프레스 능력이 100톤 이상의 것(100톤 미만은 7항에서 계산) • 교정기는 판두께 16㎜ 이상의 교정이 가능한 것이어야 한다.
	(5)	• 쇼트 블라스트 머신 • 그리트 블라스트 머신 • 블라스트 자동화설비	대	5/대 5/대 10/대	1급 30 2급 20 3급 10 4급 5	1급 5 2급 5	1급 30 2급 20 3급 10 4급 5	1급 5 2급 5	• 교량 및 건축 분야별로 중복 계산할 수 없다. 다만, 당해 설비가 신청된 등급 분야의 구조물을 겸용하여 처리할 수 있는 시설능력을 갖춘 경우에는 그러하지 아니한다. • 블라스트머신은 공기압축기, 노즐, 쇼트나 그리트 저장탱크가 일체로 구비된 설비를 1대로 인정한다. • 블라스트 자동화설비는 제청(Descaling)을 위한 일련의 도장 전처리(Pre-Treatment for Painting) 과정이 자동으로 처리되는 설비를 말한다.
	(6)	• 페이싱머신 • 밀링머신	대	5/대	1급 10 2급 10 3급 5 4급 5		1급 15 2급 10 3급 10 4급 10	1급 5 2급 5	• 페이싱 머신은 자사개발 제작한 것도 포함한다.
	(7)	• 벤딩롤러 • 밴더 • 절단기 • 천공기 • 프레스	대	1/대	1급 5 2급 5 3급 5 4급 5		1급 5 2급 5 3급 5 4급 5	1급 5 2급 3	• (1)항～(6)항의 기준 외 품목을 포함하여 계산할 수 있다. • 절단기에는 고속 그라인더 절단기, 마찰톱 절단기, 앵글 절단기, 전단 절단기, 자동가스 강관 절단기를 포함한다. • 천공기는 유압식과 위 (3)항에서 규정된 직경 외의 천공기를 포함한다. • 프레스는 100톤 미만의 것을 말한다.
	판정 기준점				1급 116 3급 45	2급 72 4급 26	1급 122 3급 35	2급 78 4급 18	

3. 제작 및 시험설비									
구분	항 목		단위	배 점	교 량 분 야		건 축 분 야		심사 기준
					상한점	필수점	상한점	필수점	
나. 용접용설비기기	(1)	반자동 아크 용접기	대	2/대	1급 70 2급 60 3급 30 4급 10	1급 34 2급 24 3급 6 4급 2	1급 70 2급 60 3급 30 4급 10	1급 30 2급 20 3급 6 4급 2	• 최대용량 300A 이상의 것
	(2)	자동 용접기	대	5/대	1급 40 2급 20 3급 10 4급 5	1급 20 2급 15 3급 5	1급 40 2급 30 3급 20 4급 10	1급 20 2급 15 3급 5	• 서브머지드 아크용접기 • 일렉트로 슬래그 용접기 • 로봇 용접장치 • 협개선(Narrow Gap) 자동용접기 • CO_2 자동용접기 ※오토캐리지(Auto carriage) 제외
	(3)	온도조절기 부착 건조기	kg	1/25kg	1급 15 2급 7 3급 6 4급 4	1급 10 2급 5 3급 3 4급 2	1급 20 2급 15 3급 10 4급 5	1급 10 2급 5 3급 3 4급 2	• 350℃까지 온도관리를 할 수 있는 것이어야 한다.
	(4)	아크 에어 가우징 AC 아크 에어 가우징 DC	대	1/대 2/대	1급 10 2급 6 3급 4 4급 2	1급 6 2급 4	1급 10 2급 8 3급 4 4급 2	1급 5 2급 4	• 용접과 겸용기는 어느 쪽이든 한쪽으로만 계산한다.
	(5)	하향 용접용 회전장치	대	5/대	1급 20 2급 15 3급 10 4급 5	1급 10 2급 5	1급 20 2급 15 3급 10 4급 5	1급 10 2급 5	• 포지셔너 회전장치, 회전롤러, 수직장치 등의 하향 용접용 회전장치류를 말한다. • 하향자세가 확보되는 장치라면 자체 제작한 것도 포함한다. * 하향용접용 회전장치의 경우 제작물의 이송과 회전이 자동화 기능인 설비는 5점/대를 가산할 수 있다.
	판정기준점				1급 102 2급 67 3급 26 4급 9		1급 106 2급 73 3급 30 4급 11		
비고	* 나.(5)항(하향용접용 회전장치) : 제작물 이송과 회전이 자동화된 설비는 5점/대 가산								
다. 크레인설비기기	(1)	천정주행 크레인 • 30톤 이상 • 15톤 이상 30톤 미만 • 3톤 이상 15톤 미만	대	30/대 15/대 8/대	1급 80 2급 50 3급 30 4급 20	1급 50 2급 40 3급 15 4급 8	1급 80 2급 40 3급 30 4급 20	1급 50 2급 30 3급 8	• 오버헤드(Over Head)형을 말하며, 옥내 설치된 L형, 갠트리형 등을 포함한다.
	(2)	기타 크레인 및 지게차	톤	1/톤	1급100 2급 50 3급 20 4급 10	1급 40 2급 30	1급 50 2급 30 3급 20 4급 10	1급 20 2급 10	• 옥외에서 사용중인 크레인 및 지게차를 말한다. • 갠트리크레인, 이동식 크레인, 타워크레인 등을 포함한다.
	판정 기준점				1급 117 2급 79 3급 29 4급 19		1급 88 2급 49 3급 20 4급 8		
비고	* 다.(1)항(천장주행 크레인) : 전자석 부착장비는 10점/대 가산								

<table>
<tr><td colspan="10">3. 제작 및 시험설비</td></tr>
<tr><td colspan="10"></td></tr>
<tr><td rowspan="2">구분</td><td rowspan="2" colspan="2">항 목</td><td rowspan="2">단위</td><td rowspan="2">배 점</td><td colspan="2">교 량 분 야</td><td colspan="2">건 축 분 야</td><td rowspan="2">심사 기준</td></tr>
<tr><td>상한점</td><td>필수점</td><td>상한점</td><td>필수점</td></tr>
<tr><td rowspan="11">라. 시험검사설비기기</td><td>(1)</td><td>만능 시험기</td><td>대</td><td>10/대</td><td>1급 10
2급 10</td><td>1급 10</td><td>1급 10
2급 10</td><td></td><td>• 인장용량 50톤 이상의 것
• 국가표준기본법령에 의한 공인기관의 교정성적서가 있는 것에 한한다.</td></tr>
<tr><td>(2)</td><td>초음파 탐상기</td><td>대</td><td>10/대</td><td rowspan="2">1급 40
2급 20
3급 10
4급 5</td><td rowspan="2">1급 20
2급 10</td><td rowspan="2">1급 40
2급 20
3급 10
4급 5</td><td rowspan="2">1급 20
2급 10</td><td rowspan="2">• 해당항목에 대하여 비파괴검사 자격자(기사, 산업기사, 기능사 등)가 없는 경우는 점수산정을 0점으로 한다.
다만, "2.가 관리기술자 (3)~(5)항" 에 규정된 각 등급별 필수점이 없는 경우에는 그러하지 아니한다.
• 초음파 탐상기, 자분탐상기는 국가표준기본법령에 의한 정기적인 교정관리가 되고 있어야 한다.</td></tr>
<tr><td>(3)</td><td>자분탐상 장치
침투탐상 용구</td><td>세트</td><td>2/세트
1/세트</td></tr>
<tr><td>(4)</td><td>전 류 계</td><td>대</td><td>1/대</td><td>1급 3
2급 3
3급 2
4급 2</td><td>1급 2
2급 2
3급 1
4급 1</td><td>1급 3
2급 3
3급 2
4급 2</td><td>1급 2
2급 2
3급 1
4급 1</td><td>• 국가표준기본법령에 의한 공인기관의 교정성적서가 있는 것에 한한다.
• 클램프형을 포함한다.</td></tr>
<tr><td>(5)</td><td>강제 권척</td><td>개</td><td>1/개</td><td>1급 3
2급 3
3급 2
4급 2</td><td>1급 2
2급 2
3급 1
4급 1</td><td>1급 3
2급 3
3급 2
4급 2</td><td>1급 2
2급 2
3급 1
4급 1</td><td>• 국가표준기본법령에 의한 공인기관의 교정성적서가 있는 것 또는 KS 1급과 동등한 외국기관의 검정표가 있는 것에 한한다.
• 길이 50m 이상의 것으로 한다.</td></tr>
<tr><td>(6)</td><td>도막 게이지</td><td>개</td><td>2/개</td><td>1급 4
2급 4
3급 4
4급 4</td><td>1급 2
2급 2
3급 2
4급 2</td><td>1급 4
2급 4
3급 4
4급 4</td><td>1급 2
2급 2
3급 2
4급 2</td><td>• 국가표준기본법령에 의한 공인기관의 교정성적서가 있는 것에 한한다.</td></tr>
<tr><td>(7)</td><td>볼트의 축력계</td><td>대</td><td>2/대</td><td>1급 4
2급 4
3급 4
4급 4</td><td>1급 2
2급 2
3급 2
4급 2</td><td>1급 4
2급 4
3급 4
4급 4</td><td>1급 2
2급 2
3급 2
4급 2</td><td>• 국가표준기본법령에 의한 공인기관의 교정성적서가 있는 것에 한한다.</td></tr>
<tr><td>(8)</td><td>토크 렌치</td><td>대</td><td>1/대</td><td>1급 2
2급 2
3급 2
4급 2</td><td>1급 1
2급 1
3급 1
4급 1</td><td>1급 2
2급 2
3급 2
4급 2</td><td>1급 1
2급 1
3급 1
4급 1</td><td>• 20kg · m 이상의 것
• 국가표준기본법령에 의한 공인기관의 교정성적서가 있는 것에 한한다.</td></tr>
<tr><td>(9)</td><td>광파기</td><td>대</td><td>10/대</td><td>1급 10
2급 10</td><td>1급 10
2급 10</td><td></td><td></td><td>• 거리 및 각도 측정이 가능한 것
• 국가표준기본법령에 의한 공인기관의 교정성적서가 있는 것에 한한다.</td></tr>
<tr><td colspan="4">판정 기준점</td><td colspan="2">1급 52 2급 32
3급 12 4급 10</td><td colspan="2">1급 32 2급 22
3급 12 4급 10</td><td></td></tr>
<tr><td colspan="9"></td></tr>
<tr><td>비고</td><td colspan="9">* 1항(만능시험기) : 3 · 4급으로 만능시험기를 보유, 활용하고 있는 경우 10점 가산</td></tr>
</table>

4. 품질관리실태

① 실적 자료의 정리 및 그 활용 상태를 평가하며 공장인증 신청일을 기준으로 한다.
② 교량과 건축 분야 구분하여 분야별로 평가한다.
③ 제작상황 및 품질관리의 평가는 공장심사시 제작상황을 확인할 수 있는 제작물량이 확보되어야 하며, 1등급 신청시는 교량, 건축 해당 신청분야의 제작진행 물량이 반드시 확보되어야 한다.
④ 각 항목별 평가는 심사기준 1개당 내용의 만족도에 따라 상 1.0점, 중상 0.8점, 중 0.5점, 중하 0.3점, 하 0점으로 부여하여 평가한다.
⑤ 해당 항목별 제작 및 품질관리 등을 위한 사내규정(절차서, 지침서 등)이 없는 경우에는 0점으로 평가 한다.

구분	항 목		단위	배점	교 량 분 야		건 축 분 야		심사 기준
					상한점	필수점	상한점	필수점	
가. 종합관리	(1)	경영자, 관리자의 품질 확보에 대한 관리방침과 그 상황	–	5점	1급 5 2급 5 3급 5 4급 5	1급 4 2급 3 3급 2 4급 2	1급 5 2급 5 3급 5 4급 5	1급 4 2급 3 3급 2 4급 2	• 경영자(대표이사, 공장장)가 품질 확보에 대한 경영방침을 설정하고 있다. • 경영자, 공장장, 관리부서장이 각종 연수회, 강습회에 참가하고 있다. • 경영자가 업계, 학계 등 외부의 품질 향상을 위한 활동에 참가하고 있다. • 경영자가 자사 제품의 품질관리체제와 실상을 설명할 수 있다. • 사원 교육에 대한 계획이 수립되어 있고 실천하고 있다. *관리자는 대표이사가 당해 공장조직의 경영관리를 위해 임명한 공장장, 관리부서장을 말한다.
	(2)	관리조직의 확립상태	–	5점	1급 5 2급 5 3급 5 4급 5	1급 4 2급 3 3급 2 4급 2	1급 5 2급 5 3급 5 4급 5	1급 4 2급 3 3급 2 4급 2	• 공장 조직도가 있고 생산관리부서와 독립된 품질관리 부서를 두고 있다. • 부서별 책임과 역할이 정해져 있다. • 문서화된 직무규정대로 하고 있다. • 직무규정의 내용과 실제 활동이 동일하게 운영되고 있다. • 부서장 및 직원의 권한과 책임이 명확하다.
	(3)	교육 및 품질 향상 개선에 대한 활동상황	–	8점	1급 8 2급 8 3급 8 4급 8	1급 6 2급 5 3급 4 4급 3	1급 8 2급 8 3급 8 4급 8	1급 6 2급 5 3급 4 4급 3	• 교육 및 품질 향상 개선 활동을 위한 규정이 있다. • 품질 향상에 관한 각종 기술 연수회에 참가하고 있다. • 전항 연수회에 정기적인 참가를 하고 연인원이 증가하고 있다. • 사내에서 품질 향상을 위한 직원교육을 실시하고 있다. • 사내 연수교육을 위한 교과과정이 있다. • 품질 향상을 위한 제안제도 사내규정이 있고 제안활동이 계획대로 실천되고 있으며 제안자에게 적절한 포상을 실시하고 있다. • 제안된 것을 구체화하는 규정이 있다. • 품질 향상에 대한 사내 발표회 또는 외부와 교류회를 실시하고 있다.
	(4)	강구조관련 강습회, 연습회 참가	인·일	0.5/인·일	1급 12 2급 10 3급 8 4급 7	1급 10 2급 5 3급 4 4급 3	1급 12 2급 10 3급 8 4급 7	1급 10 2급 5 3급 4 4급 3	• 강습회, 연습회 참가 활동을 위한 규정이 있다. • 강구조와 관련한 강습회, 연수회 등을 포함(공공기관에서 실시하는 교육 포함)하며 일일 3시간 이상을 1일로 본다. • 3년간 총실적을 평가한다. 단, 3년 미만의 공장의 경우 조업년수로부터의 총실적을 적용한다.
	(5)	사내 연수회, 보고회	회/년	1/회/년	1급 6 2급 5 3급 4 4급 3	1급 3 2급 2 3급 1 4급 1	1급 6 2급 5 3급 4 4급 3	1급 3 2급 2 3급 1 4급 1	• 사내 연수회, 보고회 활동을 위한 규정이 있다. • 품질 향상에 기여하는 회합으로 (4)항의 강습회 참가 보고회, 사내교육 훈련을 포함한다. 단, 회의록 등이 남아 있는 것만 유효하며 1시간 이상의 것을 1회로 간주한다. • 3년간의 연평균 실적을 평가한다. 단, 3년 미만의 공장의 경우 조업년수로부터의 연평균 실적을 적용한다.
	(6)	제작회의, 공사완료 후의 조정상태	회/년	0.5/회/년	1급 5 2급 5 3급 4 4급 3	1급 4 2급 3 3급 2 4급 2	1급 5 2급 5 3급 4 4급 3	1급 4 2급 3 3급 2 4급 2	• 회의록이 있는 것만 유효하다. • 교량과 건축분야에 대한 각각의 실적이 있는 경우에만 평가한다. 단, 2급 이하의 경우에는 타분야(유사분야 포함) 실적을 인정한다. • 3년간의 연평균 실적을 평가한다. 단, 3년미만의 공장의 경우 조업년수로부터의 연평균실적을 적용한다.
	판정 기준점				1급 36 3급 24	2급 29 4급 22	1급 36 3급 24	2급 29 4급 22	

4. 품질관리실태

구분	항 목		단위	배점	교량분야		건축분야		심사 기준
					상한점	필수점	상한점	필수점	
나. 제작기술	(1)	관리기술자의 기술, 지식수준	–	8점	1급 8 2급 8 3급 8 4급 8	1급 6 2급 4 3급 2 4급 2	1급 8 2급 8 3급 8 4급 8	1급 6 2급 4 3급 2 4급 2	• 자사의 제작, 검사기준을 숙지하고 있다. • 자사의 불량률과 불량 부위를 파악하고 있다. • 용접사의 기량 향상을 위한 자사의 관리방법을 숙지하고 있다. • 표준시방서의 내용을 숙지하고 비평과 자기의견을 가지고 있다. • 자사 제품의 제작기술에 대해서 평가할 수 있다. • 설계도서의 내용 비평과 자기의견을 가지고 있다. • 제작상의 제안이 가능하고 설계에 반영된 적이 있다. • 자사 용접공 기량인정도(초음파 탐상검사 합격 여부 파악 등)를 파악하고 있다.
	(2)	제작도 작성, 검사 상황과 내용	–	6점	1급 6 2급 6 3급 6 4급 6	1급 4 2급 4 3급 2 4급 2	1급 6 2급 6 3급 6 4급 6	1급 4 2급 4 3급 2 4급 2	• 설계업무계통이 확립되어 있다. • 제작도를 자사에서 작성할 수 있다. • 외주없이 전부 자사에서 작성한다. • 제작도를 매공사마다 전부 작성하고 있다. • 제작도를 승인, 변경, 추가, 수정 등을 할 수 있다. • 외주 도면은 검사담당자가 필히 검사하고 있다.
	(3)	시공계획서 정비상황과 내용	–	7점	1급 7 2급 7 3급 7 4급 7	1급 6 2급 5 3급 3 4급 2	1급 7 2급 7 3급 7 4급 7	1급 6 2급 5 3급 3 4급 2	• 공정 FLOW CHART가 수립되어 있다. • 작업계통도내 공정흐름에서 검사의 위치가 분명하다. • 표준시방서의 내용이 충분히 반영되어 있다. • 자체설비에 적합한 품질관리계획서를 작성하고 있다. • 시공계획서를 매 공사마다 작성하고 있다. • 시공계획서에 자사의 제작공정 내용을 반영하고 있다. • 매공사 승인된 시공계획서를 보관하고 있다.
	(4)	제작기준 또는 작업표준의 관리	–	5점	1급 5 2급 5 3급 5 4급 5	1급 4 2급 3 3급 2 4급 1	1급 5 2급 5 3급 5 4급 5	1급 4 2급 3 3급 2 4급 1	• 사내 공정별 제작기준이 있고 개선을 위한 규정이 있다. • 제작기준을 작업자가 잘 숙지하여 작업하고 있다. • 공정별 제작기준이 상세하며 구체적이다. • 제작기준을 필요에 따라 개정하고 있다. • 제작관련 용접, 가조립(교량), 도장 등에 대한 지침이 있다.
	(5)	검사기준의 관리	–	6점	1급 6 2급 6 3급 6 4급 6	1급 4 2급 4 3급 2 4급 2	1급 6 2급 6 3급 6 4급 6	1급 4 2급 4 3급 2 4급 2	• 사내 검사기준이 있다.(시공계획서는 안 됨) • 재료조달에 관한 입고 검사기준이 있다. • 제품의 제작, 조립에 대한 정밀도기준이 있다. • 용접 부위의 품질에 관한 기준이 있다. • 비파괴 검사기준이 있다. • 제품검사의 정밀도기준이 있다.
	(6)	기술관련 도서의 활용상태	–	7점	1급 7 2급 7 3급 7 4급 7	1급 6 2급 5 3급 3 4급 2	1급 7 2급 7 3급 7 4급 7	1급 6 2급 5 3급 3 4급 2	• 강구조관련 설계기준, 시공지침이 있다. • 강구조 관련 표준시방서를 활용하고 있다. • 용접 관련 검사기준 도서가 있다. • KS 규격(강재, 용접재료, 볼트 등) 등은 최신도서를 확보하고 있다. • 제작도 담당자가 설계 기준, 지침을 활용하고 있다. • 검사 담당자가 용접 검사기준을 활용하고 있다. • 강구조 관련 기술도서를 정기 구독하고 있다.
	(7)	사내 제작기준의 정비상황과 내용	–	10점	1급 10 2급 10 3급 10 4급 10	1급 8 2급 6 3급 4 4급 3	1급 10 2급 10 3급 10 4급 10	1급 8 2급 6 3급 4 4급 3	• 제작도 작성기준, 기준자 관리 등에 대한 제작능력에 적합한 사내기준이 정비되어 있다. • 절단 금긋기, 절단방법, 정밀도, 개선가공, 휨가공에 대한 사내기준이 정비되어 있다. • 구멍가공, 고력볼트 접합면 처리에 대한 사내기준이 규정되어 있다. • 조립기기, 조립정밀도, 조립용접, 부재별 제작순서 등에 대한 제작능력에 적합한 사내기준이 규정되어 있다. • 용접기능자 관리, 용접재료관리 등에 대한 적합한 사내기준이 규정되어 있다. • 용접공법, 용접예열 · 후열, 용접조건 용접변형교정, 불량 용접부 보수, 용접검사 등에 대한 사내기준이 규정되어 있다. • 사내 제품검사, 정밀도 검사 표준시방서의 제한사항을 만족하고 있고 적합한 사내기준이 규정되어 있다. • 도장에 대한 공정관리 및 검사에 대한 사내기준이 규정되어 있다. • 포장에 대한 사내기준이 규정되어 있다. • 운송에 대한 사내기준이 규정되어 있다.
	판정 기준점				1급 43 2급 40 3급 33 4급 26		1급 43 2급 40 3급 33 4급 26		

4. 품질관리실태

구분	항 목		단위	배점	교 량 분 야		건 축 분 야		심사 기준
					상한점	필수점	상한점	필수점	
다. 제작상황 및 품질관리	(1)	강재의 보관, 취급상황		5점	1급 5 2급 5 3급 5 4급 5	1급 4 2급 3 3급 2 4급 1	1급 5 2급 5 3급 5 4급 5	1급 4 2급 3 3급 2 4급 1	• 강재의 입고검수가 행해지고 있다. • 강재는 받침목 등을 사용 정리정돈해서 보관하고 있다. • 강재의 재질은 식별해서 구분 · 취급하고 있다. • 강재의 전표류, 밀시트(Mill Sheet)는 입고검사 후 정리해서 보관하고 있다. • 강재 사용 상황이 기록되어 있다.
	(2)	용접재료, 고력볼트 및 도료 등 부자재의 보관 취급상황		9점	1급 9 2급 9 3급 9 4급 9	1급 8 2급 6 3급 4 4급 3	1급 9 2급 9 3급 9 4급 9	1급 8 2급 6 3급 4 4급 3	• 부자재의 보관장소 또는 창고가 있다. • 부자재는 바닥에 직접 방치하지 않고 있다. • 부자재는 정리정돈해서 보관하고 있다. • 부자재 종류별로 적정히 분류하고 있다. • 고력 볼트, 용접재의 전표와 검사표가 정리되어 있다. • 용접재료 건조기는 가동하고 있다. • 부자재 취급담당자가 있다. • 부자재 사용상황을 기록하고 있다. • 도료는 규정장소에 따로 보관하고 있다.
	(3)	볼트 천공구멍 가공 마찰면 처리상황		6점	1급 6 2급 6 3급 6 4급 6	1급 4 2급 4 3급 2 4급 2	1급 6 2급 6 3급 6 4급 6	1급 4 2급 4 3급 2 4급 2	• 볼트구멍 천공은 지정된 방법 또는 기준에 따르고 있다. • 천공 후 다듬기는 규정대로 하고 있다. • 지정된 방법으로 마찰면 처리를 하고 있다. • 그라인더는 평활하고 적정한 것을 사용하고 있다. • 마찰면에 이물질이 없다. • 제품 출하시 받침대는 제품 손상을 방지할 수 있는 상태이다.
	(4)	절단, 개선가공 스캘럽 가공상황		7점	1급 7 2급 7 3급 7 4급 7	1급 6 2급 5 3급 3 4급 2	1급 7 2급 7 3급 7 4급 7	1급 6 2급 5 3급 3 4급 2	• 도면대로 개선가공을 하고 있다. • 개선각, 루트면(Root Face)의 정도는 적정하다. • 가스 절단면의 거칠기는 규정에 적합하다. • 가스 절단면의 노치(Notch) 깊이는 적정하다. • 스캘럽(Scallop) 가공의 정밀도는 도면과 일치한다. • 가스절단에 의한 면직각도는 적정하다. • 기계톱 등에 의한 절단 후 고르기를 하고 있다.
	(5)	용접공 자격과 작업내용의 상황		9점	1급 9 2급 9 3급 9 4급 9	1급 7 2급 5 3급 3 4급 2	1급 9 2급 9 3급 9 4급 9	1급 7 2급 5 3급 3 4급 2	• 국가기술 자격자 또는 이와 동등 이상 자격자가 작업하고 있다.(아크 수동용접 또는 반자동 아크 용접) • 용접공 기량시험결과에 따라 판두께별 용접작업을 하고 있다. • 용접공 기량시험결과에 따라 작업자세 범위로 행하고 있다. • 아크에어 가우징(Gouging)의 작업은 규정에 따르고 있다. • 아크에어 가우징(Gouging)의 작업은 적정하다. • 용접작업은 옥내에서 하는 것을 원칙으로 하고 있다. • 회전지그, 포지셔너 등을 사용해서 하향, 수평 등 적정한 자세로 작업하고 있다. • 필요한 경우의 예열은 규정에 적합하게 하고 있다. • 용접재료는 강재에 적합한 것을 사용하고 있다.
	(6)	개선형상, 가용접 조립상황 및 그 검사실시 상황		10점	1급 10 2급 10 3급 10 4급 10	1급 8 2급 6 3급 4 4급 3	1급 10 2급 10 3급 10 4급 10	1급 8 2급 6 3급 4 4급 3	• 개선형상은 규정, 지정한 대로이다. • 개선각도는 도면과 일치한다. • 가용접의 외관은 규정대로 하고 있다. • 가용접에 언더컷(Under Cut)이 없다. • 가용접의 피치(Pitch) 길이는 적정하다. • 조립은 적합한 장치 등을 사용하고 있다. • 조립후 정도는 도면의 요구범위에 있다. • 조립후 상태는 도면과 일치한다. • 가용접은 유자격자가 하고 있다. • 각 작업은 자주관리 또는 검사를 하고 있다.(현장지시 등)

4. 품질관리실태									
구분	항 목		단위	배점	교 량 분 야		건 축 분 야		심사 기준
					상한점	필수점	상한점	필수점	
다. 제작상황 및 품질관리	(7)	용접외관 및 받침쇠, 엔드탭의 처리상황		10점	1급 10 2급 10 3급 10 4급 10	1급 8 2급 6 3급 4 4급 3	1급 10 2급 10 3급 10 4급 10	1급 8 2급 6 3급 4 4급 3	• 용접부의 크기가 도면과 일치한다. • 용접부에 피트(Pit)가 없다. • 용접부에 현저한 언더컷(Under Cut)이 없다. • 맞대기 용접부의 목두께 부족이 없다. • 엔드탭은 필요로 하는 곳에 사용하고 있다. • 엔드탭의 가용접부에 크랙이 없다. • 엔드탭의 절단이 필요한 부분의 처치는 규정대로 하고 있다. • 받침쇠의 가용접부의 용접외관이 적정하다. • 용접 크레이터(Crater) 처리를 규정대로 하고 있다. • 돌림용접은 적정히 되고 있다.
	(8)	제품검사 실시 기록 상황		9점	1급 9 2급 9 3급 9 4급 9	1급 8 2급 6 3급 4 4급 3	1급 9 2급 9 3급 9 4급 9	1급 8 2급 6 3급 4 4급 3	• 제품은 공종별로 검사되고 있다. • 검사기록표는 매 공사마다 작성되고 있다. • 치수 정도는 지정대로 또는 기준대로 하고 있다. • 제품의 청소 상태는 적정하다. • 제품의 적치 상태는 규정대로 하고 있다. • 방청도장을 한 경우 얼룩이 없다. • 철근 구멍, 설비배관 슬리브 구멍은 도면과 일치되고 있다. • 부재는 도면대로이다. • 필요에 따른 검사기록이 보관되어 있다.
	(9)	외주제품의 관리상황		5점	1급 5 2급 5 3급 5 4급 5	1급 4 2급 3 3급 2 4급 1	1급 5 2급 5 3급 5 4급 5	1급 4 2급 3 3급 2 4급 1	• 외주제품의 검사기록이 보관되어 있다. • 공장내 외주만 하고 있다. • 외주를 위한 관리자가 있다. (겸무자도 가능) • 자사 직접가공과 동등한 공정관리를 하고 있다. • 자사 직접가공과 동등한 검사를 하고 있다. * 외주하지 아니하는 공장은 5점으로 한다.
	(10)	불량처리 시스템과 그 실시 상황		5점	1급 5 2급 5 3급 5 4급 5	1급 4 2급 3 3급 2 4급 1	1급 5 2급 5 3급 5 4급 5	1급 4 2급 3 3급 2 4급 1	• 불량처리 규정에 관한 서류, 조직이 확립되어 있다. • 불량처리는 관리자가 즉시 지시를 하고 있다. • 불량처리는 관리자가 즉시 지시하여 기록하고 있다. • 불량품에 대하여 규정에 따라 표시하고 있다. • 불량 재발방지를 위한 검토를 하고 있다. (기록, 보관된 실예에 의함)
	(11)	비파괴검사실시 시스템의 상황과 기록 취급상황		8점	1급 8 2급 8 3급 8 4급 8	1급 7 2급 5 3급 3 4급 2	1급 8 2급 8 3급 8 4급 8	1급 7 2급 5 3급 3 4급 2	• 비파괴검사 실시 규정이 있다. • 방사선투과검사 실시 규정(외주 포함)이 있다. • 검사기록은 매공사 마다 보관하고 있다. • 자체 비파괴검사는 자격자가 실시하고 있다. • 검사보고서는 비파괴검사 기사 또는 동등 이상 유자격자의 승인을 받고 있다. • 불합격 개소는 수정 후 초음파탐상검사를 실시하고 있다. • 초음파탐상검사는 외관검사 후 실시하고 합격률을 파악하고 있다. • 검사는 건설공사 품질관리지침(국토교통부 고시)에 따라 시행하고 있다.
	(12)	검사기기의 정비 및 활용 상황		9점	1급 9 2급 9 3급 9 4급 9	1급 8 2급 6 3급 4 4급 3	1급 9 2급 9 3급 9 4급 9	1급 8 2급 6 3급 4 4급 3	• 용접게이지를 사용하고 있다. • 온도 초크 또는 적외선 온도계를 사용하고 있다. • 초음파탐상기기는 정기적으로 교정을 하고 있다. • 간격게이지는 사용 가능한 상태이다. • 토크렌치는 정기적으로 교정을 하고 있다. • 축력계는 정기적으로 교정을 하고 있다. • 색상표는 항상 사용하는 장소에 보관하고 있다. • 전류계는 항상 사용하는 장소에 보관하고 있다. • 온습도계는 작업장내 잘 보이는 곳에 있다.

4. 품질관리실태

구분		항 목	단위	배점	교량분야 상한점	교량분야 필수점	건축분야 상한점	건축분야 필수점	심사 기준
다. 제작상황 및 품질관리	(13)	시험조립 상황 및 그 검사 실시 상황		10점	1급 10 2급 10 3급 9 4급 9	1급 8 – – –			※ 교량 분야에서만 평가한다. • 상하로 움직이는 조립 받침대를 사용하고 있다. • 침하가 없는 정해진 가조립장에서 실시하고 있다. • 연속교 조립을 하나 이상의 경간단위로 하고 있다.(교량 3 · 4등급은 해당 안 됨) • 캠-버 및 뒤틀림 검사기록을 매공사마다 작성하고 있다. • 조립검사 후 천공은 적정한 장치를 사용하고 있다. • 뒤틀림 및 제품 정밀도를 수정하고 있다. • 가조립시 정밀도가 검정된 측량기를 사용하고 있다. • 가조립용 볼트를 구분하여 사용하고 있다. • 부품의 고유번호 부여 등 관리가 명확하다. • 마찰면 처리방안이 분명하다.
	(14)	용접방법 시험시행 실적	건/년	1/건/년	1급 10 2급 10 3급 8 4급 6	1급 4 2급 3 3급 2 4급 1	1급 10 2급 10 3급 8 4급 6	1급 4 2급 3 3급 2 4급 1	• 3년간의 년평균 실적으로 평가한다. 단, 3년 미만 공장의 경우 조업년수로부터 연평균 실적을 적용한다. • 강구조관련 표준시방서의 용접시공 시험기준에 의거 인장, 굽힘, 샤르피충격, 마크로, 방사선투과, 자분탐상, 경도시험 등의 시행실적이 정리된 것을 1건으로 하며 시험결과는 감리자(감독자)의 입회 하에 시험하여 공인시험기관의 시험성적서이어야 한다.
	(15)	제작공정관련 개선적용시험 시행관계	건/년	1/건/년	1급 10 2급 10 3급 8 4급 6	1급 8 2급 6 3급 4 4급 3	1급 10 2급 10 3급 8 4급 6	1급 8 2급 6 3급 4 4급 3	• 각종 시험결과 정리된 것만 계산한다. • 제작 품질관리 담당원과의 의견교환 실적이 정리된 것만 계산한다. • 현장반영 실적이 정리된 것만 계산한다. • 3년간의 연평균실적으로 평가한다. 단, 3년 미만 공장의 경우 조업년수로부터 연평균실적을 적용한다.
	(16)	용접공 기량시험 시행	건/년	0.5/건/년	1급 10 2급 10 3급 8 4급 6	1급 3 2급 2 3급 1 4급 1	1급 10 2급 10 3급 8 4급 6	1급 3 2급 2 3급 1 4급 1	• 인장, 굽힘, 마크로, 경도, 샤르피충격, UT, RT, 파단시험 중 2가지(기계적 성질시험, 비파괴시험) 이상을 1건으로 하며 시험결과는 감리자(감독자)의 입회 하에 시험하여 공인시험기관의 시험성적서이어야 한다. • 시험실적 결과를 정리한 것만 계산한다. • 3년간의 연평균실적으로 평가한다. 단, 3년 미만 공장의 경우 조업년수로부터 연평균 실적을 평가한다.
	판정 기준점				1급: 116 3급: 77	2급: 98 4급: 63	1급: 107 3급: 71	2급: 96 4급: 60	
비고	* 13항(시험조립 상황 및 그 검사실시 상황) : 건축분야 제외								
라. 작업환경	(1)	공장 건물내의 정리정돈 상태		6점	1급 6 2급 6 3급 6 4급 6	1급 4 2급 3 3급 2 4급 2	1급 6 2급 6 3급 6 4급 6	1급 4 2급 3 3급 2 4급 2	• 공장 내부의 제품보관 상태는 규정대로 하고 있다. • 자재의 정리정돈은 규정대로 하고 있다. • 제품은 침목 등을 사용 지면에 직접 닿아 있지 않다. • 적재물을 2단 이내로 적재하고 있다. • 공장 외부의 제품 적치장은 정리정돈이 되어 있다. • 통로의 안전에 주의하고 있다.
	(2)	외주 작업장의 관리상황		6점	1급 6 2급 6 3급 6 4급 6	1급 4 2급 3 3급 2 4급 2	1급 6 2급 6 3급 6 4급 6	1급 4 2급 3 3급 2 4급 2	• 주변환경이 각 작업에 적합하다. • 작업장 공간은 적정하다. • 용접작업장의 방풍 대책은 적정하다. • 조명 설비는 적정하다. • 환기 대책은 적정하다. • 작업 바닥면의 청소는 잘 되고 있다.
	(3)	안전관리 시스템과 그 실시상황		6점	1급 6 2급 6 3급 6 4급 6	1급 4 2급 3 3급 2 4급 2	1급 6 2급 6 3급 6 4급 6	1급 4 2급 3 3급 2 4급 2	• 비상시 대비 및 대응을 위한 조직체계가 확립되어 있으며, 안전관리담당자가 근로자에 대하여 정기적으로 교육을 실시하고 있다. • 안전모, 안전화는 착용하고 있다. • 크레인에 중량물 이동시 안전이 확보되고 운반작업의 신호는 적정하게 이루어지고 있다. • 훅크 및 와이어 로우프 등의 보수점검은 규정대로 하고 있다. • 안전통로를 확보하고 있다. • 작업장 바닥에 물, 기름 등이 없다.
	판정 기준점				1급: 15 3급: 12	2급: 13 4급: 12	1급: 15 3급: 12	2급: 13 4급: 12	

2 형강의 종류 및 용도

구분			특성	주용도	비고
H 형 강	KS D 3502 표준크기 (SS, SM)		경량 시공성 미관 경제성	건축, 기타 구조물의 기둥, 기타 강도부재 교량용 지지대 토목용 도구	
T 형 강	(H형강의 분할크기) (SS, SM)		X축의 단면효율 강성이 높음 시공성	건축, 기타 구조물의 트러스, 기둥보 및 2차보강대, 모노레일 등 가이드레일	
ㄱ형강	등변 ㄱ형강	KS D 3502 표준크기 (SS, SM)	두 변이 직각인 형태 X, Y축의 강성 같음	일반구조물의 보강재 철탑의 강도부재	
	부등변 ㄱ형강	KS D 3502 표준크기 (SS, SM)	Y축에 비대칭 X축방향 강도 높음	일반구조물의 보강재 선박스 치수나 부재	
	부등변 부등후 ㄱ형강	KS D 3502 표준크기 (SS, SM)	X축의 단면 효율 양호		
ㄷ형강	KS D 3502 표준크기 (SS, SM)		양플랜지가 같음 다른 부재와의 조합 등 시공성이 우수함	일반구조물 강도부재 및 보강부재	
I형강	KS D 3502 표준크기 (SS, SM)		플랜지 테이퍼 부단면 강성이 큼	복공판 받침 호이스트 가이드 레일 산업기계의 가대 등 단독으로 응력을 받는 개소	
H형강 말뚝	KS D 4603 표준크기 (SHK)		H형강 중 높이가 폭이 동일하고 웨브나 플랜지 두께가 같은 것	건축, 토목 지지말뚝용	
강널 말뚝	KS F 4604 U형(SY) (광폭강널말뚝 포함)		가장 일반적인 형태로 반복사용가능	호안, 흙막이 등의 구조재, 가설재	
용접 경량 H형강	KS D 3530 (압연도금된 것도 있음)		특수크기가 많으며, 경량임	건축, 기타 구조물의 기둥 및 대들보 기타 강도부재	
경량 형강	KS D 3530 (압연도금된 것도 있음)	경량 C형강	냉간성형 판두께가 얇고, 일반적으로 크기가 작음	일반주택 골재 기타구조용	
		경량 ㄷ형강			

3 형강의 형상 및 치수표시법

3.1 강재의 종류와 치수 표시법

쓰임새에 따라 일정한 단면형태를 가지며, 열간압연된 구조용 강재인 압연형강을 비롯하여 강관, 강판 및 강봉, 그리고 냉간성형강 등이 있으며, 각각 종류에 따라 치수표시법은 그림 3.1, 3.2, 3.3과 같다.

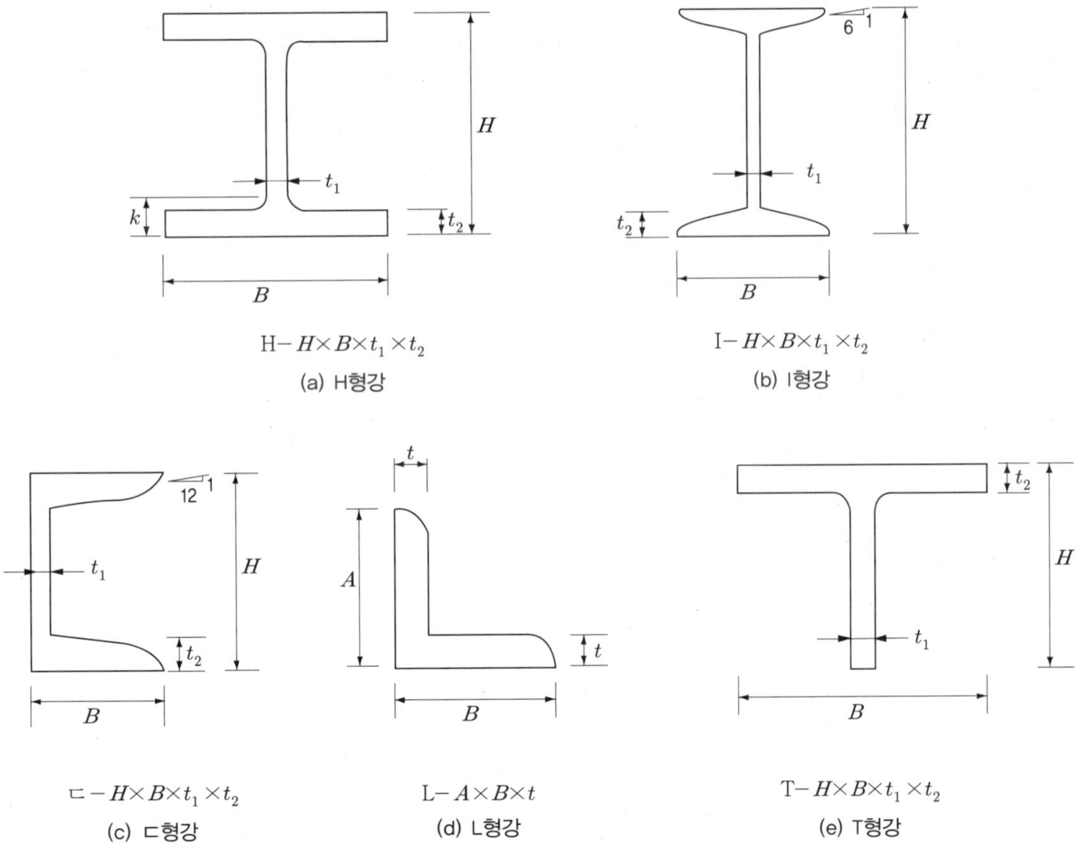

그림 3.1 압연형강 종류 및 치수 표시법

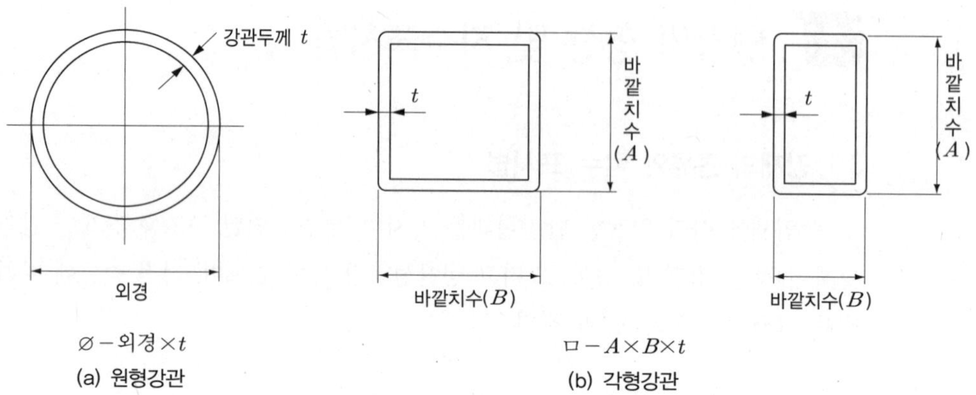

그림 3.2 강관의 종류 및 치수 표시법

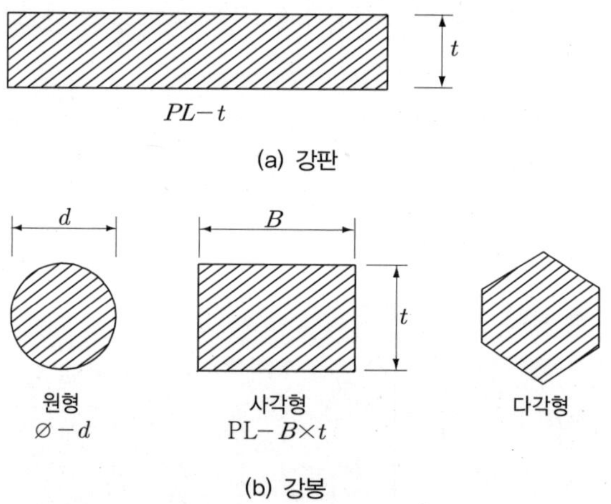

그림 3.3 강판과 강봉의 종류 및 치수 표시법

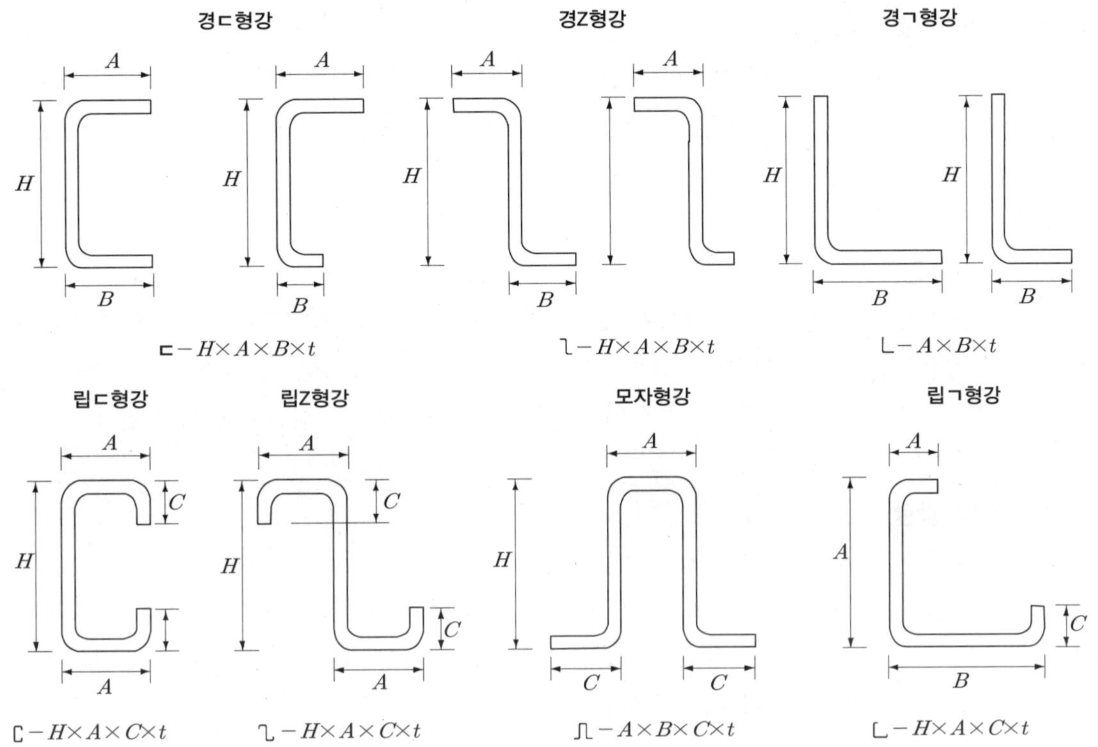

그림 3.4 냉간성형강의 종류 및 치수표시법

1) H형강 및 I형강

(a)와 (b)의 형강은 단면형태에 따라 H형강과 I형강이라 불린다.

H형강 및 I형강은 주로 기둥과 보 등의 구조용으로 사용된다. H형강은 가장 널리 쓰이는 형강으로서 단면의 치수표시법은 H−H(단면의 춤)×B(플랜지의 폭)×t_1(웨브의 두께)×t_2(플랜지의 두께)로 표시하며, 이때 단위는 ㎜이다.

H형강은 플랜지의 두께가 일정하게 유지되며, 단면성능이 우수하고 접합 등의 시공성이 뛰어난 장점을 갖는다. I형강은 형태가 H형강과 비슷하나 플랜지의 두께가 안쪽에서 외부로 갈수록 차츰 줄어드는 변단면 형상이다.

2) ㄷ형강(Channel)

ㄷ형강은 (c)에 나타난 바와 같이 한 축에 대하여 대칭이며, 안쪽면이 경사진 플랜지를 가진다. 휨재로 쓰일 때 비틀림 현상에 주의해야 하며, 단면성능은 떨어지지만 접합 시공성이 우수하여 가새 등에 많이 쓰인다.

3) ㄱ형강(Angle)

ㄱ형강은 (d)에 나타난 바와 같이 직교 방향의 두 요소로 이루어져 있다. 두 요소의 길이의 차이에 따라 등변과 부등변ㄱ형강으로 구분한다. 표시방법은 ㄴ-A(장축의 길이)×B(단축의 길이)×t이다.

4) T형강

T형강은 (e)에 나타난 바와 같이 하나의 플랜지와 하나의 웨브로 구성된 형강이다. T형강은 H형강의 중앙을 절단하여 만드는 것이 보통이며, I형강을 절단하여 사용하기도 한다. T형강은 쓰임새가 독특한데, 트러스 부재나 기둥-보 접합부 등에 쓰인다.

5) 강관

강관은 제조 형식에 따라 압연에 의해 만들어진 이음매 없는(seamless) 강관과 용접에 의해 만들어진 이음매가 있는 강관으로 나뉜다. (a)와 (b)는 각각 원형강관과 각형강관이다. 각재 강관은 주로 원형강관을 형성하여 만들어진다. 따라서 사각형 강관의 모서리는 둥근형태를 나타내는 경우가 일반적이다.

6) 강봉 및 강판

강판과 강봉의 구별은 그림에 나타난 바와 같이 부재의 폭으로 결정된다. 강봉의 폭은 주로 9~22㎜의 것을 이용하고, 강판의 폭은 이보다 넓다. 강구조에서 강판은 주로 보나 기둥의 보강, 이음매의 이음판 등의 2차부재나 임의의 크기 및 형태를 갖는 부재를 용접으로 조립하여 사용한다. 강봉은 주로 정사각형, 직사각형, 원형 또는 6각형의 단면을 갖는다. 구조설계시에 강판 등의 치수를 임의로 정하는 것은 비경제적이고, 비효율적이기 때문에 규격화되어 있는 부재를 선택하여 쓰는 것이 바람직하다.

7) 냉간성형강

두께가 얇은 강판을 냉간압연에 의해 여러 가지 단면형상으로 만든 형강을 냉간성형강이라 한다. 단면이 얇아서 국부좌굴에 약한 단점을 가지지만 시공의 용이성으로 인해 저층의 주택, 가설물 등의 건설에 많이 쓰인다.

집필위원

■ 1장 철골공사의 기본

정상진(단국대 교수) 공민호(현대엠코 차장)

■ 2장 구조용 강재의 종류 및 접합

조현준(국제대 교수) 남경용(단국대 박사과정)

■ 3장 철골제작 공장 및 업체 선정

이영도(경동대 교수) 박병근(한국수력원자력(주) 품질보증 실장)

■ 4장 사전검토 사항

김광희(경기대 교수) 김성진(신원종합개발 상무)

■ 5장 용접 및 검사

최광호(한화건설 전무) 박상욱(한화건설 대리)

박만철(주)동성중공업 기술연구소 이사)

■ 6장 공장제작 및 검사

손인석(전 GS건설 부사장) 박동원(GS건설 과장)

이구복(GS건설 부장)

■ 7장 현장시공

손효원(현대엠코 대표이사) 최수규(현대건설 차장)

■ 8장 철골바닥공사

임남기(동명대 교수) 장덕배(동양미래대학교 교수)

■ 9장 방청도장 및 내화피복

정광식(금호건설 전무) 허윤섭(금호건설 과장)

■ 10장 신기술 및 복합화공법

강선종((주)태영건설 전무) 김종기(삼성건설 부장)

■ 부록 : 철골시공 사례

손인석(전 GS건설 부사장) 장덕배(동양미래대학교 교수)

간사

공민호(현대엠코 차장)

김성진(신원종합개발 상무)

위원장

정상진(단국대 교수)

부위원장

이영도(경동대 교수)

임남기(동명대 교수)

김광희(경기대 교수)

건축시공 철골조 건축물 공사편

2013년 8월 30일 1판 1쇄 발행
2018년 2월 28일 1판 2쇄 발행

저 자	정상진 외
발 행 인	강 해 작
발 행 처	기 문 당
주 소	서울시 성동구 무학봉 28길 4-1 (왕십리동 966-22)
전 화	02)2295-6171(代)~5
팩 스	02)2296-8188
출판등록	1976. 10. 7(1-44)
홈페이지	http://기문당 http://www.kimoondang.com
I S B N	978-89-6225-533-1 93540
정 가	20,000원

이 도서의 국립중앙도서관 출판시도서목록(CIP)은 서지정보유통지원시스템 홈페이지(http://seoji.nl.go.kr)와 국가자료공동목록시스템(http://www.nl.go.kr/kolisnet)에서 이용하실 수 있습니다.(CIP제어번호:2013015247)